21世纪应用型高等院校示范性实验教材

有机化学实验 第三版

YOUJI HUAXUE SHIYAN

主　编　程青芳
副主编　李树安
编　者　王　建　王慧彦　曹志凌
　　　　陶传洲　许瑞波　李姣姣

特配电子资源

微信扫码
- 实物装置图
- 实验演示
- 互动交流

南京大学出版社

图书在版编目(CIP)数据

有机化学实验 / 程青芳主编. —3 版. —南京:
南京大学出版社, 2019.1(2021.7 重印)

ISBN 978-7-305-21598-8

Ⅰ. ①有… Ⅱ. ①程… Ⅲ. ①有机化学—化学实验—高等学校—教材 Ⅳ. ①O62-33

中国版本图书馆 CIP 数据核字(2019)第 013466 号

出版发行 南京大学出版社
社　　址 南京市汉口路 22 号　　邮编 210093
出 版 人 金鑫荣

书　　名 有机化学实验(第三版)
主　　编 程青芳
责任编辑 刘　飞　蔡文彬　　编辑热线 025-83592146

照　　排 南京开卷文化传媒有限公司
印　　刷 盐城市华光印刷厂
开　　本 787×1 092　1/16　印张 12.75　字数 312 千
版　　次 2019 年 1 月第 3 版　2021 年 7 月第 2 次印刷
ISBN 978-7-305-21598-8
定　　价 32.00 元
网　　址:http://www.njupco.com
官方微博:http://weibo.com/njupco
官方微信号:njupress
销售咨询热线:(025)83594756

序

近年来,随着社会经济的发展,各行各业对人才的需求呈现出多元化的特点,对应用型人才的需求也显得十分迫切,因此我国高等教育的建设面临着重大的改革.就目前形势看,大多数的理、工科大学,高等职业技术学院,部分本科院校办的二级学院以及近年来部分由专科升格为本科层次的院校,都把办学层次定位在培养应用型人才这个平台上;甚至部分定位在研究型的知名大学,也转而培养应用型人才.

应用型人才是能将理论和实践结合得很好的人才,为此培养应用型人才需理论教学与实践教学并行,尤其要重视实践教学.

针对这一现状及需求,教育部启动了国家级实验教学示范中心的评审,江苏省教育厅高教处下达了《关于启动江苏省高等学校基础课实验教学示范中心建设工作的通知》,目的在于形成国家级、省级实验教学示范体系,促进优质实验教学资源的整合、优化、共享,着力提高大学生的学习能力、实践能力和创新能力.基础课教学实验室是高等学校重要的实践教学场所.开展高等学校实验教学示范中心建设,是进一步加强教学资源建设,深化实验教学改革,提高教学质量的重要举措.

我们很高兴地看到很多相关高等院校已经行动起来.相关高等院校除了对实验中心的硬件设施进行了调整、添置外,对近几年使用的实验教材也进行了修改和补充,并不断改革创新,使其有利于学生创新能力培养和自主训练.实验教材内容涵盖基本实验、综合设计实验、研究创新实验,同时注重传统实验与现代实验的结合,与科研、工程和社会应用实践密切联系.实验教材的出版是创建实验教学示范中心的重要成果之一.为此南京大学出版社在为“示范中心”出版实验教材方面予以全面配合,并启动“21世纪应用型高等院校示范性实验教材”项目.该系列教材旨在整合、优化实验教学资源,帮助示范中心实现其示范作用,并希望能够为更多的实验中心参考、使用.

教学改革是一个长期的探索过程,该系列实验教材作为一个阶段性成果,提供给同行们评议和作为进一步改革的新起点.希望广大的教师和同学能够给予批评指正.

孙尔康

致读者

欢迎你来到有机化学实验室做实验，在这里，你可以感受到理论课上讲到的有机化合物的基本性质，如有机化合物的状态、气味、颜色、结晶形态和反应性质等，体会到课堂上讲授的系统理论和一般规律是如何从实验结果逐步总结出来的．你能学会安装有机制备反应的装置，并学会把一种有机物转化成另外一种有机物的实验技能和技巧，由此培养和训练你的观察能力、计划能力、记忆能力，进而培养你的推理能力和综合分析能力．有机化学实验室是把你的理论知识同实际感知联系起来的场所．

的确，有机化学实验不能传授给你一块“点金石”，把任何东西变成黄金，使你在一夜之间成为财富的主人．可是有机化学，特别是有机实验技术，是一个可以创造奇迹的工具和方法，它能够合成自然界存在的比较复杂的分子如维生素 B_{12}；也能合成世界上不存在的物质如乙基香兰素，它比自然界已有的香兰素的香气强 3～4 倍；再举一例，用废弃物发酵产生沼气（主要成分为甲烷），甲烷和氯气发生深度氯化反应得到四氯化碳，四氯化碳与金属钠发生武慈（Wurtz）反应生成金刚石；氯化反应和武慈（Wurtz）反应都是同学们十分熟悉的有机化学反应，只要巧妙地应用，就可以化腐朽为神奇．

也许你会说，我毕业后不会从事化学化工职业，可能从政或经商．可以告诉你，不论你从事何种职业，总要遇到问题和解决问题，而处理解决问题的方法往往是相通的．有机化学实验课可以培养你的综合能力，提高你的素质．你可以仔细地阅读本书中的背景材料，有既是化学家又是实业家的狄斯伯格（Carl Duisberg），又有年轻时被人蔑视而后发奋图强的格利雅，也有身兼化学家和政治家的康尼查罗（S. Cannizzaro），等等．他们都是这个行业中成功的典范．也就是说，学习化学或从事化学工作，并不妨碍你今后成为企业家、政治家等．

同学们在做完实验以后，把从实验中获得的支离破碎的信息在头脑中形成感性认识，并同理论课上学到的概念联系起来，经过反复推理，形成理性认识，以便在实践中发挥作用．这些具体的训练方法是通过实验报告和实验思考题的练习进一步得到加强．

书中的文献介绍，可能在有机化学基础实验阶段应用的机会不多，你从文献上获得的物性数据如沸点、熔点、蒸气压、溶解度和制备方法将直接影响你对有机化合物制备方法的设计．那时，你会感觉到文献介绍的重要性．

仔细观察实验中出现的现象、变化，并判断哪些是书上提到的，哪些是书上没有提到的，如果实验做得不是很顺利如收率低、冲料、衣服被烧了洞、打碎了玻璃仪器等，要思考一下为什么，怎么样才能避免此类事情的发生．

实事求是是有机化学实验训练的最高目标，相信同学们会比教师希望的做得更好，希望有机化学实验会给你带来一生的幸运．

第三版前言

有机化学是一门实践性很强的学科.有机实验对有机化学的发展起着至关重要的作用.在有机化学各分支学科中具有活力的学科是有机合成化学,因为它是创造新物质的源泉,是改造现有物质的基本方法.现有的2 000多万种已知化合物中,绝大多数是化学合成的.每天化学家还会合成出为数众多具有实际应用价值和理论意义的新化合物.新理论和新反应的建立,新机理的提出等也需通过化学合成实验来验证.本教材摒弃"小而全、面面俱到"的编写观念,重点选择了合成实验;通过合成实验的教学,使学生学习到进行有机化学实验的基本知识、基本理论和基本操作技能,并能应用多种实验技术和方法来研究化学反应,掌握化合物的制备、分离、结构鉴定和表征的方法等.

没有人能说出一个人应该做多少个实验才能够掌握有机化学的研究技术与方法.显然,实验做得越多越好,熟能生巧.但这种过于费时耗材的训练不是大学教育的方法.以最短的时间和最少的资料使学生掌握良好的实验技巧和方法,才是现代的教育理念.本书正是本着这个理念,精心选择了有代表性、有典型性的32个实验以及必需的有机化学实验方法.在这32个实验中,兼顾了有机化学近年来发展的新反应、新技术、新的合成方法,如电化学合成、光化学合成、相转移催化反应、催化脱氢、微波辐射技术、新的合成试剂的应用、波谱技术、绿色化学与技术等.我们将这些反映学科发展前沿的实验课题写入教材,使教材体现了先进的学科水平,体现了工程素质和意识的训练.把作者的科学研究的部分转化为学生实验,是本教材的一个特色.实验内容除了基础合成实验外,还有综合实验、多步合成实验和设计实验.教材内容这样选择和安排体现了素质教育和创新能力与实践能力的培养,有利于学生知识、能力、素质的协调发展.

本教材配合实验教学示范中心建设,力图在内容和形式上进行一些新的尝试,使学生能得到更多的训练,获得更多的知识,并能够把各方面的知识综合联系起来,在认识上有一个质的飞跃,以达到培养学生实践能力和创新能力的目标.

考虑到有机化学实验独立设为一门课,考虑一些实验可能在理论讲授还没有讲到的时候已进行的实际情况,教材对实验的背景知识、合成原理、实验步骤等内容的表述和注释尽量详实.背景知识介绍的作用是使实验的内容丰富,具有可读性与启发性.

本书第一章由程青芳编写,第二章由李树安、程青芳、王建共同编写,第三章、第四章、第五章实验部分由李树安、王建、程青芳、王慧彦、曹志凌、陶传洲、许瑞波和李姣姣老师共同编写.全书由程青芳审定、统稿.

本书的内容选取有的是参阅其他教科书编写的,有的是从杂志报道借鉴来的,有的是科研成果转化来的.由于编者的经验和能力有限,所选取的实验有些是移花接木,难免弄巧成拙,敬请各位同仁及学生批评指正.

编　者

2019年1月

目　录

第一章　有机化学实验基础知识

第一节　有机实验室的注意事项 …… 1

一、有机化学实验室规则 …… 1

二、有机实验室安全规则 …… 1

三、事故的预防和处理 …… 2

第二节　有机化学实验室常用仪器 …… 5

一、标准磨口仪器 …… 5

二、普通玻璃仪器 …… 8

三、仪器的干燥 …… 8

四、金属用具 …… 10

五、电器和其他设备 …… 10

六、加热器 …… 13

第三节　实验预习、记录和实验报告 …… 15

一、实验预习 …… 15

二、实验记录 …… 15

三、实验报告 …… 16

第四节　有机化学实验的文献指导 …… 18

一、有机化学实验的文献介绍 …… 19

二、有机化学实验文献的评价与应用指导 …… 20

第五节　有机实验学习方法的指导 …… 22

一、有机制备反应 …… 23

二、后处理——分离提纯 …… 24

三、反应产物的结构确认 …… 24

第二章　有机实验的基本操作

第一节　有机制备反应操作的指导 …… 25

一、加热与冷却 …… 25

二、干燥与干燥剂 …… 26

三、溶液的配置 …… 30

四、常用反应装置及操作 …… 31
第二节 有机物的后处理——分离和提纯操作的指导 …… 34
一、液态有机物的分离和提纯 …… 34
二、固态有机物的分离和提纯 …… 45
第三节 有机物结构确认和表征操作的指导 …… 64
一、折射率的测定 …… 64
二、旋光度的测定 …… 66
三、红外光谱 …… 68
四、核磁共振谱 …… 75

第三章 基础实验

实验一 熔点的测定 …… 80
实验二 环己烯的制备 …… 84
实验三 溴乙烷的制备 …… 87
实验四 乙酸乙酯的制备 …… 90
实验五 乙酰苯胺的制备 …… 93
实验六 对甲苯磺酸的制备 …… 97
实验七 苯甲醇和苯甲酸的制备 …… 101
实验八 格利雅反应制备 2-甲基-2-丁醇 …… 104
实验九 1-溴丁烷的制备 …… 107
实验十 苯乙酮的制备 …… 110
实验十一 阿司匹林的制备 …… 113
实验十二 7,7-二氯双环[4.1.0]庚烷的合成 …… 115
实验十三 阳离子交换树脂催化乙酸乙酯的合成 …… 118
实验十四 喹啉的制备 …… 121
实验十五 甲基橙的制备 …… 123

第四章 选做实验

实验一 柠檬酸三乙酯的制备 …… 125
实验二 对二甲氨基苯甲酸乙酯的合成 …… 128
实验三 肥皂的制备 …… 131
实验四 *N*,*N*-二乙基-间-甲基苯甲酰胺的合成 …… 134
实验五 Wittig 反应合成反-1,2-二苯乙烯 …… 137
实验六 乙酸正丁酯的制备 …… 139
实验七 己二酸的制备 …… 141
实验八 环己酮肟和己内酰胺的制备 …… 144
实验九 乙酰乙酸乙酯的制备 …… 146

实验十 硝苯地平的制备 …… 149

第五章 设计性、开放性实验

实验一 微波辐射合成肉桂酸 …… 151
实验二 超声合成苯甲酸 …… 154
实验三 硝基苯还原制备苯胺 …… 157
实验四 正丁醇催化脱氢制备正丁醛 …… 160
实验五 氢化肉桂酸的制备(常压催化氢化反应) …… 163
实验六 1,3-环己二酮的高压合成 …… 167
实验七 2-氨基-1,3-噻唑-5-羧酸甲酯的合成 …… 170
实验八 2-巯基吡啶-*N*-氧化物钠盐的制备 …… 173
实验九 化学发光剂鲁米诺的制备 …… 176
实验十 多步合成——卡潘酮的合成 …… 180
实验十一 银杏叶中黄酮类化合物的提取 …… 183
实验十二 固定化酵母发酵纤维素制酒精 …… 186
实验十三 微波辅助碱催化合成阿司匹林 …… 190
实验十四 2,5-二甲氨基-1,4-苯醌的制备 …… 192

第一章　有机化学实验基础知识

第一节　有机实验室的注意事项

一、有机化学实验室规则

有机实验室是有机化学工作者从事化学实验的场所.实验者为了更好地完成有机化学实验,必须认真遵守有机化学实验室的规则.有机化学实验室规则为:

(1) 每次做实验前,认真预习有关实验的内容及相关的参考资料.写好实验预习报告,方可进入有机实验室进行实验.

(2) 每次实验时,先将仪器搭好,经指导老师检查合格后,方可进行下一步操作.在操作前,要想好每一步操作的目的、意义和实验中的关键步骤及难点,了解所用药品的性质及应注意的安全问题.

(3) 实验中严格遵守操作规程,如要改变,须经指导老师同意.认真、仔细观察实验现象,如实做好记录.实验完成后,由指导老师登记实验结果,并将产品回收统一保管.课后,按时写出符合要求的实验报告.

(4) 实验中不得大声喧哗,不得擅自离开实验室.不能穿拖鞋、背心等暴露过多的服装进入实验室.

(5) 保持实验室环境卫生.公用仪器用完后,放回原处,并保持原样;药品取完后,及时将盖子盖好,保持药品台清洁.液体样品一般在通风橱中量取,固体样品一般在称量台上称取.仪器损坏应如实填写破损单.废液应倒在废液桶内(易燃液体除外),固体废物(如沸石、棉花等)应倒在垃圾桶内,千万不要倒在水池中,以免堵塞.

(6) 实验结束后,将个人实验台面打扫干净,仪器洗、挂、放好,拔掉电源插头.请指导老师检查、签字后方可离开实验室.值日生待做完值日后,再请指导老师检查、签字.

二、有机实验室安全规则

实验是人们进行科学研究和发现自然规律的必要手段.在有机化学实验中,实验者要经常接触和使用各种化学试剂和药品,而这些化学试剂和药品多数都是易燃、易爆,或有剧毒性和强腐蚀性,仪器多为玻璃制品.实验者若使用不当,很可能发生着火、烧伤、爆炸、中毒等事故.为避免事故发生和维护实验室安全,保证实验的顺利进行,使国家财产和实验者人身安全免受损害,实验者除了严格按规程操作外,还必须遵守以下实验室安全规则:

(1) 牢固树立“安全第一”的思想,时刻注意实验室安全,确保教学实验紧张而有序地进行.

(2) 熟悉实验室安全设施(如灭火器、沙桶、急救箱等)的存放位置和使用方法,实验室的安全用具不得挪作他用.

(3) 实验前应充分预习实验内容,要了解实验中所用原料和试剂的性质及在实验中可能发生的事故,事先采取防范措施.

(4) 进行有危险性的实验时,应使用防护眼镜、面罩、手套等防护用具.

(5) 保持实验室及实验台面整齐清洁,不得将与实验无关的仪器、杂品堆放在实验台上.

(6) 禁止在实验室吸烟、饮水或吃东西,不得在实验进行中看其他书籍、听广播、录音、会客、聊天以及做其他与实验无关的活动.

(7) 实验时应认真检查仪器是否完整无损,实验装置是否正确、稳妥.应严格遵守操作规程及实验条件,未经实验指导老师允许不得擅自改变.

(8) 实验时应仔细检查实验设备有无漏气、漏水、漏电情况.注意反应是否正常进行.实验进行中不得随意离开操作位置,如必须暂时离开,应托其他同学帮助照看实验.

(9) 实验完毕应将仪器洗刷干净,放到指定地点,擦净实验台,关好水、电、煤气、压缩气瓶等.

(10) 废酸、废渣、玻璃碎片、废纸、火柴棒等均不得倒入水槽,以免堵塞和腐蚀下水道.

(11) 值日生除负责打扫外,还应当负责当天实验室的安全和整洁的监督.

(12) 最后离开实验室者,应负责检查实验室的水、电、煤气、通风是否关好,关闭好门窗后方可离开.

三、事故的预防和处理

由于操作不当等各种原因,有机实验室不可避免地会发生事故.实验者对事故进行及时的预防与处理是非常必要的.有机实验室的常见事故主要包括火灾、爆炸、有毒气体和液体的中毒、剧毒和强腐蚀试剂的危害以及用电安全不当造成的事故.下面就这些事故的预防和处理做简单的介绍.

(一) 火灾的预防与处理

预防火灾发生需注意以下几点:

(1) 防火基本原则:使火源尽可能远离易燃品,尽可能避免着火事故的发生.

(2) 不能用敞口容器加热和放置易燃、易挥发的化学药品.如对沸点低于 80 ℃的液体,在蒸馏时,应采用水浴等间接加热方式,不能直接加热.

(3) 尽量防止或减少易燃气体的外逸.处理和使用易燃物时,应远离明火,注意室内通风,及时将蒸气排出.

(4) 易燃、易挥发的废物,不得倒入废液缸和垃圾桶中,可倒入水池用水冲走,但与水发生猛烈反应者除外.

(5) 一旦发生火灾,应沉着、冷静、不要惊慌失措.应立即切断电源,熄灭附近所有火源,迅速移开着火现场周围的易燃物,特别是有机溶剂着火,一般不能用水扑灭,否则会使火焰蔓延,无异于“火上浇油”;小火可用湿布或石棉布盖熄,若火势较大时应根据具体情况采用相应的灭火器材.

常用灭火器有二氧化碳、四氯化碳、干粉及泡沫等灭火器.目前实验室中常用的是干粉灭火器.使用时,拔出销钉,将出口对准着火点,将上手柄压下,干粉即可喷出.

二氧化碳灭火器也是有机实验室常用的灭火器.灭火器内存放着压缩的二氧化碳气体,适用于油脂、电器及较贵重的仪器着火时使用.虽然四氯化碳和泡沫灭火器都具有较好的灭火性能,但四氯化碳在高温下能生成剧毒的光气,而且与金属钠接触会发生爆炸.泡沫灭火器会喷出大量的泡沫而造成严重污染,给后处理带来麻烦.因此,这两种灭火器一般不用.不管采用哪一种灭火器,都是从火的周围开始向中心扑灭.

地面或桌面着火时,还可用砂子扑救,但容器内着火不易使用砂子扑救.若衣服着火,应立即用石棉布覆盖着火处.火势较大时,应卧地打滚(速度不要太快)将火焰扑灭.千万不要在实验室内乱跑,以免造成更大的火灾.一定要注意避免让火烧向头部,烧伤严重时应立即送医院治疗.

(二)爆炸的预防与处理

预防爆炸发生需注意以下几点:

(1) 使用易燃易爆物品时,应严格按操作规程操作,要特别小心.

(2) 反应过于猛烈时,应适当控制加料速度和反应温度,必要时采取冷却措施.

(3) 在用玻璃仪器组装实验装置之前,要先检查玻璃仪器是否有破损.

(4) 常压操作时,切忌使装置形成密封体系,不能在密闭体系内进行加热或反应.一定要与大气相通,要经常检查反应装置是否被堵.如发现堵塞应立即停止加热或反应,将堵塞排除后再继续加热或反应.

(5) 回流、蒸馏液体时,应加沸石防止暴沸,但不能向较热的液体中加沸石;同时,减压蒸馏时,应使用耐压容器如圆底烧瓶或抽滤瓶做接收瓶或反应瓶,不能用平底烧瓶、锥形瓶、薄壁试管等不耐压容器.高压操作应经常注意釜内压力有无超过安全负荷.

(6) 无论是常压蒸馏还是减压蒸馏,均不能将液体蒸干,以免局部过热或产生过氧化物而发生爆炸.

(7) 使用易燃、易爆气体(如乙炔和氢气)时,应保持室内空气通畅,严禁明火操作.

(8) 其他类型的化合物,如过氧化物,叠氮化合物,多硝基化合物,干燥的重氮盐等具有爆炸性,使用时需要严格遵守操作规程.有些化合物,如醚类,久置后会生成过氧化物,需经特殊处理后方能使用.金属钠、氢化铝锂在使用时切勿接触水,否则会发生燃烧,甚至爆炸.

(三)中毒事故的预防及处理

有机溶剂除易燃、易爆外,其另一特性就是毒性.例如,许多含氯有机物累积于人体内使肝脏变质,引起肝硬化.经常接触苯或芳烃可能会造成白血病.有机溶剂的危险性与浓硫酸的腐蚀性不相上下,但有机溶剂以隐蔽的方式显示其危险性.在明确某些有机物的毒性后,就应该学会预防.在正规、小心的操作下,有机溶剂不会造成任何健康问题.

中毒的预防与处理应注意以下几点:

(1) 称量药品时应使用工具,不得直接用手接触,尤其是毒品.做完实验应洗手后再吃东西.任何药品不能用嘴尝.

(2) 有毒的药品应认真操作,妥善保管,不许乱放,并有专人负责收发.使用和处理有毒或腐蚀性物质时,应在通风橱中进行或加气体吸收装置,并戴好防护用品.使用挥发性有毒药品时最好在通风橱内进行.取完药品后应该及时盖上瓶盖.尽可能避免蒸气外逸,以防造成污染.实验完毕后有毒残渣应妥善处理,不得乱丢.

(3) 应最大限度地减少与有毒药品的接触,尤其是直接接触,使用时应戴橡皮手套.切勿让毒品接触伤口.万一发生中毒事故,宜根据如下具体情况具体分析.

① 皮肤接触　宜用酒精擦洗,然后用肥皂和大量水冲洗.

② 吞下强酸　先饮大量水,然后服用氢氧化铝膏、鸡蛋白、牛奶.

③ 吞下强碱　先饮大量水,然后服用醋酸果汁、鸡蛋白、牛奶.不论酸、碱中毒,都不要吃呕吐剂.

④ 气体中毒　将患者移出室外,解开衣领及纽扣.若吸入少量氯、溴、氯化氢等气体,可用稀的碳酸氢钠溶液漱口.

(4) 如发生中毒现象,应让中毒者及时离开现场,到通风好的地方,严重者应及时送医院.

(四) 割伤和灼伤的预防及处理

1. 割伤

割伤是实验室中经常发生的事故,常在拉制玻璃管或安装仪器时发生.为防止割伤,操作时应注意以下几点:

(1) 有机实验中主要使用玻璃仪器.使用时,不能对玻璃仪器的任何部位施加过度的压力.

(2) 需要用玻璃管和塞子连接装置时,用力处不要离塞子太远,如图 1-1 中的(a)和(c)所示.图 1-1 中的(b)和(d)的操作是不正确的.尤其是插入温度计时,要特别小心.

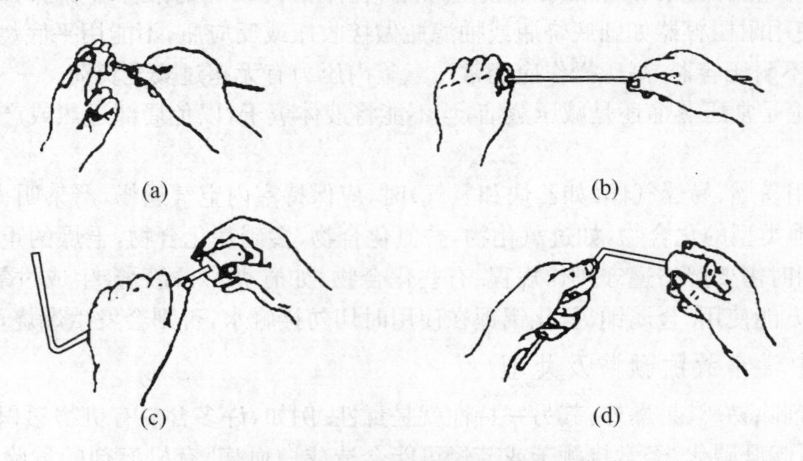

图 1-1　玻璃管与塞子连接时的操作方法

(3) 新割断的玻璃管断口处特别锋利,使用时,要将断口处用火烧至熔化,使其成圆滑状.

(4) 当割伤时,首先将伤口处的玻璃屑取出,用水洗净伤口,涂以碘酒或红汞药水,用纱布包扎,严重者送医院治疗.

实验室应备有急救药品,如生理盐水、医用酒精、红药水、烫伤膏、1%～2%的乙酸或硼酸溶液、1%的碳酸氢钠溶液、2%的硫代硫酸钠溶液、甘油、止血粉、凡士林等,还应备有镊子、剪刀、纱布、药棉、绷带等急救用具.

2. 灼伤

皮肤接触了高温、低温或腐蚀性物质后均可能被灼伤. 在接触这些物质时，最好戴橡胶手套和防护眼镜. 发生灼伤时应按下列要求处理：

(1) 强酸、强碱等腐蚀性化学品触及皮肤时可引起皮肤烧伤，因此在使用时宜多加小心. 万一被强酸、强碱或溴烧伤，应立即用大量水洗，然后再根据不同情况分别处理.

① 浓酸烧伤　先用大量的水冲洗，然后用 3%～5%碳酸氢钠溶液洗涤，必要时涂烫伤膏.

② 浓碱烧伤　先用大量的水冲洗，再用 1%～2%硼酸或醋酸溶液洗涤，最后再用水洗，必要时涂上烫伤膏.

③ 溴烧伤　用酒精擦至没有溴液为止，然后涂上甘油或烫伤油膏加以按摩.

(2) 被热水烫伤后，一般在患处涂上红花油，然后擦烫伤膏.

(3) 以上物质一旦溅入眼睛中，应立即用大量的水冲洗，并及时去医院治疗.

(五) 用电安全

进入实验室后，首先应了解水、电、气的开关位置在何处，而且要掌握它们的使用方法. 使用电器时，应先检查实验装置或设备的金属外壳是否接好地线，插头接线是否完好，电线是否磨损. 使用时先插上插头，接通电源，再开启仪器开关. 电器内外要保持干燥. 实验过程中应防止人体与电器导电部分直接接触，不能用湿手或手拿湿的物品接触带电体. 实验完毕后，先切断电源，再拔下插头. 万一触电，应立即拉下电闸、切断电源，或用不导电物品使触电者与电源隔离，然后对触电者进行人工呼吸并急送医疗单位抢救.

【总结】　学生进入实验室或做实验时，注意以下几方面的安全：

(1) 水的安全；

(2) 电的安全；

(3) 化学药品的安全；

(4) 操作的安全.

第二节　有机化学实验室常用仪器

化学实验中最常用的就是玻璃仪器. 在化学实验中经常要加热、冷却，要接触各种腐蚀性的试剂，甚至要经受一定的压力，因此，对玻璃仪器的质量及玻璃材质均要求较高. 实验仪器所用的玻璃应当是具有机械强度大、软化点高、线膨胀系数小、对温度冲击的抵抗力高且对化学试剂的耐受性高等特点. 国内目前均采用硼硅酸盐硬质 95 料或 GG－17 硬质玻璃制造.

目前实验室中的玻璃仪器主要为标准磨口仪器和普通玻璃仪器.

一、标准磨口仪器

有机实验装置绝大多数都是采用标准磨口仪器通过标准磨口接头连接、组合而成的. 常用的标准磨口仪器主要有烧瓶、漏斗、冷凝管、分水器、蒸馏头、尾接管等. 标准磨口接头可分为四类：① 平磨口；② 直形磨口；③ 锥形磨口；④ 球形磨口. 最常使用的是标准锥形磨口接头. 这种接头是由套管(简称口)和锥形插头(简称塞)所组成的，其互换性极好，容易拆装、接缝严密，每一种接头上都标有两个数字，分别代表套管大端的内径和磨口部分的长度，如24/29 即指套管大端的内径为 24 cm，磨口部分的长度为 29 cm. 标准接头按照大小不同有许多规格，最常用的为 29#、24#、19#、14#(均指套管大端的内径)等.

标准磨口仪器使用起来非常方便，但其价格昂贵，如不能很好地爱护则极易损坏，因此使用时必须注意以下几点：

(1) 使用玻璃仪器时要轻拿轻放. 除烧瓶外，一般都不能用火直接加热，厚壁仪器(如抽滤瓶)一定不能加热.

(2) 磨口部分必须保持清洁，无固体杂物，否则，会导致对接不紧密，甚至损坏磨口.

(3) 安装时，仪器装置要整齐、正确，使磨口连接处受力均衡，以免折断仪器.

(4) 常压下使用，无须涂润滑剂. 在进行真空操作时，磨口处应涂以真空润滑脂，真空脂应在插头的中部均匀地薄薄地涂成圈，然后将插头和套管接上并加以旋转，使真空脂分布均匀，经过正确润滑后的紧密接头，看上去应当是完全透明的.

(5) 实验完毕后应立即将接头拆开，以免日后粘在一起，无法拆卸.

(6) 洗涤前应将涂过的真空脂擦净，然后才能用洗涤剂清洗，洗涤磨口时不得使用粗糙的去污粉，以免使磨口擦伤而使仪器漏气.

(7) 接头如需插在一起存放时，必须先清洗干净，并且在套管和插头之间垫一张薄纸条，以免以后拆卸困难.

下面介绍有机实验中最常用的几种仪器及其使用范围.

1. 烧瓶

常用的烧瓶有圆底烧瓶、梨形烧瓶、三口烧瓶等，具体见图 1-2.

圆底烧瓶

梨形烧瓶

两口烧瓶

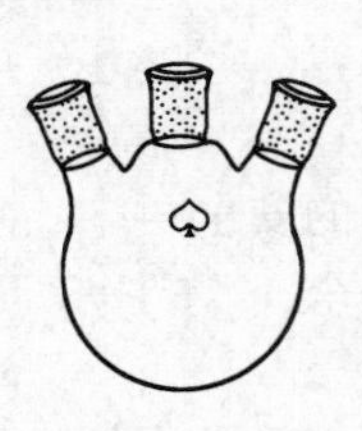
三口烧瓶

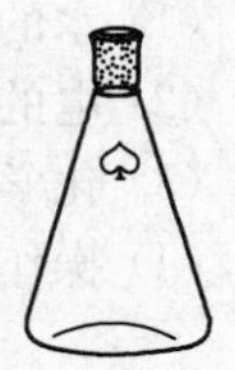
锥形烧瓶

图 1-2 烧瓶

(1) 圆底烧瓶　能耐热和承受因反应物沸腾所产生的冲击震动. 在有机实验中常用于合成反应、回流加热及常压和减压蒸馏操作中.

(2) 梨形烧瓶　用途与圆底烧瓶相似，但在合成少量有机化合物时，通常用梨形烧瓶，因为能让少量化合物保持较高的液面，蒸馏时残留在烧瓶中的液体少.

(3) 三口烧瓶　主要用于需要回流、搅拌的反应中. 三口分别安装搅拌器、回流冷凝管和温度计.

(4) 锥形烧瓶　用于贮存液体，混合溶液及少量溶液的加热. 常用于重结晶操作或有固体产物生成的合成实验中，因为生成的固体容易从锥形烧瓶中取出来. 也可用做常压蒸馏的接收器，但不能用作减压蒸馏的接收器.

2. 漏斗

常用的漏斗有恒压滴液漏斗、滴液漏斗、分液漏斗等，具体见图 1-3.

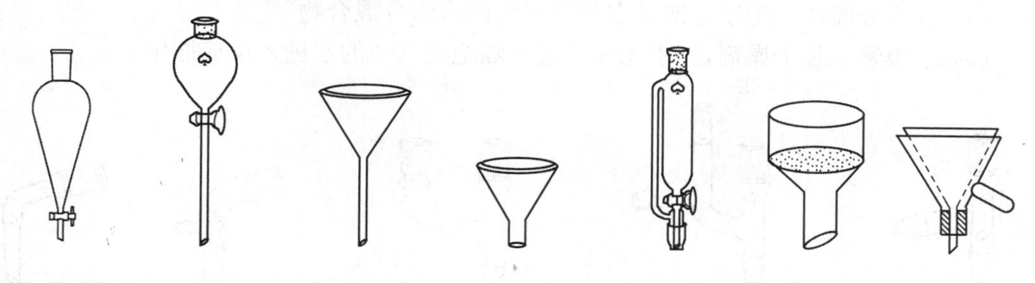

图 1-3　漏斗

(1) 梨形分液漏斗　用于溶液的萃取、洗涤和分离，也能用于滴加反应液.

(2) 滴液漏斗　用于滴加反应物至反应瓶中，即使漏斗的下端浸没在液面下，也能看到滴加的速度.

(3) 长颈漏斗和短颈漏斗　在里面垫上滤纸，在普通过滤时用.

(4) 恒压滴液漏斗　用于合成反应的液体加料操作，尤其是反应体系内有压力时，可使液体顺利滴加.

(5) 布氏漏斗　是瓷质的多孔板漏斗，主要用于减压过滤中.

3. 冷凝管

常用的冷凝管有直形冷凝管、球形冷凝管、空气冷凝管等，具体见图 1-4.

(1) 直形冷凝管　适用于蒸馏操作，一般适用于蒸馏物质的沸点在 140 ℃以下. 当温度超过 140 ℃时，冷凝管可能会在内管和外管的接合处炸裂.

(2) 球形冷凝管　适用于回流操作，其内管的冷却面积较大，对蒸气的冷凝效果好.

(3) 蛇形冷凝管　适用于低沸点物质的长时间回流操作，其内管的冷却面积更大，对蒸气的冷凝效果更好.

(4) 空气冷凝管　当蒸馏物质的沸点超过 140 ℃，用其代替直形冷凝管进行蒸馏操作.

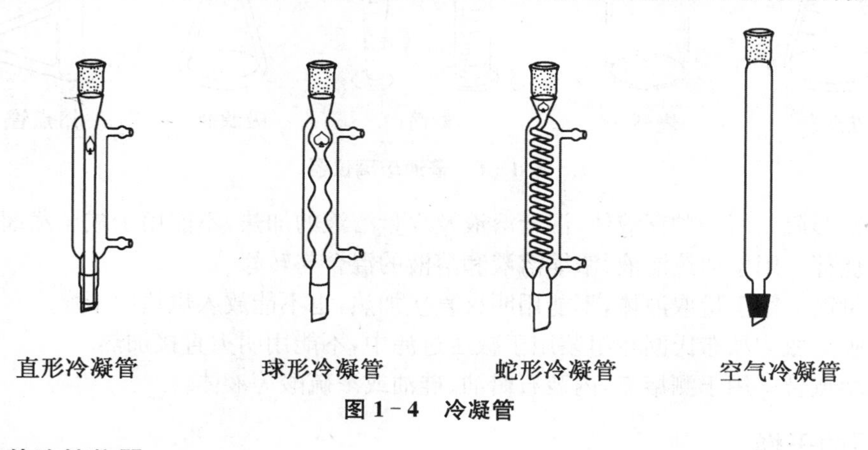

图 1-4　冷凝管

4. 其他连接仪器

(1) 蒸馏头及二口连接管　与圆底烧瓶组装后用于蒸馏有机物.

(2) 接引管　用于常压蒸馏中收集蒸馏物,真空接引管用于减压蒸馏.

(3) 分水器　用于及时分出反应过程中生成的水,以提高可逆反应的产率.

(4) 刺形分馏柱　用于分馏沸点相差不大的多组分混合物.

(5) 干燥管　装干燥剂,用于无水反应中隔绝空气中的水进入反应瓶中.

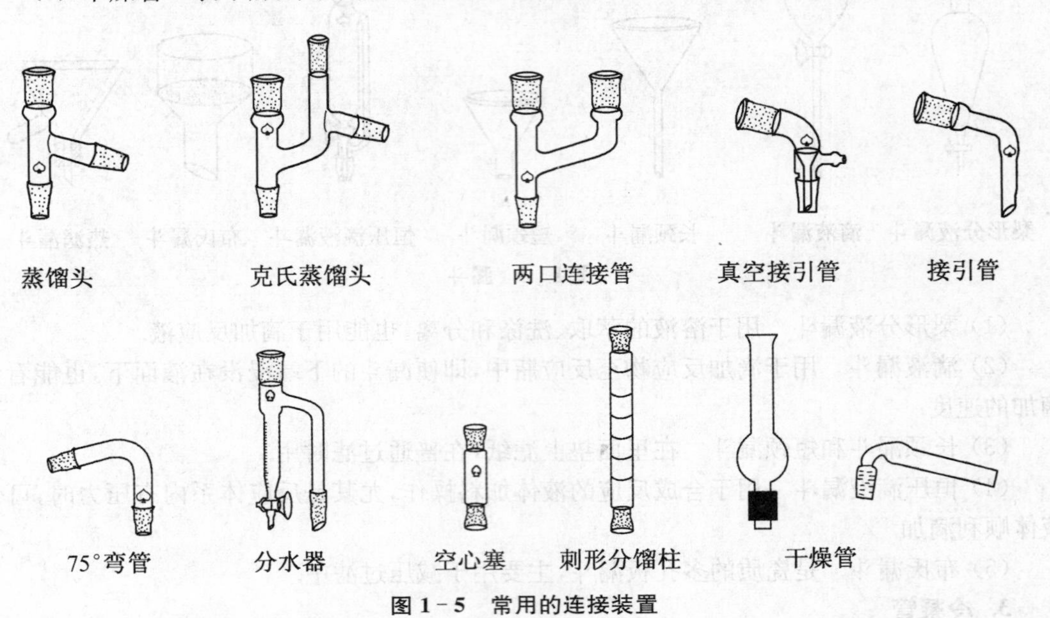

图 1-5　常用的连接装置

二、普通玻璃仪器

有机化学实验中,也会用到很多普通玻璃仪器,下面简单介绍几种用得较多的玻璃仪器,具体见图 1-6.

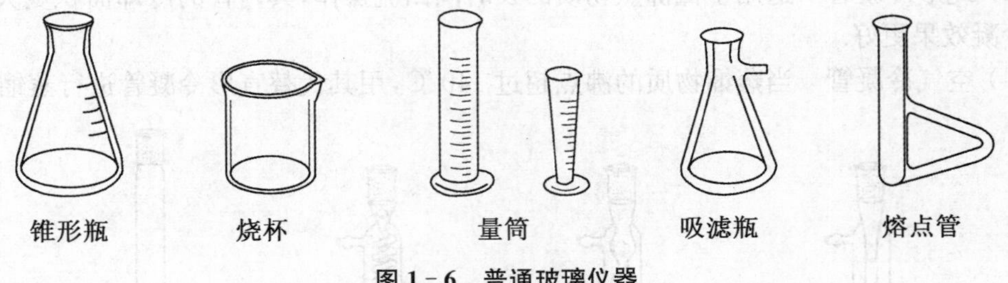

图 1-6　普通玻璃仪器

(1) 锥形瓶　用于贮存液体,混合溶液及少量溶液的加热,不能用于减压蒸馏装置中.

(2) 烧杯　用于加热溶液、浓缩溶液和溶液的混合与转移.

(3) 量筒　用于量取液体,不能用明火直接加热,也不能放入烘箱中干燥.

(4) 吸滤瓶　和布氏漏斗组装用于减压过滤中,不能用明火直接加热.

(5) 熔点管　用于测熔点,内装石蜡油、硅油或浓硫酸等液体.

三、仪器的干燥

进行有机化学实验的玻璃仪器除要洗净外,常常还应干燥.简单的干燥仪器的方法有以下几种：

（一）晾干

将洗过的玻璃仪器倒放在仪器木柜中合适的位置，让水滴自然蒸发，晾干即可供大多数有机化学实验用. 如果需要在严格无水条件下进行实验，则可采用烘干或快干法，将仪器进一步干燥.

（二）烘干

将仪器洗净、晾干，放在电烘箱里，管口朝下，将如图 1－7 所示的烘箱或干燥箱的温度控制在 105 ℃左右，经 0.5～1 h 后停止加热，冷至室温再取出. 如果急用，可鼓冷风，再用坩埚钳取出，搁在石棉网上冷却. 被烘仪器不能连有橡皮塞或软木塞，分液漏斗或滴液漏斗的旋塞要取下，凡士林要擦净. 如将未晾干的湿仪器放入烘箱中，放置顺序为先上面后下面，瓶口朝下，下放一个搪瓷盘，接受滴下的水珠，以免烘箱生锈. 也可用气流烘干器烘干.

图 1－7　干燥箱和烘箱

带有刻度的计量仪器和厚壁仪器，一般不宜在烘箱中烘干，可放在气流烘干器上烘干，见图 1－8.

图 1－8　气流烘干器

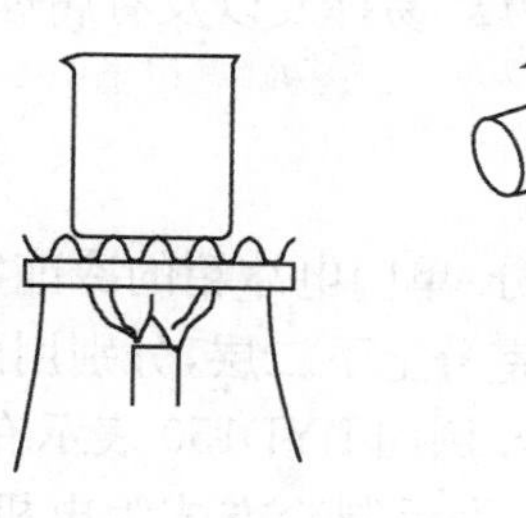
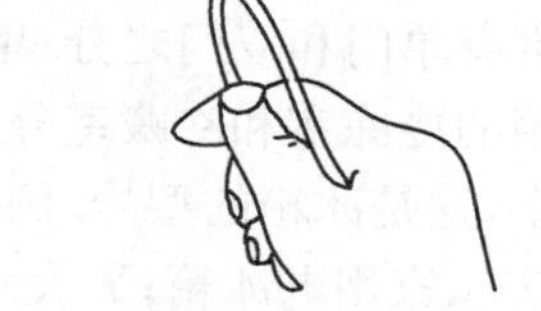

图 1－9　烤干仪器的方法

（三）烤干

如临时急用干燥的烧杯、蒸发皿等，可放在石棉网上用火烤干. 试管可直接在灯焰上烤干（敞口稍向下倾斜），如图 1－9.

（四）使用有机溶剂干燥

这是一种快干法，将玻璃仪器洗净，倒置稍干后，加入少量（5 mL 左右）工业酒精（或丙酮），倾斜并转动仪器，使器壁上的水与酒精混溶，然后将仪器内液体倾出，最后用电吹风吹干，如图 1－10. 本法一般用于急需干燥的小仪器，因为溶剂消耗量大、代价高.

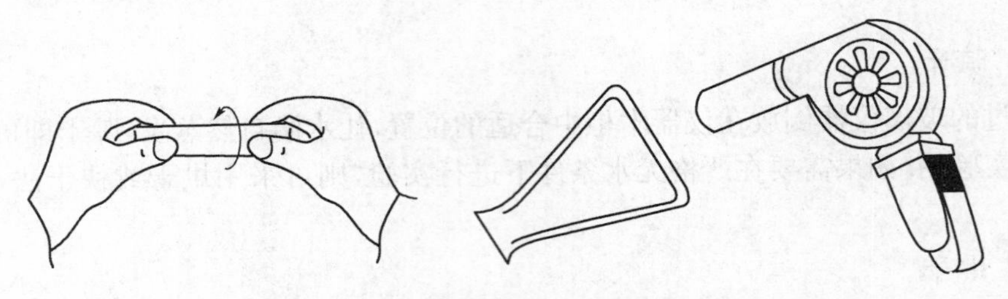

图 1-10 使用有机溶剂干燥玻璃仪器

干燥仪器，要根据实验要求，采用不同的方法，同时要注意节约.

四、金属用具

有机化学实验中，除了使用玻璃仪器外，还需使用一些金属用具. 常用的金属用具有铁架台、铁夹、十字夹、铁圈、三脚架、水浴锅、热水漏斗、镊子、剪刀、三角锉、圆锉、打孔器、水蒸气发生器、煤气灯、不锈钢刮刀等等. 使用时不要乱拿乱放，注意防止金属用具被锈蚀.

五、电器和其他设备

(一) 烘箱

实验室一般使用的是恒温鼓风干燥箱(见图 1-7). 主要是用来干燥玻璃仪器或烘干无腐蚀性、热稳定性比较好的药品. 温度可以控制在 50～300 ℃，箱内有自动控温系统，使调节好的温度保持恒定. 使用时应注意温度的调节与控制. 干燥玻璃仪器应先沥干再放入烘箱，温度一般控制在 100～120 ℃，而且干湿仪器要分开. 调温的方法是：接通电源后，将控温旋钮顺时针方向旋至最高点，此时箱内升温，当温度升至所需温度时，立即将旋钮向逆时针方向慢慢旋回，至红色指示灯灭而黄灯亮时，此处即为该温度的恒温控制点. 为了便于以后调温，最好做上标记. 易燃、易爆、易挥发以及有腐蚀性的物品禁止放入烘箱内. 烘箱用后，应切断外电源以保证安全.

(二) 冰箱

通常有单门和双门之分. 单门电冰箱的冷冻室和冷藏室共用一扇门，冷冻室比较小. 双门电冰箱的冷冻室和冷藏室分上下二层，分别用两扇门开关. 冰箱的标牌上方通常有一行字母和数字，这是冰箱的型号. 例如 BYD150 表示有效容积为 150 L 的电机压缩式双门冰箱. 其中 B 表示家用电冰箱；Y 表示制冷方式为电机压缩式；D 表示双温、双门；阿拉伯数字表示容积，单位为升(L)；改进序号以 A、B……表示.

冰箱内有一个温控器，其调节盘上刻有 1、2、3、4、5 等数字，指针指的数字越大，表示箱内温度越低，相应地耗电也大. 此外还有下列标记：“0”或“OFF”，表示电源被切断，压缩机不工作；“不停”、“速冻”或“MAX”，表示压缩机处于持续运转状态，只有当需要急速冷冻时，才将温控器调到这个位置，一般使用时都将温控器调在“3”的位置上.

实验室如需要少量冰块，可将冰箱中的冰盒(铝制或塑料制)取出，洗净，灌入容量 4/5 左右的水，放入冷冻室中，约 2 h 左右即成. 取冰时如果冰盒和冷冻室底面牢固地冻结在一起，可加少量水，使冻结面的冰融化，即可取出冰盒，切忌用小刀等金属器撬开. 从冰盒中取出冰块时，可用自来水淋洗冰盒背面片刻，冰块即可取出.

(三) 电热套(或叫电热帽)

电热套实际上是一只改装的小电炉(见图 1 - 11). 外壳由金属制成,里面凹进去用玻璃纤维织品做成半球形或圆锥形,刚好使烧瓶套入,玻璃纤维织品下面埋着盘旋的电热丝,通电后即可加热. 电热套使用方便,控制温度容易(配有调压器),加热和蒸馏易燃有机物时,由于它不是明火,因而具有不易引起着火的优点,热效率也高,是有机实验中一种比较理想的加热设备. 加热温度用调压变压器控制,最高加热温度可达 400 ℃左右,是有机实验中一种简便、安全的加热装置. 电热套的容积一般与烧瓶的容积相匹配,从 50 mL 起,各种规格均有. 电热套主要用做回流加热的热源.

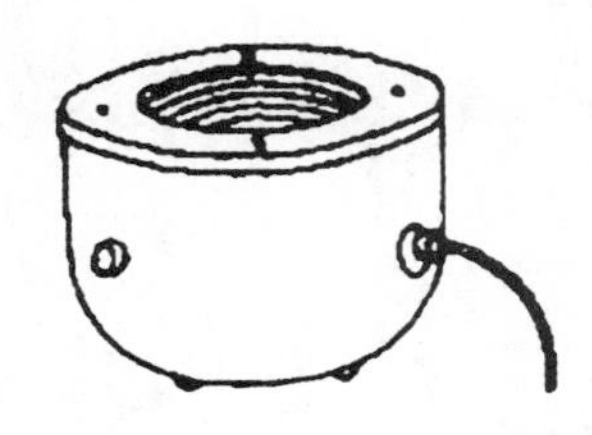

图 1 - 11　电热套

(四) 电动搅拌器

电动搅拌器在有机化学实验中用得比较多,一般适用于非均相反应. 由机座、电动机、调速器三部分组成,如图 1 - 12. 电动机主轴配有搅拌头,旋紧螺旋,可以紧紧地扎住连接搅拌器的玻璃棒. 使用时,转动调速器旋钮,逐渐加速至所需的转速为止,不要一下子开至高速挡. 搅拌速度不宜太快,避免液体飞溅出来. 关闭时也要注意逐渐减速直至停止.

使用时应注意接上地线,不能超负荷. 轴承每学期加一次润滑油,经常保持电动搅拌器和调速器的清洁、干燥,还要防潮、防腐蚀.

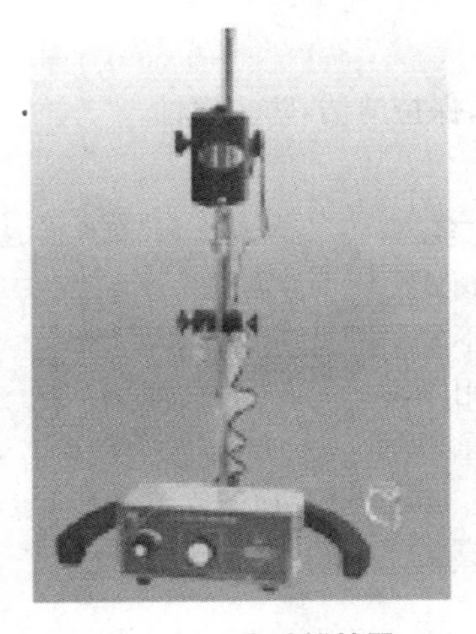

图 1 - 12　电动搅拌器

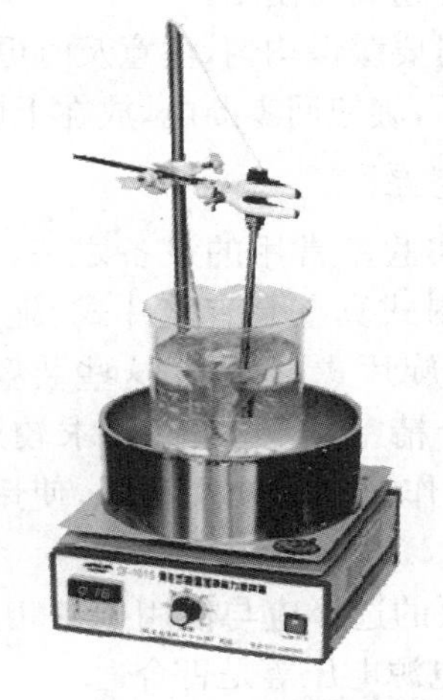

图 1 - 13　磁力搅拌器

(五) 磁力搅拌器

由电动机、磁钢和搅拌转子组成,如图 1 - 13. 搅拌转子是一块包有玻璃或塑料外壳的软铁. 将转子放入反应容器中，再把容器放在磁力搅拌器的托盘上，接通电源，电动机直接使磁钢转动，通过磁场的不断旋转变化来带动容器内的磁转子，达到搅拌的目的.

一般磁力搅拌器都同时具有加热、自动控温、调速等功能. 使用起来，非常方便. 例如，实验过程中需要一个带有搅拌器及滴加液体的回流装置时，如改用磁力搅拌器，就简便得多，如图 1－14 所示. 反应物料较少，加热温度不高的情况下使用磁力搅拌器尤为合适.

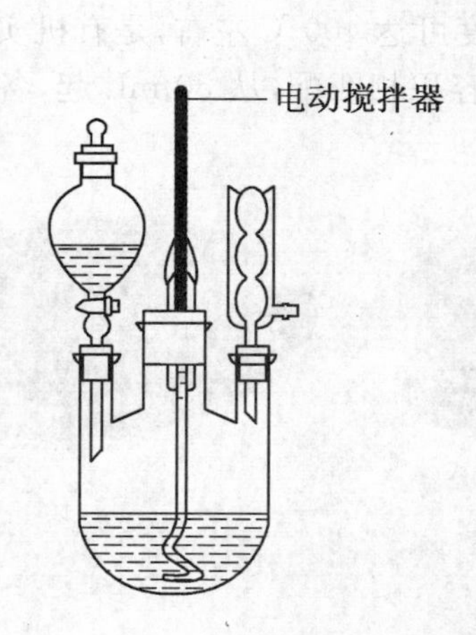

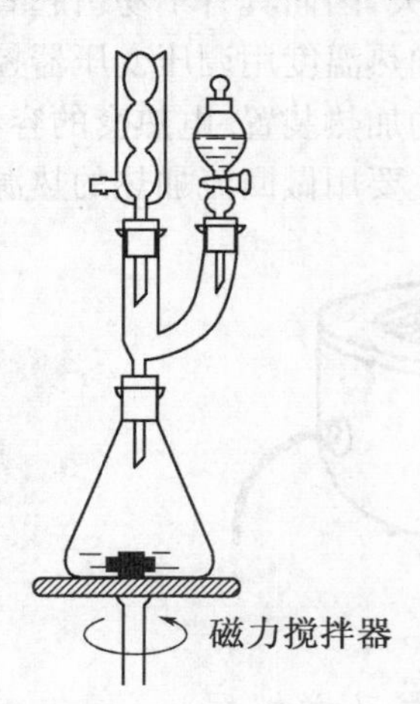

图 1－14　电动搅拌和磁力搅拌

（六）调压变压器

主要是通过调节电压来调节电炉的加热温度或电动搅拌器的转动速度等. 使用调压变压器时应注意：

(1) 安全用电，接好地线；

(2) 输入端与输出端不能接错；

(3) 不允许超负荷使用；

(4) 调节时要缓慢均匀，注意及时更换炭刷；

(5) 用完后，旋钮回零断电，放在干燥通风处，保持清洁，防止腐蚀.

（七）真空泵

真空泵是实验室常用的设备之一，型号也较多. 实验室用的油封式真空泵有定片式、旋片式、滑阀式等，图 1－15 为旋片式真空泵. 这些装置使用并不复杂，但结构十分精密，工作条件要求较严，若使用不当，就会降低工作效率和使用年限，使用时应注意以下几点：

图 1－15　旋片式真空泵

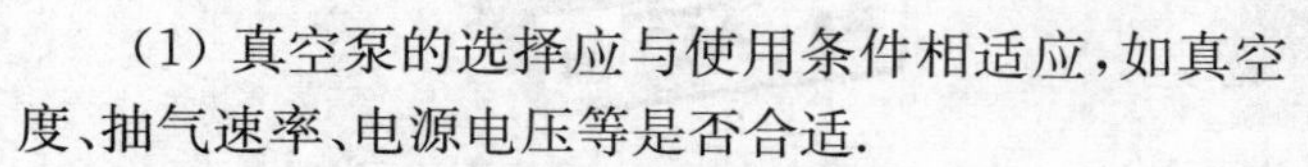

(1) 真空泵的选择应与使用条件相适应，如真空度、抽气速率、电源电压等是否合适.

(2) 真空泵应放在清洁、干燥的地方，要定期清洗和换油. 清洗时应使用煤油或汽油，洗后各零件均应擦干、晾干. 换油时应用干净的真空泵油，若用其他油代替，真空度可能会受影响.

(3) 真空系统及其与泵相连的管道均应短粗，并尽量减少接头，各接头处均应保持严密，保证不漏气.

(4) 被抽气体温度如高于 40 ℃，应加气体冷却装置；如带有液滴，应加冷凝去湿装置；如被抽气体有腐蚀性或能与油起化学反应，须加吸收和中和装置，以保护泵的工作性能.

(5) 开泵前须检查泵的旋转方向是否正确，检查旋转方向时应先取下传动皮带，以免马达反转时将油喷出，还需检查润滑系统是否可靠，油量是否适当.

(6) 运转中油温不得超过 75 ℃，也不能有噪音和振动，否则应停机检修.

(7) 停机时应先关闭通真空系统的阀门，并打开放气阀，避免油倒吸到真空系统中，然后关闭电机电源.

(8) 真空泵不能用来抽低沸点的液体，因此，被抽系统应先用水泵抽出低沸点的溶剂后再使用真空泵.

为了便于移动，真空泵及吸收和中和有腐蚀性气体的保护装置都安装在一个小推车上. 真空泵推车的结构如图 1－16.

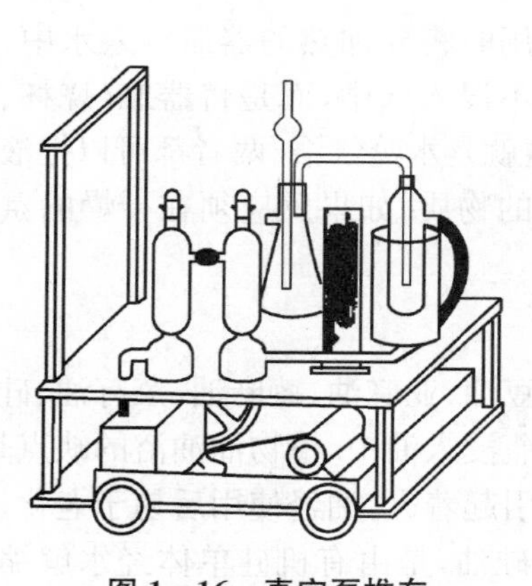

图 1－16　真空泵推车

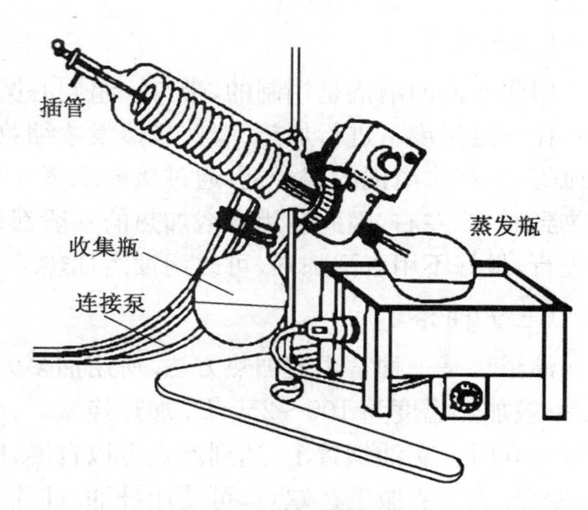

图 1－17　旋转蒸发仪

(八) 旋转蒸发仪

旋转蒸发仪是由电机带动可旋转的蒸发器(圆底烧瓶)、冷凝器和接收器组成的(见图 1－17). 可以在常压或减压下操作，可一次进料，也可分批吸入蒸发料液. 由于蒸发器的不断旋转，可免加沸石而不会暴沸. 蒸发器旋转时，会使料液附于瓶壁形成薄膜，蒸发面大大增加，加快了蒸发速率. 因此，旋转蒸发仪是浓缩溶液、回收溶剂的理想装置.

六、加热器

几乎每一个化学实验都离不开加热器. 在实验室中可用各种方法来加热化学药品，以促进化学反应的顺利进行. 通常涉及的加热器有煤气灯、热水浴、油浴、电热板、电热套、蒸气漏斗以及红外灯等. 下面简单介绍一些加热器.

(一) 用煤气灯或微焰灯加热

在普通化学实验室中，经常应用煤气灯或微焰灯，但在有机实验中，如果有可能的话人们总是避免使用它们. 因为许多有机化合物是易燃的，明火会导致实验室起火，或使可燃蒸气爆炸.在乙醚或其他极易燃烧的溶剂存在时,决不能使用煤气灯.

在有机化学实验室中,煤气灯为加热水或加热水-固体悬浮液提供了一种高温热源.煤气灯还可用于少数需要高温的蒸馏操作中.当利用煤气灯加热烧瓶等器皿时,必须垫上石棉网.使用时,煤气灯的火焰可随着调节空气量的增减而不同.通入适当量空气时的火焰是由三部分组成:内焰——呈绿色圆锥状(甲);中焰——呈深蓝色(乙);外焰——呈淡蓝色(丙),淡蓝色及深蓝色部位为高温区,具体见图1-18.

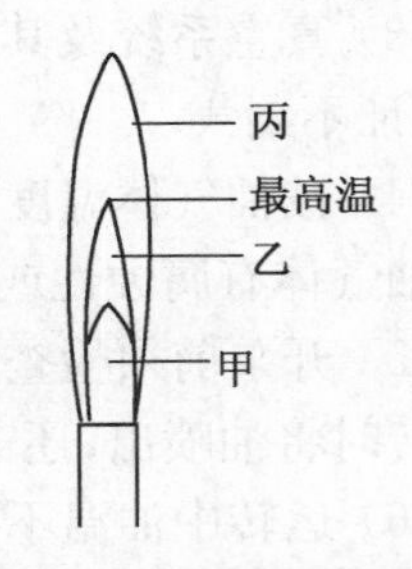

图1-18 煤气灯或微焰灯火焰组成部分

当加热任何类型的玻璃烧瓶时,为了使热量分布均匀起见,可在火焰和烧瓶之间插入金属丝网(石棉网),特别是对于圆底烧瓶等圆底形器皿,为了防止烧瓶破裂,使热量均匀是必要的.

为了消除直接用火加热的缺点,在实验室中可以使用各种加热浴,水浴是最常用的一种.

(二) 水浴

用作水浴的浴锅是铜制的,带有一组同心圆做盖,使用时将要加热的器皿浸入水中,就可以在一定温度下进行加热.有些像蒸发浓缩物品时,并不浸入水中,而是将器皿(烧杯、蒸发皿等)放在水浴锅的盖子上,通过接触水蒸气来加热,这就是水蒸气浴.两者都可以把液体加热到95 ℃左右,因此利用水浴加热的一般都是低沸点的物质.如果反应须在干燥的氛围中进行,最好不用水浴加热,可改用油浴加热.

(三) 油浴

油浴也是一种常用的加热方法.所用油多为花生油、豆油、亚麻油、蓖麻油、菜籽油、硅油等.一般加热温度为100～250 ℃.加热烧瓶时,必须将烧瓶浸入油中.植物油油浴的缺点是:温度升高时会有油烟冒出,达到燃点可以自燃,明火也可引起着火,油经使用后易于老化、变黏、变黑.为了克服上述缺点,可使用硅油.硅油又称有机硅油,是由有机硅单体经水解缩聚而得的一类线型结构的油状物,一般是无色、无味、无毒、不易挥发的液体,但价格较贵.另外,加热浴中除水浴、油浴外尚有砂浴、金属浴(合金浴)和空气浴等.

(四) 电热板加热

可调温度的电热板是一种极为普通的加热器,附有变温控制和不外漏加热线圈的电热板,在大多数化学实验室中可方便地使用.尽管加热圆底烧瓶是不用它的,但是如果能应用它的话,几乎在任何情况下都可以使用.应用电热板的主要优点在于一个无火焰的可调节温度的热源是由扁平的表面所提供的,因此在使用平底烧瓶时通常无须支架.对于低沸点的液体,使用电热板的较低温度挡;较高沸点的液体则使用较高温度的档.

使用时要注意:为了防止暴沸,在烧瓶中需放置沸棒或沸石;电热板的表面可以点燃某些具有低自燃温度的易燃物质,尤其是低沸点的可燃的乙醚,因此,电热板的表面上不能粘有有机溶剂,要保持电热板的表面干净和干燥!

(五) 电热套加热

用电热套加热是有机实验室中最常用的加热方法,加热套的使用已在前面讨论过,这里不再赘述.

（六）砂浴加热

加热温度在250～350 ℃之间的高温反应可用砂浴. 一般用铁盘装砂，将容器下部埋在砂中并保持底部有薄砂层，四周的砂稍微厚些. 因为砂子的导热效果较差，温度分布不均匀，所以温度计水银球要紧靠容器.

实验者应根据反应物温度的要求和反应物、生成物的性质选择合适的加热器，注意尽量避免使用明火.

第三节　实验预习、记录和实验报告

一、实验预习

实验预习是实验成败的关键之一. 实验前须对实验的目的、要求和试剂及产物的物理化学性质等进行全面的预习，以便对整个实验内容做到心中有数. 对实验中可能遇到的问题，应查阅有关资料，确定正确的实验方案，使实验得以顺利进行. 并将预习结果写在实验记录本上. 若不经准备，"照方抓药"则实验达不到预期结果.

实验预习应包括以下内容：

(1) 实验目的，至少要写三条.

(2) 实验原理，主要包括主反应和重要副反应的反应方程式，了解副反应发生的条件，以便控制反应条件，减少副反应的发生.

(3) 画出实验装置图，标出仪器装置的名称和性能.

(4) 原料、产物和主要副反应产物的物理常数及主要试剂规格、用量.

(5) 写出简明实验步骤和流程图. 将书上的实验内容改写成简单明了的操作步骤（可用1、2、3……数字表明操作顺序）. 有些文字可用符号简化，仪器可用示性图代替.

(6) 标出实验操作中的关键步骤. 估计实验中可能出现的问题，设想解决方法.

二、实验记录

实验记录是研究实验内容和书写实验报告的依据，在实验开始前可参考以下项目做实验记录.

(1) 实验名称、主反应的反应式.

(2) 试剂及产品的物理化学常数（相对分子质量、性状、折光率、密度、熔点、沸点及溶解度）和实际使用量.

(3) 按照反应方程式中反应物和生成物的摩尔数计算出理论产量和理论使用量.

(4) 所用仪器的种类和型号大小.

实验开始后，做好实际观察记录是非常重要的. 实验开始时间、实验的全过程例如反应温度的变化，反应是否放热，颜色变化，是否有结晶或沉淀产生，将所观察到的这些现象应该准确地记录. 实验者必须认真操作、仔细观察、积极思考，还必须养成边实验边直接记录的习惯，决不可事后凭记忆补写，特别是实验中出现的与预期相反的现象更应特别注意，详细记录，因为这对正确解释实验结果将会有很大帮助.

做完预习报告后，要根据实验内容，预测可能的实验现象，画好实验记录表格，供实验时记录用.

三、实验报告

根据实验记录本上的原始记录进行整理总结.对实验中出现的问题,应加以理论上的分析和讨论,并提出改进意见.这是理论联系实际,进行综合提高的重要手段.有机化学实验报告的书写内容参考格式如下:

制备实验报告

实验名称:________________ ______年____月____日

一、实验目的和要求

二、实验原理(主反应和主要副反应)

三、主要试剂用量、规格及产物的物理常数

四、主要仪器装置图

五、实验步骤

1. 主要步骤
2. 实验流程图

六、原始实验现象及数据记录

实验步骤	现　象	备　注

七、产率计算

合成实验的结果要计算产率.计算公式为:

百分产率 = 实际产量 / 理论产量 ×100%.

八、实验讨论及思考题

基本操作实验报告

因基本操作实验内容差别较大,很难有固定的格式.可仿照合成实验报告格式,将“产率计算”改成“数据记录和处理”即可.下面举一实验报告示例:

实验:溴乙烷的制备　　×年×月×日

一、实验目的和要求

1. 学习溴乙烷的制备方法;
2. 了解恒压漏斗滴加和蒸馏技术在有机物分子中引入卤原子的应用;
3. 掌握洗涤、分馏纯化液态有机物的方法.

二、实验原理

主反应:$NaBr + H_2SO_4 \Longrightarrow NaHSO_4 + HBr$

$$CH_3CH_2OH + HBr \xrightarrow{H_2SO_4} CH_3CH_2{-}Br + H_2O$$

副反应:$C_2H_5OH \xrightarrow{H_2SO_4} CH_2{=}CH_2 + H_2O$

$$2C_2H_5OH \xrightarrow{H_2SO_4} (C_2H_5)_2O + H_2O$$

$$2HBr + H_2SO_4 \xlongequal{\triangle} Br_2 + SO_2\uparrow + 2H_2O$$

三、主要试剂用量及规格

试剂	规格	用量
95% 乙醇	化学纯	7.6 g(10 mL,约 0.17 mol)
浓硫酸	化学纯	19 mL(约 0.32 mol)
溴化钠	化学纯	15 g(约 0.15 mol)

四、主要装置图

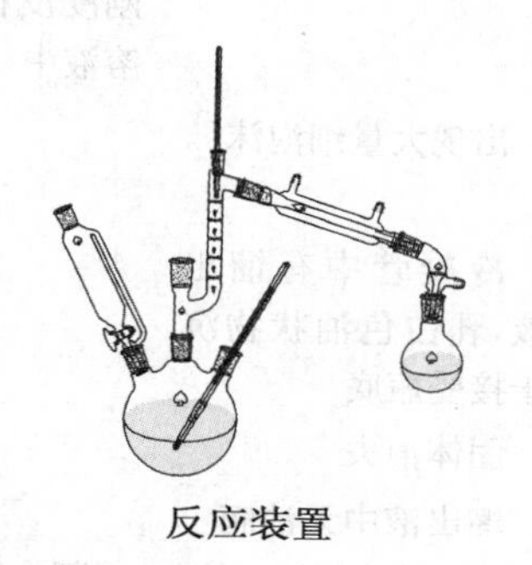
反应装置

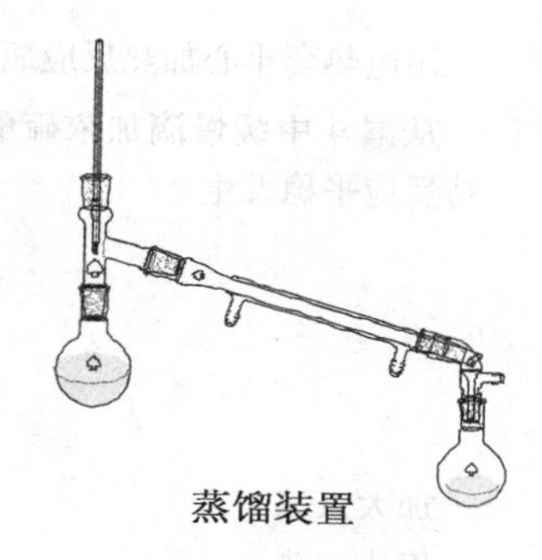
蒸馏装置

五、实验步骤

1. 主要步骤

(1) 在三口烧瓶和恒压漏斗中分别加入反应所需的反应物和沸石.

(2) 按照反应装置图安装好反应装置.

(3) 控制好加热强度,使反应平稳进行.

(4) 详细记录反应现象.

(5) 停止加热,冷却后拆除反应装置.

(6) 对反应粗产物进行纯化、过滤、干燥.

(7) 对反应粗产物进行蒸馏,收集 37～40 ℃的馏分.

(8) 用红外光谱和核磁共振氢谱对制备的溴乙烷进行结构表征.

2. 实验流程图

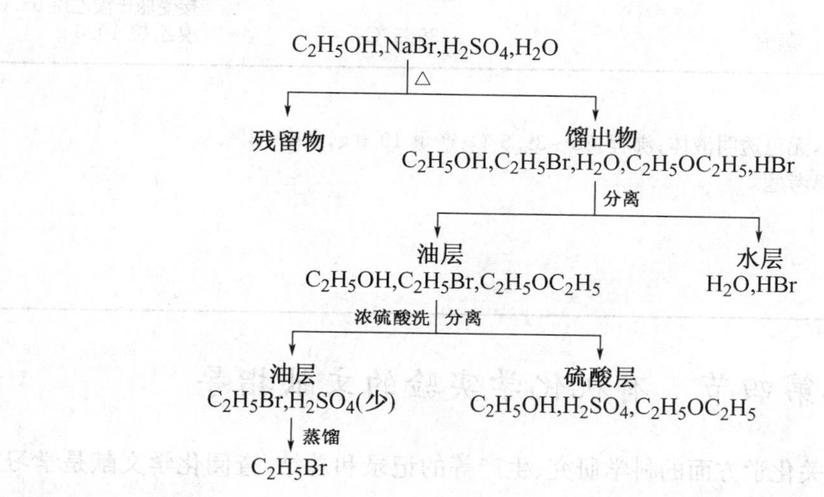

六、原始实验现象及数据记录

时间	步骤	现象	备注
2:30	在三口瓶中加入15 g溴化钠，9 mL蒸馏水，10 mL 95%的乙醇，沸石	溴化钠部分溶解，但未全溶	
	在恒压漏斗中加入19 mL浓硫酸		接收器中加少许冷水及5 mL饱和亚硫酸氢钠，尾接管的末端刚浸没在接收器的水溶液中
2:45	按反应装置图安装反应装置		
2:55	用电热套小心加热反应瓶		
3:00	从漏斗中缓慢滴加浓硫酸，保持反应平稳发生	出现大量细泡沫	
3:05		冷凝管中有馏出液，乳白色油状物沉于接受瓶底	
3:25		固体消失	
3:55	加大火焰	馏出液中无油滴	
4:00	停止加热	馏出液由混浊变清	瓶中残留物趁热倒出，以免 $NaHSO_4$ 冷后结块不易倒出
4:05	用分液漏斗分出油层（下层）		油层8 mL
4:10	将油层在冰水冷却下，逐滴加入5 mL浓硫酸中	油层（上层）变澄清	浓硫酸除去了乙醚、乙醇、水等杂质
4:20	用分液漏斗分出硫酸层（下层）		
4:25	安装蒸馏装置		
4:30	开始加热，蒸馏油层		接受瓶55.0 g
4:40	开始有馏出物	收集37～40 ℃的馏分	接受瓶外围用冷水冷却
5:20	蒸完	39.5 ℃	接受瓶+溴乙烷65.0 g 溴乙烷10.0 g

七、产率计算

产品：溴乙烷，无色透明液体；沸程：38～39.5 ℃；产量10.0 g，产率73%.

八、实验讨论及思考题

1. ……
2. ……
3. ……

第四节　有机化学实验的文献指导

化学文献是有关化学方面的科学研究、生产等的记录和总结. 查阅化学文献是学习、科学研究和生产等工作的一个重要环节.

在有机化学实验中查阅文献的目的是利用前人科学研究的成果,判断和预测自己实验中可能发生的现象和结果,并对发生的现象和结果给予解释. 例如:合成溴乙烷的实验时,怎么知道反应已经发生了呢? 当有不溶于水的白色油状液体沉在水层下面时,我们知道反应发生了. 这是根据乙醇、溴化钠和浓硫酸是溶于水的,而溴乙烷不溶于水,而且密度比水大等物理性数据分析判断得到的结论. 查阅文献的作用远远不止这一点,它可以拓宽我们的知识面,完善我们的知识结构,启迪创新思维,提高自学和独立工作的能力,最终实现创新开发的目的. 由于本书的性质,我们把文献资料分为工具书和专业参考书、期刊及化学文摘三部分介绍. 在教学培养计划中,有专业的文献课开设,在此只做简单的介绍. 读者若需要更为详尽地了解化学文献的全貌,有以下两本专著可供参考:

[1] 余向春编著. 化学文献及查阅方法. 第三版. 北京:科学出版社,2003

[2] 袁中直,肖信,陈学艺编著. 化学化工信息资源检索和利用. 南京:江苏科学技术出版社,2001

一、有机化学实验的文献介绍

1. 辞典、字典、手册、大全和工具书

化工辞典, The Merk Index, Handbook of Chemistry and Physics, Dictionary of Organic Compounds,试剂手册等. 从这些文献中可以查找出化合物的名称、英文名称、分子式、相对分子质量、结构式、物化性质(外观、晶形、熔点、沸点、溶解度等)、CAS、制备方法简述和用途.

2. 实验书或教科书

有机化学实验教科书(兰州大学、复旦大学合编,大连理工大学编等版本)、有机制备手册、精细有机合成、Organic Synthesis, Vogel's Textbook of Practical Organic Chemistry. 这些文献中大多数有化合物的制备程序,经过多年的改进、多人的验证,其方法是成熟的,操作是可靠的. 在合成设计中应该尽量采用.

3. 专利文献

美国专利、欧洲专利和中国专利,在网上是免费阅读的,网址分别是 www. uspto. gov; www. espacenet. com; www. sipo. gov. cn. 专利文献最大的特点是新颖.

4. 期刊

化学学报,有机化学,高等学校化学学报,J. Org. Chem. , J. Am. Chem. Soc. ,Organic Letter, J. Chem. Soc. ,Perkin I、Perkin II 等.

5. 文摘

美国化学文摘(CA).

我们查阅这些资料的目的是为了了解某个课题的历史情况,目前国内外的水平和发展动态、发展方向. 只有了解了事物的过去和现在,才能较正确地预计到今后的发展趋势. 同时这些资料也可以作为借鉴,充实我们的头脑,丰富我们的思路,对事物做出正确的判断.

应该看到在许多文献资料中,虽然有许多有价值的东西,但有的文献资料的关键部分往往由于保密而抽掉,即使有的发表了,也是已经过时的、第二流的内容,而不是最先进的工作情况,这点在我们查阅化学文献时是应该注意的.

二、有机化学实验文献的评价与应用指导

1. 查阅文献中存在的问题

有机化学实验文献的评价对于设计实验或实验的成败有相当重要的作用.学生拿到题目后，虽然知道文献查阅的重要性，但大多数的学生存在如下的问题：

（1）不知道查阅哪方面的内容，只注意合成方法的查阅，忽视分析方法、产物的分离纯化的方法检索.对于合成路线中所涉及的原料、催化剂、中间体和溶剂的物化参数没有查阅.

（2）学生只顾查阅产率较高的合成线路，而没有考虑到方法本身的条件的苛刻程度，包括实验室现有的条件，如仪器设备是否具备？试剂是否易得？分析分离方法是否可行？

（3）对于查阅得到的大量文献中的实验方法以及实验中所列出的千差万别的实验条件不知道如何取舍，选择最佳的实验步骤.

针对以上的问题，在文献查阅时，学生应加强对检索文献的内容、方法以及如何评价、使用文献等方面的训练.

2. 文献查阅的指导

文献检索是文献实验课的一个重要环节，学生要学会如何查阅文献、综合分析文献.另外，大部分文献上记载的实验操作和反应条件比较简单，没有实验书上描述的那样详细或者各不相同.有关仪器装置、操作条件的选择、产物的分离、试剂的纯化和配制基本上按照图1－19所示的程序查阅文献，分析综合后才能拟订出来.

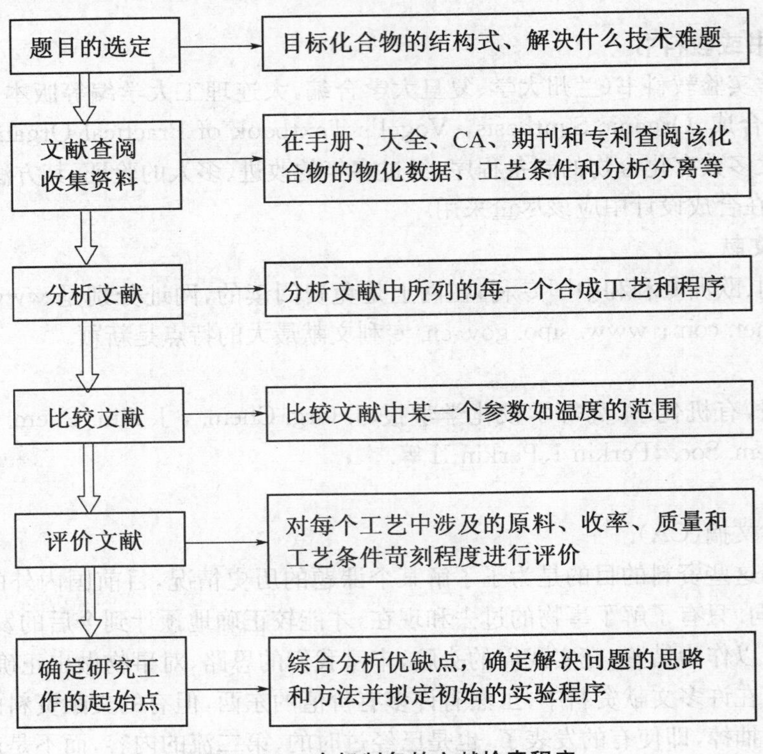

图1－19　有机制备的文献检索程序

(1) 有关化合物的物化常数查阅的指导

告诉学生首先要利用图书馆、资料室或实验室中的手册、工具书、词典和大全等来获得有关原料、溶剂、中间体和目标化合物的基本物化数据，包括名称、俗名、英文化学名称、分子式、商品名称、CAS、光谱特征吸收峰、熔点、沸点和溶解度，进一步为CA查阅做准备，为分析、分离纯化中间体和目标产物提供参考.

(2) 尽管学生在文献实验课上只能选择一个中等难度或者简单的合成实验，但我们还是鼓励学生系统查阅这个化合物的合成，以便使学生能够比较它们的制备方法，扩大知识面. 首先让学生查阅有机制备手册、有机合成上所列的制备方法，因为重复它们所列的实验程序比较容易. 然后让学生系统查阅CA和中国化工文摘. 例如，查阅R反应和试剂X，从A制备B的合成路线. 应注意以下几点：

① 查一下最近一期关于R反应的综述性文章或实用有机制备手册，看一下它们所列的制备表格中是否有A为起始原料、B为产物的栏目；

② 查一下化合物A是否有作为上述R反应的类似反应的原料. 查一下B，看是否有用相似的方法得到B化合物的反应；

③ 查一下A、B的相同官能团的其他化合物的制备方法，看是否有更接近于A、B的? 假如没有查阅到从A制备B的直接方法，相类似的反应条件可以参考、借鉴.

3. 如何评价CA上所列条目的指导

无论学生用主题索引、分子式索引还是其他索引在CA中查阅一个化合物的合成时，定会发现有较多的条目是关于这个化合物的生物活性、分析、制备、反应和应用等方面的内容，是否只查阅制备条目呢？还是全部查阅呢？根据作者的经验，全部查阅会浪费很多的时间，实际上也是不必要的，只检索制备条目往往会遗漏许多重要的信息(美国化学文摘号后缀有pr的标记，表明它是与制备相关的文献). 对于查阅制备的条目要注意以下提示：

(1) 查阅这个化合物以及衍生物的制备方法和分离方法.

(2) 查阅这个化合物标题下的无标题词的条目，因为无标题词意味着这篇文章含有如此多的信息(多含有制备方法)，以至于文摘员觉得都重要而不能给出一个标题词来表达.

(3) "preparation of……"通常指的是实验室的制备方法，CA近期上的实验步骤有时不易重复.

(4) "bromination of, oxidation of, reaction of"等条目，可能含有有价值的制备方法，因为要研究这个化合物的反应，往往首先要制备这个化合物，至少会给出这个化合物的制备参考文献.

(5) "carcinogentic activity of……"可能无用.

(6) "in grape fruit seed"很可能也无用.

(7) "bond length in……"完全无用.

对于查阅合成来说，评价条目还要注意一些关键词，如preparation(实验室的制备方法)，manufacture(中试或批量生产)，synthesis(由小分子合成大分子)等，它们的含义是有差异的，以便确定是否要进一步查阅文摘或者原始文献. 含有attempt synthesis、catalytic bromination、improved preparation的词语往往也涉及很多的制备程序.

4. 综合评价所查阅文献的指导

对于从经典手册或1940年之前CA上摘录的制备程序，一般都容易重复，应当让学生重点采纳上述文献所引的实验程序. 对于近期 CA 或期刊上的论文所列的实验程序要根据现有的知识和经验进行分析、判断,以确定实验程序,因为科学报道、会议论文、工艺总结中的实验程序大多数经保密技术处理过. 如查阅到日本专利文献上关于用对甲苯磺酸乳酸甲酯和 2-甲氧基萘或异丁苯反应,制备镇痛消炎药物萘普生和布洛芬,文献上所列的反应温度都是相同的,因为二者分子结构有比较大的差异,显然相同温度不是它们各自的最佳反应温度. 再如,实验程序中"在 20 ℃,加入 75%氢氧化钠水溶液于反应体系中",显然这个条件不太准确,因为在 20 ℃时,饱和氢氧化钠溶液的溶质质量分数只有 52.2%. 还有,在常压下,以乙醇为溶剂,反应温度是 150 ℃,这个温度条件显然是经过技术处理的,因为乙醇的沸点为 80 ℃.

如果查阅到的制备方法有许多种,而且每一种制备条件都有差异,则要使用系统分析判断,选择最适宜的条件和方法. 例如,查阅一个化合物的制备,从不同的专利文献上得到的温度范围如表 1-1 所示.

表 1-1　专利文献上所示的反应温度分析

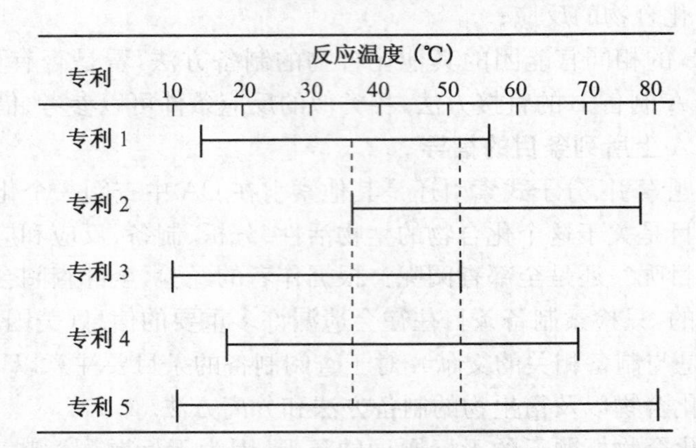

通过比较可以知道,虚线间的温度值为最有可能的优化条件,比较其他条件,然后再考虑到现有的实验条件,拟定出合理可行的实验程序,并通过实验进行验证.

第五节　有机实验学习方法的指导

有机化学实验主要包括有机物的性质实验和有机合成实验. 有机物的性质实验如熔点、沸点的测定都是为有机合成实验服务的. 有机合成实验是有机化学实验最重要的组成部分,它是有机合成反应原理的一种具体而生动的表达形式,是有机化学实验基本操作技能的一种综合应用的结果,是该目标化合物的物理化学性质的一种形象化的表现,是近代有机化合物结构测定成果的一种具体应用,总之,有机合成实验有着丰富的内容. 为了达到最佳学习效果,我们应当采用正确的学习方法,避免使用"照方抓药"式的错误方法. 有机合成实验主要包括三部分:即有机物的制备,目标产物的分离、提纯,产物结构鉴定和表征. 本节现就有机化合物的制备、分离和提纯、产物结构鉴定和表征中的一些有普遍性意义、需要重点掌握的问题进行讨论.

一、有机制备反应

1. 深刻理解实验的反应原理

应当熟悉每个有机合成实验的反应式,结合该反应的理论课讲授的内容,仔细阅读实验中的有关操作,深入理解各个实验中各步操作的深刻含义.只有深入掌握了反应原理,才能深刻体会每步操作的目的性,从而做到在操作时心中有数,不易出差错.

2. 正确安装与使用实验中的反应装置

有机合成反应主要是在实验的反应装置中实现的.同类型的有机合成反应有相似或相同的反应装置,不同的有机合成反应往往有不同特点的反应装置.实验者应能根据反应物和生成物的性质、特点,掌握反应装置选择的依据,能掌握各个实验的反应装置的安装(或拆卸)技巧,熟练操作与使用反应装置,并具有预防或处置实验事故的能力.

3. 熟悉有机合成反应的主要反应条件

有机合成反应的主要反应条件包括反应物料的选择,反应物料的摩尔比、反应温度、反应时间、反应溶剂、催化剂等.下面分别进行讨论.

(1) 反应物料　对于某种有机物的制备,有时可选择不同的有机物作为起始反应物来制备.反应物的选择要考虑很多因素,如反应物的价格、来源、操作的难易、后处理的难易、是否环保等,一般需将各种因素综合考虑,选择最合适的反应物.

(2) 反应物料的摩尔比　一般每个反应都要有两个或两个以上不同的反应物质参加反应.各种反应物的量是不同的.有时实验书上给出的是反应物的质量(g)或体积(mL)数据,可以换算成摩尔,然后计算反应物料之间的摩尔比,从中可以了解该反应的投料量是等摩尔比,还是某一反应物以过量形式投料.结合化学反应式,可以更进一步理解反应的原理.

(3) 反应温度　许多有机反应是吸热反应.通过外界提供加热升温条件,可以加速反应的进行,所以反应温度的设定与调控是十分重要的.显然,不同的有机反应有不同的反应温度.有的实验给出的是一个反应温度的范围,有的是开始设定在一个温度,反应结束要求设定在另一温度.操作者应通过控制加热强度,避免温度的大起大落,使反应温度始终在设定范围内变化.实验中,应定时记录反应温度的变化情况,作为该实验的原始资料保存,并写入实验报告.

(4) 反应时间　反应时间的掌握也是很重要的.除了少数光化学反应或爆炸性反应以外,一般有机合成反应的时间都比无机化学实验要长,通常有机合成反应的时间都要以小时计,有的甚至以天数计.有时,反应时间与加热时间大致是相同的.对于我们实验书中的实验而言,反应时间可以大致反映有机反应进行的完全化的程度.若只把实验中的反应时间缩短较多,而其他操作条件都不变,则一般说来,有机反应就不可能进行到底,就会导致产物的产量下降,影响实验效果.所以,不要轻易缩短反应时间.

(5) 反应溶剂　有机化学反应一般还需选用有机溶剂作为反应介质,也有用水作为反应介质的.有的选用极性强的溶剂,有的则用极性弱的溶剂,有的是以某一过量的反应物作为溶剂.一般在反应结束的后处理过程中,都要通过蒸馏、分馏或过滤等分离手段除去(或回收)反应溶剂.

(6) 催化剂　对于大多数有机合成反应,都需要加入催化剂.催化剂在促进反应的进程中起非常重要的作用,其用量一般都很少,大都在反应开始前加入,反应结束后再除去.要了解该反应的催化剂是什么，用量是多少，何时加入以及在后处理的哪一步操作中根据什么原理与方法将其分离出来.实验中尤其要防止漏加或加入量不够准确等一些低级错误.

二、后处理——分离提纯

上面的主要反应条件，都是用于有机反应阶段的.反应结束后生成的主要产物混杂在未反应的原料、溶剂、催化剂与副产物之中，只有经过分离提纯操作，才能将主产物分离出来.在工业生产上，后处理的设备有时比合成反应器要多而且复杂.就操作而言，分离提纯手续要比反应部分复杂一些.不同的合成反应，不同的反应物和产物，有不同的分离提纯方法，如蒸馏、分馏、结晶、升华、酸碱中和、萃取、层析等方法，有的是采用几种方法的结合.在实验前的预习阶段，就要弄清楚要制备的物质的分离提纯方法，画出实验流程示意图.在萃取分离操作时，特别要分清上下层各是什么，哪一层要保留，哪一层要弃去.分离操作中要弃去的物质要在完成全部实验，产物经过鉴定，确认无疑，并经指导教师同意后，才能清理分离操作中弃去的部分，并清洗仪器.

三、反应产物的结构确认

作为一个在文献上没有记载的全新的有机化合物的合成，其结构鉴定工作是比较复杂的.首先要进行产物的反复分离提纯工作，制备纯度很高的产品，在确认没有其他杂质存在的前提下，对产品所含的元素如C、H、O、N、X、S、P……进行元素的定性和定量分析，测定相对分子质量和其红外光谱、核磁共振谱、质谱，以确定其化学构造式.根据有机合成实验书中的方法所制备的有机化合物的结构一般都是已知的前提，它们的结构确认工作，只需要通过测定它们的主要物理常数即可认定.固体化合物测定熔点与红外光谱，液体化合物测定沸点、折光率与红外光谱.若与相应化合物的标准值或红外光谱标准图谱相一致，即可认可.

总之，有机合成实验比有机化学实验基本操作要复杂，投入的时间也较长，而学习的收获也将会是很大的.如能很好地完成上述工作，那么一定能做好有机合成实验，取得很好的学习效果.

第二章　有机实验的基本操作

第一节　有机制备反应操作的指导

一、加热与冷却

（一）加热

在有机化学中，许多有机合成反应是吸热反应，通常需要通过加热促进反应的进行或控制反应的进程. 另外，在有机化学实验基本操作中，例如干燥、重结晶、升华、蒸馏、分馏、水蒸气蒸馏、减压蒸馏、玻璃加工等，都离不开加热操作，对加热形式与方法都有不同的要求. 所以，应熟悉实验室中一些常用的加热手段.

常见的加热器和它们的使用方法及使用范围在前面仪器部分已进行了介绍，这里不再赘述. 实验者可根据所需的加热温度范围，选择适当的加热形式. 需要注意的是，在有机实验室中，应限制明火热源的使用，最好不要使用明火热源. 另外，红外线辐射器（红外灯）在处理有机产物的干燥操作上用得较多，是一种比较温和的非明火热源. 还有，近年来，在有机化学反应中，使用了微波技术，微波是一种新型的加热源，属于非明火型热源，其应用范围正日益扩大.

（二）冷却与冷却剂

使热物体的温度降低而不发生相变化的过程称为冷却. 许多有机反应是放热反应，随着反应地进行，温度不断上升，反应愈加激烈，副反应增多. 因此，必须使用适当的冷却剂，使反应温度控制在一定的范围内. 此外，冷却也用于减小某一化合物在溶剂中的溶解度，以便得到更多的结晶. 随着科学技术的发展，制冷技术也在不断提高. 利用深度冷却，可使很多在室温不能进行的反应，如负离子反应或一些有机金属化合物的反应都能顺利进行. 在普通有机实验中，也普遍使用低温操作，如重氮化反应、亚硝化反应等. 有些反应虽不要求低温，但需用制冷转移多余热量，使反应正常进行，因此制冷技术对有机化学的进展起着重要作用.

冷却的方法有直接冷却法和间接冷却法两种. 在大多数情况下，使用间接冷却法，即通过玻璃器壁，向周围的冷却介质自然散热，达到降低温度的目的.

根据冷却的温度不同，可选用不同的制冷剂. 冷却操作时首选的冷却剂是水. 其次可选用冰，使用前要敲碎以增加冷却效果.

最简单的方法是将反应容器浸在冷水中，但用水冷却只能将反应物冷却至室温，若反应要求在室温以下进行，可选用冰或冰-水混合物做冷却剂，最低可使反应物冷却至 0 ℃. 若水对整个反应没影响，也可将冰块直接投入反应容器中.

为了使冷却效果更好，获得更低的冷却温度，即要进行 0 ℃以下的冷却，可用碎冰与无机盐的混合物按表 2－1 配制成更强的冷却剂. 碎冰与无机盐按适当的比例混合所得的制冷剂，其冷却温度随无机盐混合比例的不同而不同，温度可达－40～0℃左右；干冰(固体二氧化碳)或液氨与某些有机溶剂混合可得到－70 ℃以下的低温.

表 2－1 常用冷却剂的组成及冷却温度

冷却剂	温 度(℃)
冰水混合物	0
1 份氯化钠和 8 份碎冰	－20
10 份氯化钙和 8 份碎冰	－40～－20
液氨	－30
干冰和乙醇	－72
干冰和丙酮	－78
干冰和乙醚	－100
液氨和乙醚	－116
液氮	－195

表 2－1 中固体 CO_2(即干冰)可向当地酒厂购买，购买时干冰应放入保温桶中，也可用二氧化碳钢瓶中的二氧化碳(应当在有经验的教师指导下进行操作). 干冰必须在铁研缸(不能用瓷研缸)中很好粉碎，操作时应戴护目镜和手套. 由于有爆炸的危险，如用保温瓶盛装时，外面应当用石棉绳或类似材料，也可以用金属丝网罩或木箱等加以防护. 保温瓶的上缘是特别敏感的部位，要注意保护. 在配制时，将固体 CO_2 加入到工业酒精(或其他溶剂)中，并进行搅拌，两者用量并无严格规定，固体 CO_2 应当过量. 更深度的冷却可使用液氮(可冷至－195 ℃)，液氮的使用，也应当在有经验的教师指导下进行.

为了使冰盐混合物能达到预期的冷却温度，在配制冷却剂时要将盐类物质与冰块分别仔细地粉碎，然后仔细地混合均匀，在盛装冷却剂的容器外面，用保温材料仔细地加以保护，使之较长时间地维持在低温状态. 如果在配制时，粉碎的冰块过大，混合不均匀，保温措施差，则所配制的冷却剂就不能达到预期的低温. 如果反应产物需要在低温下较长时间保存，可把盛装产物的瓶子贴好标签，塞紧瓶塞，放入冰箱或制冷机中保存. 在使用低温制冷剂时，应注意不要用手直接接触，以免发生冻伤. 在测量－38 ℃以下的低温时，不能使用水银温度计，因为水银的凝固点为－38.87 ℃，因此，应使用低温温度计.

在有机实验中，可根据实验的需要，选择合适的冷却剂.

二、干燥与干燥剂

借助热能使物料中水分(或溶剂)汽化的过程称为干燥. 干燥可分为自然干燥和人工干燥两种. 在化学工业上，有真空干燥、冷冻干燥、气流干燥、微波干燥、红外线干燥和高频率干燥等方法.

在有机化学实验中，干燥是一种很重要的操作. 许多有机反应需要在绝对无水的条件下进行，所用的原料及溶媒都应当是干燥的，而且还要防止空气中的水分侵入反应体系与介质，对进入的空气进行干燥处理. 通过有机合成操作制得的产品，要经过干燥处理后，才能成为合格的产品.

干燥剂是指能除去潮湿物质(固体、液体、气体)中水分的物质.干燥剂有化学干燥剂和物理干燥剂两种.化学干燥剂是一类能吸去水分而常伴有化学反应的物质(如石灰、五氧化二磷等).物理干燥剂是一类能吸附水分或与水能形成共沸混合物而不伴有化学反应的物质,如用硅胶除去空气中的水分,用苯除去酒精中的水分等.

根据干燥方法的不同,干燥可分为物理方法和化学方法两大类.

(1) 物理方法　使用真空干燥、冷冻干燥、气流干燥、微波干燥、红外线干燥、高频率干燥、分馏、共沸蒸馏、吸附等方法进行的干燥.

(2) 化学方法　使用能与水生成水合物的化学干燥剂进行干燥,如硫酸、氯化钙、硫酸铜及氯化镁等,以及能与水反应后生成其他化合物者,如磷酸酐、氧化钙、钙、钠、镁及碳化钙等.

根据需干燥的物质不同,干燥可分为气体的干燥、液体的干燥和固体的干燥.

(一) 气体的干燥

将固体干燥剂装填在干燥塔中,需要干燥的气体从塔底部进入干燥塔,经过干燥剂脱水后,从塔的顶部流出.即气体的干燥是在干燥塔内完成的.

化学惰性气体可使用瓶内装有浓硫酸的洗气瓶进行干燥,在洗气瓶的前后还应安装两只洗气瓶作为安全瓶.

在有机反应体系如需要防止湿空气入侵时,在反应器连通大气的开口处,都应当装接干燥管,管内盛有氯化钙或碱石灰等干燥剂.

不同性质的气体,应当选择不同类别的干燥剂.常用的干燥气体的干燥剂列于表2-2中.

表2-2　用于气体干燥的干燥剂

干燥剂	气　体	干燥剂	气　体
氧化钙	胺、氨等	熔融的氢氧化钾	胺、氨等
熔融的氯化钙	H_2、O_2、HCl、CO_2 N_2、SO_2、烷烃、烯烃、乙醚、氯代烷等	五氧化二磷	H_2、O_2、CO_2、N_2、SO_2、烷烃、烯烃等
硫酸	O_2、CO_2、CO、N_2、Cl_2、烷烃	碱石灰	O_2、N_2、胺、氨等

分子筛也常用来进行气体的干燥.分子筛是由 SiO_2 与 Al_2O_3 组成,具有均一微孔结构,常作为选择性反应的固体吸附剂或催化剂.A型分子筛3A一般只吸附水,不吸附乙烯、乙炔、二氧化碳、氨和更大的分子,是一种比较理想的气体干燥剂.可用分子筛干燥的气体有:空气、天然气、氦、氧、氢、裂解气、乙炔、乙烯、二氧化碳、硫化氢、二氧化硫.干燥后的气体中的含水量一般小于10 $mg \cdot m^{-3}$.

(二) 液体的干燥

1. 干燥剂脱水

通过将液体与干燥剂放在一起,并不时地剧烈振荡液体和干燥剂,从而使液体得到充分干燥.对于含有大量水分的液体,干燥宜分多次进行,每隔一定时间倾出液体,用新的干燥剂调换已失效的干燥剂,直至再没有明显数量的水被吸收为止.显然,采用干燥剂脱水的方法进行液体的干燥处理时，液体有明显的被干燥剂吸附的损耗，所以投放干燥剂的量要恰当，以干燥脱水达到标准为宜，不宜过多的投放，以免被干燥的物质过多损失.

在实验室中最常用的干燥剂和适用范围可参见表 2-3，实验者可根据实验的需要具体选择.

表 2-3　常用的干燥剂

种　类	酸碱性	适用范围	不宜干燥的物质	特　点
氯化钙	中性	烷烃、烯烃、酮、醚、卤代烷、中性气体等	醇、酯、胺、酚、氨、羧酸	价廉，若含有碱性杂质则脱水量大，作用快，效率不高. 一般可作为良好的初步脱水剂
硫酸	酸性	烷烃、卤代烷、中性和酸性气体等	烯烃、醇、酚、酮、碱性气体等	价廉，脱水效率高，但不能用于高温下的脱水干燥
氢氧化钾(钠)	碱性	烷烃、烯烃、醚、胺、氨	醛、酮、羧酸、酸性气体等	吸湿性强，作用快，脱水效率很高
硫酸钠	中性	烷烃、烯烃、卤代烷、醇、醛、酮、酚、醚、羧酸等	33 ℃以上因 $NaSO_4 \cdot 10H_2O$ 脱水而不能做干燥剂	价廉，脱水量大但作用慢，效率不高，较好的初步脱水剂
碳酸钾	碱性	醛、酮、胺、酯、腈、碱性气体等	羧酸、酸性气体等	脱水量和脱水效率都一般
硫酸镁	中性	烷烃、卤代烷、醇、酚、醛、酯、硝基化合物、羧酸等	78 ℃以上因 $MgSO_4 \cdot 7H_2O$ 脱水而不能做干燥剂	作用快，脱水效率很高，是较好的脱水剂
硫酸铜	中性	乙醇、乙醚等	甲醇等	比硫酸镁、硫酸钠脱水效率好，但价格较贵
五氧化二磷	酸性	中性和酸性气体、烃、卤代烷、醚等	醇、酮、乙醚、碱性气体、易聚合物质等	吸湿性很强，干燥后可通过蒸馏将溶液与干燥剂分开
硅胶	中性	用于干燥器中，也可用于液体脱水		吸水量可达 40%，烘干可重复使用
分子筛	中性	用于各类有机物和气体的干燥		快速、高效. 经初步脱水后的进一步干燥剂

由表 2-3 可知，每种干燥剂都有自己的使用范围. 实验者应掌握干燥剂使用的针对性和回避原则. 例如干燥醇类化合物，不能选用 $CaCl_2$，因为 $CaCl_2$ 易与醇类物质形成 $CaCl_2 \cdot 4C_2H_5OH$ 等四醇结晶醇合物，从而使所要干燥的物质损失掉，导致干燥操作的失败.

被干燥的液体中的水分是否干燥完全可通过加入检测试剂来检测，如可在液体中加入无水氯化钴(或无水溴化钴)，若有水，则无水钴盐从蓝色变为粉红色的水合物；也可以用无水硫酸铜(无色)检验，遇水后变为蓝色.

2. 共沸干燥

利用共沸混合物的形成，可将混合物中的某一组分蒸馏带出. 共沸干燥就是将一种能与水形成共沸混合物，在冷却时又能与水不互溶的物质(如苯等)加入待干燥的液体中，然后在带有分水器的回流装置中加热至沸腾，使水与苯等带水剂共沸形成共沸混合物被蒸出，蒸气冷却后流出的水滴沉于分水器刻度管底部而被放出的过程. 常用的带水剂有：苯、甲苯、二甲苯、三氯甲烷、四氯化碳等. 对于分离要求不很严格的分水操作，也可在加入带水剂后，用蒸馏的方法，弃去浑浊的馏出液，直至馏出液澄清为止. 常见的共沸混合物的组成及共沸点列于表 2 - 4 中.

表 2 - 4　常见的二元共沸混合物

二元共沸混合物	组分沸点(℃)	组成 w(%)	共沸物的沸点(℃)
水-乙酸乙酯	100～78	9～91	70
水-苯	100～80.6	9～81	69.2
水-乙醇	100～78.3	5～95	78.1
水-甲苯	100～110.6	20～80	84.1
水-四氯化碳	100～76.8	96～4	66
水-甲酸	100～100.7	23～77	107.3
水-乙酸	100～118	97～3	76.6
水-乙腈	100～82	16.3～83.7	76.5
水-异丙醇	100～82.3	12.6～87.4	80.3
水-丙醇	100～97.3	28.3～71.7	87
水-吡啶	100～115	57～43	94
水-乙醇-苯	100～78.3～80.6	7.4～18.5～74.1	64.8
水-乙醇-四氯化碳	100～78.3～76.5	3.4～10.3～86.3	61.8
水-异丙醇-苯	100～82.3～80.6	7.5～18.7～73.8	66.6
水-丙醇-苯	100～97.3～80.6	8.6～9.0～82.4	68.5
水-乙醇-乙酸乙酯	100～78.3～78	10.3～8.8～80.9	70.3

（三）固体的干燥

1. 自然晾干

固体干燥可以用自然晾干的方式进行干燥操作. 将待干燥的样品，放在培养皿中，上面再覆盖一张滤纸，以防污染，然后置于实验室内，让其自然干燥，约需数日. 在实验时间允许时，可以采用这种简单方便的干燥方法.

2. 加热干燥

待干燥的样品，若热稳定性好、熔点较高，则可将样品置于表面皿（或蒸发皿）内，在水浴或砂浴中加热烘干. 也可以采用红外线灯（红外线辐射器）直接辐照试样，进行烘干. 在加热烘干过程中，应注意观察，防止过热、熔化，应当控制加热强度，不时用玻璃棒进行翻动，防止样品的结块. 有些被干燥的物质，在较高温度下会分解，可以采用真空干燥方法，在较低的温度下进行干燥. 图 2 - 1 是两种常用的减压干燥装置.

在图 2 - 1 (a)中的干燥器内存放的干燥剂，应视需干燥的样品性质而定，可参照表 2 - 3 中所列的常用干燥剂进行选择. 由于采用抽真空干燥，所以干燥速度较快. 在图 2 - 1(b)的真空干燥器中，在圆底烧瓶 5 中加入适当的溶剂（作为传热介质），其沸点应低于所干燥的物质的熔点. 由于有回流装置，可以进行恒温干燥. 通过活塞 1 可以接真空系统，使干燥仓 3 内维持一定的真空度，从而加速干燥的进程. 由于干燥仓 3 内的容积有限，只能干燥处理少量样品. 真空恒温干燥仓，其仓内有效容积较大. 可以抽真空，加热进行干燥.

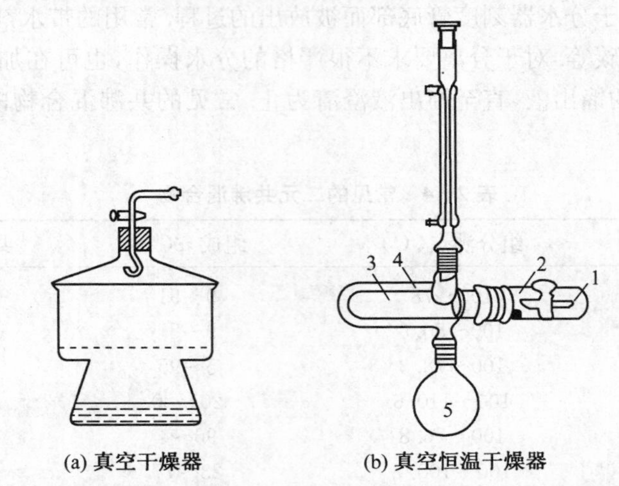

(a) 真空干燥器 (b) 真空恒温干燥器

1—二通活塞 2—连接管 3—干燥仓 4—加热外套 5—圆底烧瓶

图 2-1 真空干燥器

油浴烘箱可以克服普通电热鼓风烘箱由于使用电加热而引起的一些问题，如静电问题、明火加热等问题，在处理比较大量的固体有机化合物的干燥操作方面，是一种比较安全的干燥仪器.

三、溶液的配置

在有机实验中常常要使用一定浓度的溶液. 我们常常用溶液的百分组分来表示溶液. 饱和溶液在溶剂中溶有最大量的液体或固体，而浓度低于饱和溶液的可以按照百分组分来标明. 对溶于液体的固体来说，我们指的是固体在溶液中的重量百分比；对于溶于另一种液体中的液体，我们通常是选用体积百分组分来标明.

1. 配制固体溶于液体中的饱和溶液

在室温时，溶解尽可能多的固体于溶剂中. 最好能搅拌溶液以加速溶解过程. 为了从溶液中除去过量的固体，用重力过滤或从过量的固体中倾倒出溶液.

2. 配制重量百分比溶液

以配置 400 g 5%(*W*/*W*)氢氧化钠甲醇溶液所需的量的计算为例，阐明其配制步骤.

(1) 计算所需氢氧化钠的质量

$$0.05 \times 400\ \text{g} = 20\ \text{g}.$$

(2) 计算所需甲醇的质量

$$400\ \text{g} - 20\ \text{g} = 380\ \text{g}.$$

甲醇量必须等于溶液量减去加入溶剂中的固体量.

(3) 称所需甲醇的量或确定所需甲醇的体积 V

$$V = \text{溶剂质量} / \text{溶剂密度} = 380/0.79 = 481(\text{mL}).$$

(4) 称取固体氢氧化钠 20 g 并加到盛有 481 mL 甲醇的烧杯中，搅拌直至溶解.

若配制百分比高的溶液，当固体在室温下难以溶解时，也可以加热使固体溶解，冷却后即可使用.

3. 配制体积百分比溶液

有机化学实验室内最常见的体积百分比溶液是乙醇水溶液. 我们考虑用 95%乙醇水溶液配制 200 mL 25%(V/V)乙醇水溶液.

(1) 按下法计算所需 95%乙醇的体积

$$V_{95\%乙醇} \times 0.95 = 0.25 \times 200,$$

得

$$V_{95\%乙醇} = (0.25 \times 200)/0.95 = 53(\mathrm{mL}).$$

(2) 用水稀释 53 mL 95%乙醇溶液到 200 mL，混合均匀后即可使用.

4. 配制摩尔浓度溶液

溶液的摩尔浓度取决于化合物溶解在 1 L 溶液中的物质的量. 我们以配制 250 mL 3 mol/L氢氧化钠水溶液为例，阐明其配制步骤.

(1) 计算所需的氢氧化钠的量

我们需要 250 mL 即 0.25 L 溶液. 于是，所需的氢氧化钠的量为

$$3\ \mathrm{mol/L} \times 0.25\ \mathrm{L} = 0.75\ \mathrm{mol}.$$

由于 NaOH 的摩尔质量=40.0 g/ mol，因此所需的氢氧化钠质量为

$$0.75\ \mathrm{mol} \times 40.0\ \mathrm{g/mol} = 30.0\ \mathrm{g}.$$

(2) 配制所需溶液

称取 30.0 g 氢氧化钠于 250 mL 容量瓶内，再用量筒量取 100 mL 水，加入容量瓶中以溶解氢氧化钠. 溶解、冷却后，加水使溶液的总体积为 250 mL，充分搅动后即为 250mL 3 mol/L 的氢氧化钠溶液.

四、常用反应装置及操作

在有机制备反应中，根据反应物、生成物及反应进行的难易程度，常选用不同的实验装置. 下面就常用的典型实验装置做一介绍.

(一) 回流装置

1. 回流冷凝装置

在室温下，有些反应速率很小或难以进行，为了使反应尽快地进行，常常需要使反应物质较长时间保持沸腾. 在这种情况下就需要使用回流冷凝装置，使蒸气不断地在冷凝管内冷凝而返回反应器中，以防止反应瓶中的物质逃逸损失. 图 2-2(a)是最简单的回流冷凝装置.

将反应物放在圆底烧瓶中，在适当的热源或热浴上加热. 直立的冷凝管夹套中自下而上通入冷水，使夹套充满水，水流速度不要过快，能保证蒸气充分冷凝即可. 加热的程度也要控制，使蒸气上升的高度不超过冷凝管的 1/3.

如果反应需要干燥，可在冷凝管上端口上安装干燥管来防止空气侵入，见图 2-2(b)，

如格氏试剂的制备就要用到这一装置.如果反应中有有害气体放出,可增加气体吸收装置.

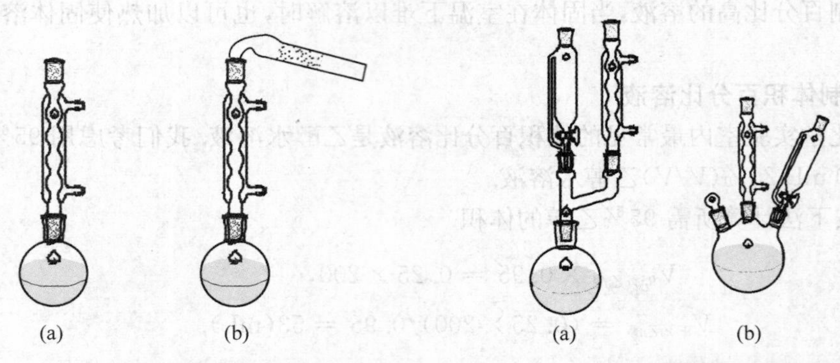

图 2-2 回流冷凝装置　　图 2-3 回流滴加装置

2. 回流滴加装置

有些反应在回流状态下进行得较剧烈,放热量大,如果将反应物一次投入,反应会很难控制;或者有些反应为了控制反应物的选择性,也需要将反应物分批加入.在这些情况下,可采用带滴液漏斗的回流滴加装置,见图 2-3,将其中一种反应物慢慢滴加进去.另外,可根据需要,在反应瓶的外面用冷水或冰水冷却或通过热源加热.

在装配实验装置时,使用的玻璃仪器和连接管要干燥和洁净,尤其是磨口仪器,磨口处一定要非常干净.加入的反应物的量最好为圆底烧瓶或三口烧瓶的 1/3 或 1/2,不能超过 2/3.各仪器间需固定,需要加热的仪器,应夹住仪器受热最少的部位,如圆底烧瓶的瓶口处等.对于有些反应,通过固体和液体或互不相溶的液体间的反应,为了使反应混合物能充分接触,还应进行搅拌或振荡,搅拌可用机械搅拌和磁力搅拌.

3. 回流分水装置

在进行某些可逆平衡反应时,为了使正向反应进行彻底,可将反应物之一不断从反应混合物中除去,若生成物之一是水,且生成的水能与反应物之一形成恒沸混合物,这时可用图 2-4 的回流分水装置.

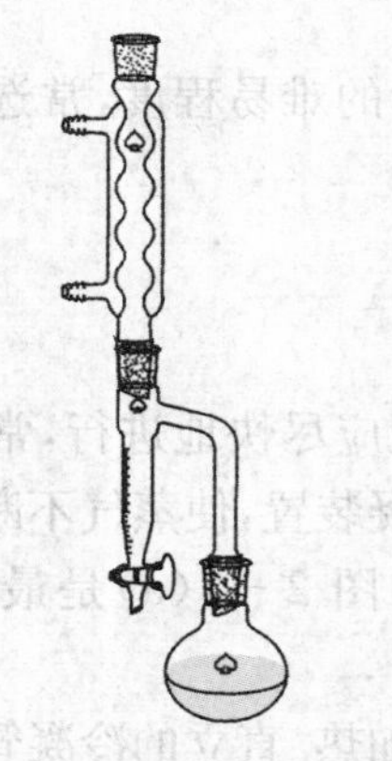

图 2-4 回流分水装置

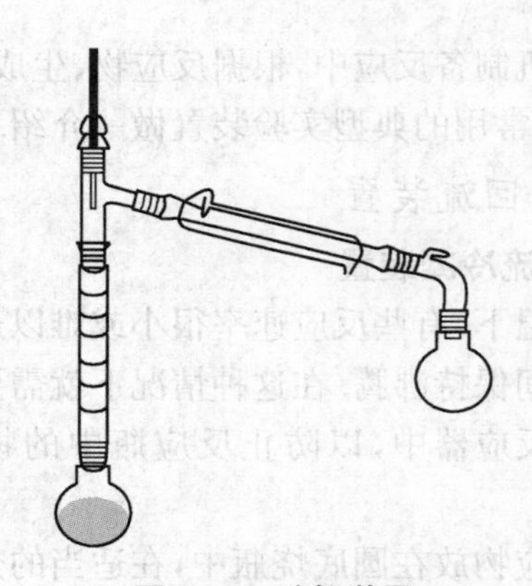

图 2-5 分馏装置

在图 2-4 的装置中,有一个分水器,回流下来的蒸气冷凝液进入分水器,分层后,有机层自动流回到烧瓶,而生成的水从分水器中放出来.这样可使一些生成水的可逆反应如酯化反应等进行到底，从而提高反应产率.

（二）分馏装置

对于有水生成的可逆反应，若生成的水与反应物之一沸点相差较小（小于 30 ℃），且两者能互溶，如水与乙酸，若想分出反应生成的水，反应物如乙酸也同时被分出，这时就不能用回流分水装置提高反应产率，可用图 2-5 的分馏装置. 分馏装置的具体安装、操作及使用我们将在后面的液态有机物的分离和提纯方法中仔细介绍.

（三）蒸馏装置

简单蒸馏装置的具体安装、操作及使用我们将在后面的液态有机物的分离和提纯方法中仔细介绍. 这里介绍几种涉及蒸馏装置的操作.

对于有水生成的可逆反应，若生成的水与反应物和其他生成物的沸点相差很小，且生成的水与反应物、其他生成物之间能形成恒沸混合物，反应物的沸点又比水的沸点低，如乙醇、溴乙烷和水，若想分出反应生成的水，反应物如乙醇、生成的溴乙烷更容易被分出，这时可采用图 2-6 的边滴加边蒸馏装置.

为了控制不让较多的反应物被蒸出而损失，反应应边滴加边蒸馏. 若反应较难发生，还可采用图 2-7 的边滴加边回流边蒸馏的实验装置.

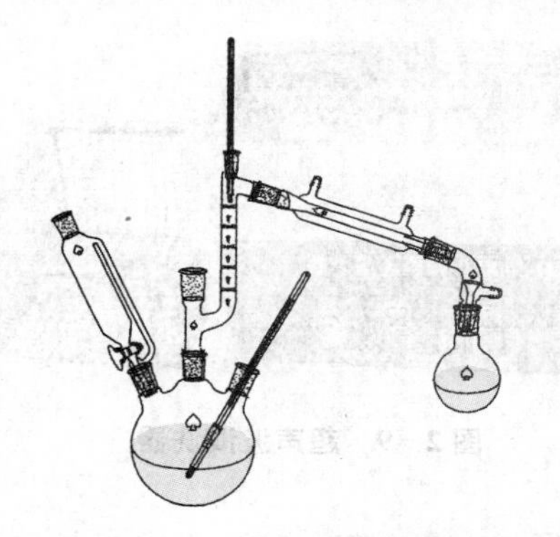

图 2-6　边滴加边蒸馏装置

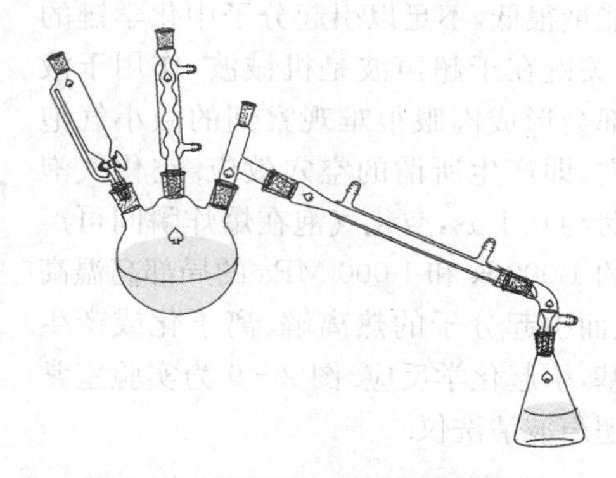

图 2-7　边滴加边回流边蒸馏装置

（四）微波合成仪

近年来，微波辐射技术在有机合成上应用日益广泛，通过微波辐射，反应物从分子内迅速升温，反应速率可提高几倍、几十倍甚至上千倍；同时由于微波为强电磁波，产生的微波等离子中常存在热力学得不到的高能态原子、分子和离子，因而可使一些热力学上不可能和难以发生的反应得以顺利进行. 利用微波技术来进行有机合成时，微波反应具有反应速度快，反应产率高等优点. 图 2-8 是典型的微波合成反应器. 该反应器主要由高精度温度传感器、不锈钢腔体、波导截止管、液晶显示屏、玻璃仪器、主面板键盘、微型打印机和电磁搅拌转速调节旋钮等部件组成.

（五）超声波清洗仪

在有机实验室中通常用超声波清洗器来清洗一些粘在反应器皿上用一般的清洗方法难以清洗的污渍. 超声波清洗器的洗涤效果非常好.

近年来，人们发现超声波清洗器不仅可以清洗反应器皿，还能促进很多化学反应，因此，

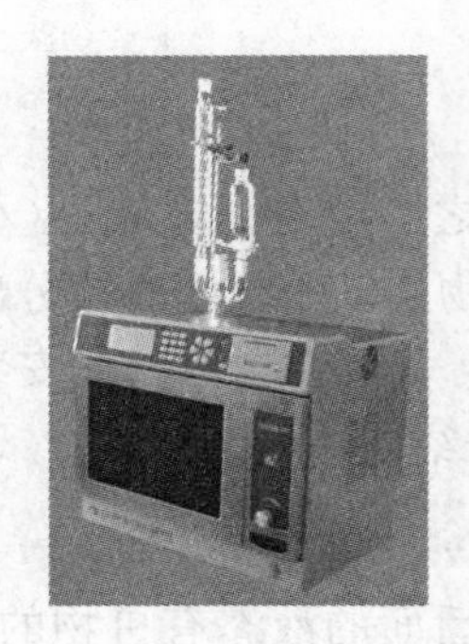
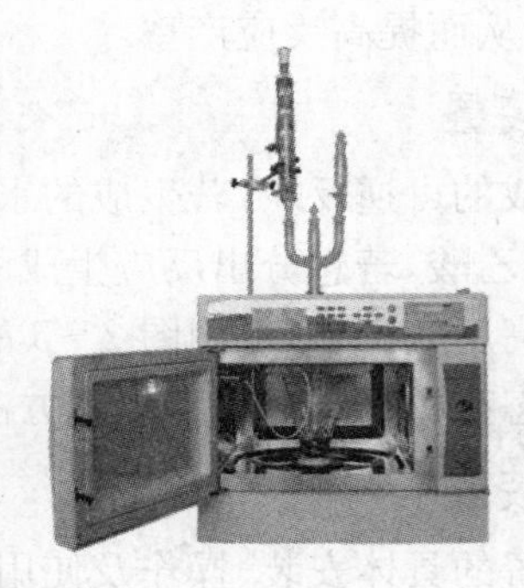

图 2-8 微波合成仪

超声波辐射在有机合成中已得到广泛发展与应用,并逐渐形成了一门新兴分支学科——声化学,它的研究范围涉及各种化学反应,诸如取代、加成、氧化、还原、成环、开环、聚合、缩合及酰基化和金属有机反应等.

超声波对许多反应具有明显的促进作用.有些反应在一般条件下很难发生或需要催化剂存在下方可进行,而在超声波辐射下可在较温和的条件下进行.超声波促进化学反应的机理还不十分清楚,一般认为并非是声场与反应物在分子水平上直接作用的简单结果.因为超声波能量很低,不足以引起分子中化学键的断裂.关键在于超声波是机械波,作用于液体内部会形成肉眼很难观察到的微小气泡和空穴,即产生所谓的空穴效应.空化气泡的寿命约 0.1 μs,空化气泡在爆炸瞬间可产生高约 1 000 K 和 1 000 MPa 的局部高温高压,从而引起分子的热离解、离子化或产生自由基,引起化学反应.图 2-9 为实验室常见的超声波清洗仪.

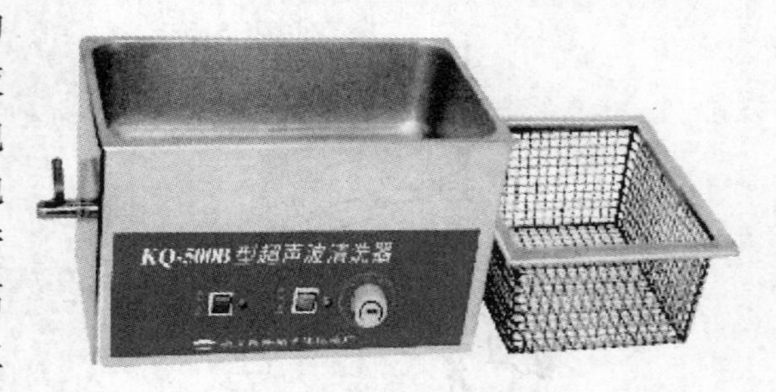

图 2-9 超声波清洗器

第二节 有机物的后处理——分离和提纯操作的指导

一、液态有机物的分离和提纯

无论是工农业生产还是科学研究工作,都经常使用液态有机化合物,这些有机化合物必须要有一定的纯度.但是有机化学反应,除了主反应产物外,还常常伴有副反应的产物、未完全反应的原料及反应溶剂等,它们与所需要的主产物一起组成混合物,这就要求我们尽量把所需要的物质从混合物中分离出来.对于液体有机化合物的分离和提纯来说,应用最广泛的方法是蒸馏,其中包括常压蒸馏、减压蒸馏、水蒸气蒸馏和分馏.这里,介绍几种常见的方法及其原理和操作.

(一) 常压蒸馏

将液体加热到沸腾,使其变为蒸气,然后再将蒸气冷凝为液体的操作过程称为蒸馏,也称常压蒸馏.常压蒸馏是分离和提纯液体有机化合物最常用的方法之一,常压蒸馏不仅可以把易挥发的液体与不易挥发的物质分离开，也可以分离两种或两种以上沸点相差较大(至少30 ℃以上)的液体混合物.

1. 原理

常压蒸馏是根据混合物中各组分的蒸气压不同而达到分离的目的. 一个液体的蒸气压P是该液体表面的分子进入气相的倾向大小的客观量度. 在一定的温度下，该液体的蒸气压是一定的，并不受液体表面的总的压力——大气压(P_0)的影响. 液体的蒸气压只与温度有关，而与体系中存在液体的量无关. 当液体的温度不断升高时，蒸气压也随之增加，直至该液体的蒸气压等于液体表面的大气压力，即$P=P_0$，这时就有大量气泡从液体内部逸出，即液体沸腾. 我们定义这时的温度为该液体的沸点. 一个纯净的液体的沸点，在一定的外界压力下是一个常数. 例如，纯水在一个大气压下的沸点为100 ℃. 在室温下具有较高蒸气压的液体的沸点比在室温下具有较低蒸气压的液体的沸点要低.

当一个液体混合物沸腾时，液体上面的蒸气组成与液体混合物的组成不同，蒸气组成富集的是易挥发的组分，即低沸点的组分. 蒸气中低沸点组分的分压比高沸点组分的分压要大，将此蒸气引出冷凝，就得到低沸点组分含量较高的馏出液. 如果在一个混合物里，两个组分的沸点相差至少30 ℃，当温度相对稳定时，收集到的蒸出液将是原来混合物的一个较纯组分，可以得到满意的但不是完全的分离. 如果两个组分的沸点相差较近($\Delta T<30$ ℃)，用蒸馏的方法分离混合物的两个组分将是不适用的，虽然收集的最初馏分中低沸点液体所含比例比原始溶液中要高，但高沸点组分也会有部分一同蒸出. 因此，对相近沸点液体的分离，只能认为是一种粗略的分离. 对于这样的混合物，若要求得到较好的分离效果，就必须进行分馏，这将在下面的实验操作中介绍.

2. 装置

按图2-10安装蒸馏的简单装置. 为防止粘牢，所有磨口玻璃接头部分应稍微涂一些油脂，可用活塞润滑油脂如凡士林等涂在玻璃接头上，然后用干净的擦手纸揩一下.

注意：务必将温度计插在图2-10所指的位置. 按图所示还必须装上玻璃和橡胶接头. 真空接受管的出口还必须打开，以便在大气压下蒸馏，并且在蒸气形成时不至于产生压力.

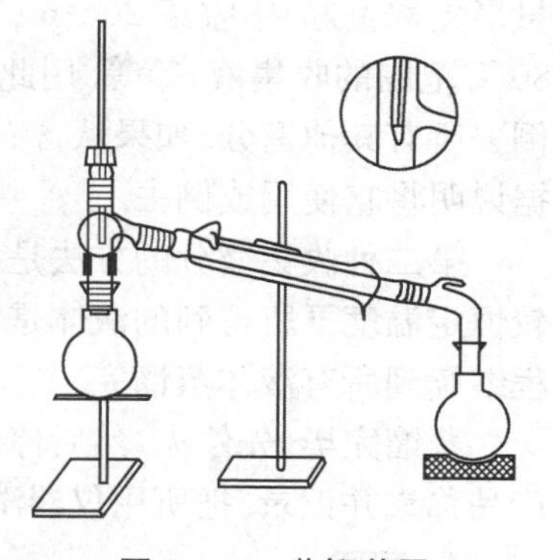

图2-10 蒸馏装置

安装仪器顺序一般总是自下而上，从左到右. 要准确端正，要做到横平竖直，即无论从正面或侧面观察，全套仪器的轴线都要在同一平面内. 铁架都应整齐地放在仪器的背部.

蒸馏瓶与冷凝管是蒸馏体系的主要组成部分. 蒸馏前应根据待蒸液体量的多少，选择合适规格的蒸馏烧瓶也是至关重要的，瓶子越大，相对的产品损失越多. 从表面上看，液体是蒸完了，但瓶子中充满了蒸气，当其冷却后，即成为液体. 尤其是当蒸馏的液体较少时，更要选择大小合适的蒸馏烧瓶. 冷凝管的选择也是根据待蒸馏液体的性质而定. 一般说来，沸点(b. p.)在130～150 ℃以下用直形冷凝管. 其长短粗细，首先取决于被蒸馏物的沸点，沸点愈低，蒸气愈不易冷凝，则需选择长一些的冷凝管，内径相应粗；反之，沸点愈高，蒸气愈易冷凝，可用较短的冷凝管，内径也相应细. 当实验中需要回收溶剂，蒸馏物的量多，所用蒸馏瓶的容量较大，由于受热面增加，单位时间内从蒸馏瓶内排出的蒸气气量也大，因此，所需冷凝管应稍微长一些和粗一些. 值得注意的是，蛇形冷凝管切不可斜装，以免使冷凝液停留在其中，阻塞通道而发生事故. 冷凝水的速度也很重要. 蒸馏物沸点在 70 ℃以下时，水速要快；100～120 ℃时水流应缓慢些；沸点在 120～ 140 ℃时，水的流速要极缓慢；140 ℃以上时，则可考虑改用空气冷凝管；超过150 ℃时，则必须用空气冷凝管，若用水冷凝管，由于气体温度较高，冷凝管外套接口处因局部骤然遇冷容易破裂. 也可选用适当粗细的玻璃管，其长、短、粗、细都要根据蒸馏物的沸点高低和体积的大小来确定.

3. 操作步骤

大多数蒸馏使用电热套做热源. 将蒸馏溶液或混合物放在装有蒸馏头的圆底烧瓶中. 加一些沸石或一根沸棒. 冷却水一定要按正确的方向（由底部向顶端）流过冷凝管. 接通加热装置，并适当地调节所需温度，使蒸馏速度既适度又容易控制. 控制蒸馏速度是蒸馏效果好坏、测得沸点是否准确的关键，因而，一般要求蒸馏速度保持每秒钟流出 2～4 滴蒸出液的状态. 尽管如此，也难避免不发生过热现象，如果沸点区间保持 1～2 ℃间隔，表示液体纯度合乎要求. 加热浴的温度一般须比蒸馏物沸点高出 30 ℃为宜，即使蒸馏物沸点很高，也绝不要将浴温超出 40 ℃. 浴温过高会由于蒸馏速度过快，蒸馏瓶和冷凝器上部蒸气压过大，使大量蒸气逸出，导致突发着火或蒸馏物过热发生分解.

蒸馏物沸点高时，更要注意所选用仪器的容积大小要与蒸馏物体积相适宜. 尽管如此，往往还是会发生蒸馏物易被冷凝，蒸气未达到蒸馏头支管处已经回流冷凝，液滴回到烧瓶中等情况. 此时，应迅速将常压蒸馏改为减压蒸馏，或用石棉布（线）绕在蒸馏瓶颈上保温. 否则，持续时间过长，高沸点蒸馏物会受热分解变质.

对蒸馏液体馏分的收集有两种基本方法. 比较简单的一种方法是：开始蒸馏以前，就决定依什么样的蒸馏温度的增量来交换收集蒸馏液的容器. 例如，我们可以在第一只烧瓶（重量事先称量好）中收集 20～60 ℃之间的蒸馏液，并标以"馏分 1"，第二个馏分可以含有 60～80 ℃范围的收集液，等等. 用此方法收集馏分时，一般是其中一个馏分还需进一步蒸馏，而倒去所有其他馏分. 如果从含有固体的溶液中蒸馏液体，我们仅收集一个馏分的液体，并根据说明将它使用或倒去.

第二种收集馏分的方法是一旦达到比较恒定的蒸馏温度，就移去开始的收集容器，在比较恒定温度下所得到的液体是第二个馏分. 一旦温度开始明显上升，再调换收集瓶. 这个过程继续到所有液体蒸馏完.

蒸馏完毕，先停火，然后停止通冷凝水，拆下仪器. 拆除仪器的程序和安装的程序相反. 产品称重并记录. 把所用仪器洗净晾干.

4. 实验

取 100 mL 蒸馏烧瓶，按图 2 - 10 所示安装蒸馏装置. 量取 75%的乙醇水溶液 60 mL，加入蒸馏烧瓶内，并加入 2～3 粒沸石[1]，准备好 1～2 个干净、干燥的接收器. 检查各磨口接头连接的严密性，开通冷凝水并进行升温加热. 注意观察温度的变化，记录蒸出第一滴液滴的温度，在温度（此时应为 78 ℃左右）稳定后，更换接收器，接受馏出的液体. 注意应控制加热强度，使馏出液滴出的速度为每秒钟 2～3 滴为宜[2]. 当温度计的读数开始升高至高出 2 ℃左右时停止加热，记录此时的温度. 待温度下降至 40 ℃时，关闭冷凝水，拆卸仪器，将圆底烧瓶中的残液倒入回收瓶中. 将馏出液集中倒入指定的量筒中，用密度计测其密度，记录读数，查表得其百分含量[3].

实验指导

[1] 在加热和蒸馏低沸点液体时，往往发生暴沸现象，使液体涌出容器，酿成事故. 所以在加热前应加入沸石(无釉碎瓷片或用毛细管代替)，以防暴沸. 若加热前忘记加沸石，在接近沸腾温度时不能补加，必须使液体稍冷后补加沸石再重新加热.

[2] 蒸馏速度的控制非常重要，不应太快或太慢. 在蒸馏过程中，应始终保持温度计水银球上有一稳定的液滴，这是气液两相平衡的象征. 这时温度计的读数便能代表液体的沸点.

[3] 普通酒精含乙醇为 95.6%，水为 4.4%，不是纯的液体物质，但它是"共沸混合物"，所以有恒定沸点.

其他制备实验中使用的蒸馏操作如边滴加边蒸馏装置及操作，在前面制备操作中已进行了介绍，这里不再赘述.

(二) 分馏

分馏也是分离和提纯液体有机化合物的一种方法，主要用于分离和提纯沸点接近的有机液体混合物. 在实验室中，分馏是利用分馏柱，多次汽化——冷凝过程在一次操作中完成的方法. 在工业生产上，安装分馏塔(或精馏塔)进行分馏操作，分馏又称精馏. 分馏柱种类很多，一般实验室常用的简易分馏柱有韦氏(Vigreux)分馏柱、球形分馏柱和赫姆帕(Hempel)分馏柱等.

1. 原理

加热使沸腾的混合物蒸气通过分馏柱，由于柱外空气的冷却，蒸气中的高沸点的组分冷却为液体，回流入烧瓶中，故上升的蒸气含易挥发组分的相对量增加，而冷凝的液体含不易挥发组分的相对量也增加. 冷凝液回流过程中，与上升的蒸气相遇，二者进行热交换，上升蒸气中的高沸点组分又被冷凝，而易挥发组分继续上升. 这样，在分馏柱内反复进行无数次的汽化—冷凝—回流的循环过程. 当分馏柱的效率高，操作正确时，在分馏柱上部逸出的蒸气接近于纯的易挥发组分，而向下回流入烧瓶的液体，则接近纯的难挥发组分. 再继续升高温度，可将难挥发的组分也蒸馏出来，从而达到分离的目的.

分馏柱有多种类型，能适用于不同的分离要求. 对于任何分馏系统，要得到满意的分馏效果，必须具备以下条件：

(1) 在分馏柱内蒸气与液体之间可以相互充分接触；

(2) 分馏柱内，自下而上，保持一定的温度梯度；

(3) 分馏柱要有一定的高度；

(4) 混合液内各组分的沸点有一定的差距.

为此，在分馏柱内，装入具有较大表面积的填充物. 填充物之间要保留一定的空隙，可以增加回流液体和上升蒸气的接触面. 分馏柱的底部往往放一些玻璃丝，以防止填充物坠入蒸馏瓶中. 分馏柱效率的高低与柱的高度、绝热性能和填充物的类型等均有关系.

2. 装置

分馏装置由蒸馏部分、冷凝部分和接受部分三部分组成. 分馏装置的蒸馏部分由蒸馏烧瓶、分馏柱与分馏头组成，比蒸馏装置多一根分馏柱. 分馏装置的冷凝与接收部分，与蒸馏装置的相应部位相比，并无差异. 简单分馏装置如图 2-5 所示.

分馏装置的安装方法、安装顺序与蒸馏装置相同. 在安装时,要注意保持烧瓶与分馏柱的中心轴线上下对齐,使“上下一条线”,不要出现倾斜状态. 同时,将分馏柱用石棉绳、玻璃布或其他保温材料进行包扎,外面可用铝箔覆盖以减少柱内热量的散发,尽量削弱风与室温的影响,保持柱内适宜的温度梯度,以提高分馏效率. 要准备 3～4 个干燥、清洁、已经称过重量的接受瓶,以收集不同温度馏分的馏液. 所有磨口玻璃接头应涂以少量活塞润滑油脂,然后用干净的擦手纸揩一下. 还要注意必须将温度计泡插在如图 2－5 中所指的位置,务必使用玻璃或橡胶接头.

3. 操作

将待分馏的混合物加入圆底烧瓶中,加入沸石数粒. 按上述操作中所述,正确地操作如图 2－5 所示的分馏装置. 慢慢加热液体,最好用电热套作为热源. 当烧瓶内的液体沸腾后要注意调节加热温度,使蒸气慢慢上升,并升至柱顶. 如果实验室的温度较低,则为了使分馏柱保温需用窄的铝带或薄层玻璃棉包住柱子. 保温的分馏柱应维持合适的温度梯度,使每分钟收集 4～5 滴蒸馏液. 待低沸点组分蒸完,温度明显变化时,更换接收器,此时温度可能有回落. 再逐渐升高温度,直至温度稳定,此时所得的馏分称为中间馏分. 然后换第 3 个接收器,在第二个组分蒸出有大量馏液蒸馏出来时,温度已恒定,直至大部分蒸出后,柱温又会下降. 注意不要蒸干,以免发生危险. 这样的分馏体系,有可能将混合物的组分进行严格的分馏. 如果分馏柱的效率不高,则会使中间馏分大大增加,馏出的温度是连续的,没有明显的阶段性与区分. 对于出现这样问题的实验,要重新选择分馏效率高的分馏柱,重新进行分馏. 进行分馏操作,一定要控制好分馏的速度,维持恒定的馏速. 要使有相当数量的液体自分馏柱流回烧瓶,即选择好合适的回流比. 尽量减少分馏柱的热量散发及柱温的波动.

4. 实验

取 50 mL 蒸馏烧瓶,按图 2－5 所示安装分馏装置. 分馏柱内可装填玻璃环. 分馏柱外面,用石棉绳缠绕,最外面可用铝箔覆盖[1]. 量取由四氯化碳与甲苯按 1∶1(体积比)组成的混合液 25 mL,加入蒸馏烧瓶内. 准备好 3～4 个干净、干燥的接收器. 检查各磨口接头连接的严密性,开通冷凝水并进行升温加热. 注意观察温度的变化[2],记录蒸出第一滴液滴的温度,在温度(此时应为 76 ℃左右)稳定后,更换接收器,直至温度开始下降时,再换接收器. 提高升温速率,在温度逐渐上升,并再次趋于稳定时(此时应为 110 ℃左右),更换接收器,直至大部分馏出液蒸出为止[3]. 待瓶内仅存少量液体时,停止加热. 关闭冷却水,取下接收器. 按相反顺序拆卸装置,并进行清洗与干燥.

测量各馏分的体积,计算产率. 测定甲苯与四氯化碳的折射率.

实验指导

[1] 由于分馏柱有一定的高度,只靠烧瓶外面的加热提供热量,不进行绝热保温操作,分馏操作是难以完成的. 实验者也可选择其他适宜的保温材料进行保温操作,达到分馏柱的保温目的.

[2] 分馏柱中的蒸气(或称蒸气环)在未升到温度计水银球位置时,温度上升得很慢(此时也不可加热过猛),一旦蒸气环升到温度计水银球处时,温度迅速上升.

[3] 当大部分液体被蒸出,分馏将要结束时,由于甲苯蒸气量上升不足,温度计水银球不能时时被甲苯蒸气所包围,因此温度出现上下波动或下降,标志分馏已近终点,可以停止加热.

(三) 减压蒸馏

许多高沸点的液体,在大气压下蒸馏时则可能会分解.为了避免液体的分解,在低于大气压下将它蒸出,这种蒸馏操作称为减压蒸馏,亦称真空蒸馏.减压蒸馏也是分离和提纯液体有机化合物的一种重要方法,它特别适合于那些在常压下蒸馏时,未达到沸点就已受热分解、氧化或聚合的物质.

1. 原理

减压蒸馏的基本原理是根据液体沸点随外界压力的降低而降低,因此,采用一种与减压泵连接的密封蒸馏装置,将内部压力减小,就可以使物质在较低的温度下沸腾而被蒸馏出来.因为液体在它的蒸气压等于蒸馏瓶中的压力时沸腾.因此,假如瓶中的压力降低到接近真空条件,则液体沸腾的温度远远低于它在1个大气压力时的沸点.

物质的沸点和压力是有一定的关系的.被蒸馏物质在某一压力下的沸点,可从手册上查得,也可以参考图2-11所示的沸点-压力的经验计算图来估算高沸点物质在不同压力下的沸点.一般的高沸点有机物,当压力降低到2 666 Pa(20 mmHg)时,其沸点要比常压下的沸点低100～120 ℃.

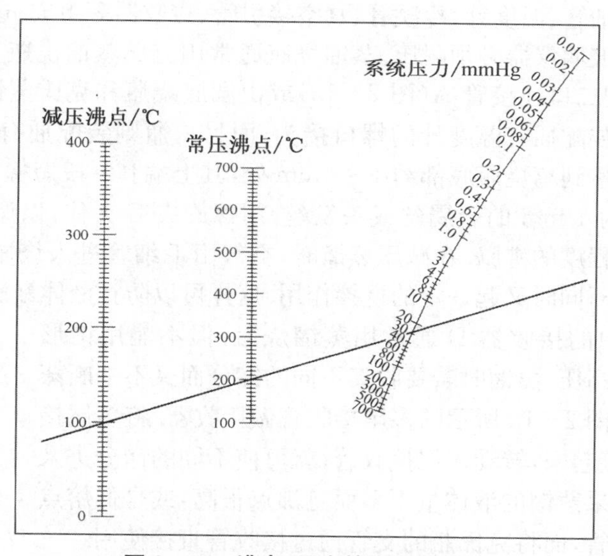

图2-11　沸点-压力的经验计算图

在应用图2-11时,我们可以用一把小尺子,通过表中的两个数据,便可知道第三个数据.例如我们知道一个液体在常压时的沸点为200 ℃,那么,如用水泵蒸馏,水泵的压力为30 mmHg,要知道其沸点,我们可将小尺子通过B线的200 ℃点和C线的30 mmHg点,便可看到小尺通过直线A线的点为100 ℃,即为这一液体将在30 mmHg真空度的水泵抽气下,在100 ℃左右蒸出.又如根据文献报道,某化合物在真空度0.3 mmHg时为100 ℃,但要在真空度为1 mmHg下蒸馏,求其沸点.此时可以将小尺放在A线的100 ℃点上,C线的0.3 mmHg点上,则可以看到小尺通过B线的310 ℃,然后将尺通过B线的310 ℃及C线的1 mmHg,则这尺与A线的125 ℃相交,这便是指这一化合物如用真空度为1 mmHg的油泵蒸馏,将在125 ℃沸腾.注意体系压力接近0 Torr时,沸点大大降低.因此为了有效地降低化合物的沸点,压力必须降到低于50 Torr.

2. 装置

减压蒸馏装置通常由蒸馏、抽气以及在它们之间的保护和测压系统三部分组成. 图2－12为简便的减压蒸馏装置.

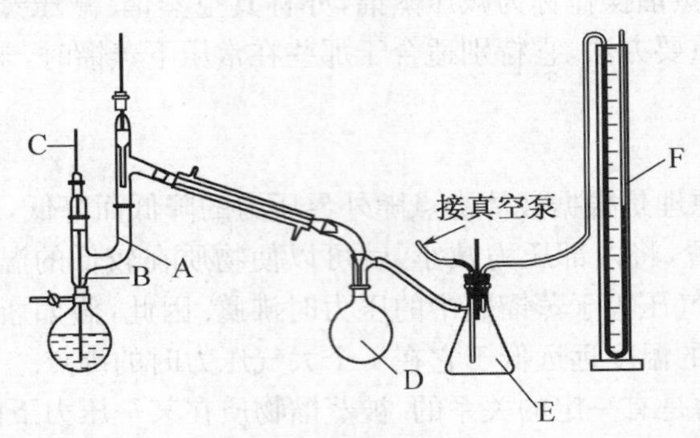

A—二口连接管 B—毛细管 C—螺旋夹 D—接收器 E—缓冲瓶 F—水银压力计

图 2－12 减压蒸馏装置

(1) 蒸馏部分

由蒸馏烧瓶、毛细管、温度计、冷凝管、真空接引管、接收器等组成. 这部分装置与普通蒸馏装置相似,但所用玻璃仪器必须耐压. 蒸馏烧瓶通常用克氏蒸馏烧瓶,它也可以由圆底烧瓶和蒸馏头之间装配二口连接管 A(图 2－12)或由圆底烧瓶和克氏蒸馏头组成. 它有两个瓶颈:带支管的瓶口装配插有温度计的螺口接头,而另一瓶则装配插有毛细管 B 的螺口接头. 毛细管的下端调整到离烧瓶底部约 1～2 mm 处,其上端套一段短橡皮管,最好在橡皮管中插入一根直径约为 1 mm 的金属丝或头发丝,用螺旋夹 C 夹住,以调节空气进入烧瓶的量,使液体保持适当程度的沸腾. 在减压蒸馏时,空气由毛细管进入烧瓶,冒出小气泡,成为液体沸腾的汽化中心,同时又起一定的搅拌作用. 这样可以防止液体暴沸,使沸腾保持平衡.

减压蒸馏装置中的接收器 D 通常用蒸馏烧瓶,但不能用锥形瓶,因为锥形瓶不耐高压. 蒸馏时若要收集不同的馏分而又不中断蒸馏,则可用两尾或如图 2－13 所示的多尾接收管做接收器. 将多尾接收管与圆底烧瓶连接起来,转动多尾接收管,就可使不同的馏分进入指定的接收器中. 如果蒸馏的液体量不多而且沸点很高,或是低熔点的固体,可不用冷凝管,而将克氏瓶的支管通过接收管直接使用.

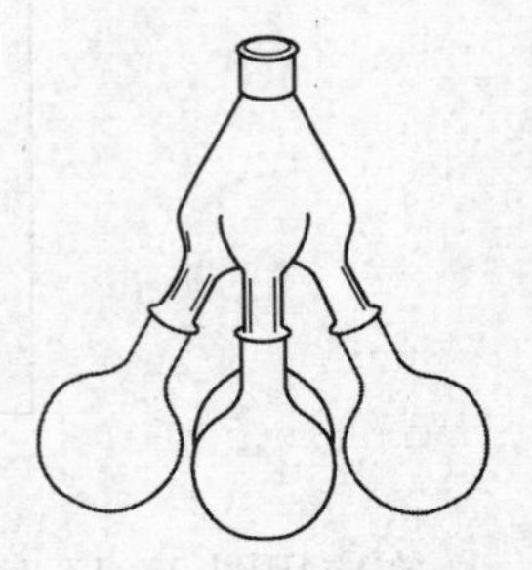

图 2－13 多尾接收管

假如没有馏分收集器,则可用单个瓶子. 在蒸馏温度开始升高时,按下面步骤调换单个瓶子.

首先,关闭和放下热源,使烧瓶停止加热,慢慢打开螺旋夹 C,待完全打开螺旋夹 C 后,调换收集瓶. 再慢慢关好夹子 C,升高热源到应有的位置,然后加热继续蒸馏. 蒸馏结束后,移去及关闭热源,慢慢打开螺旋夹 C 直至系统的压力与大气压力达到平衡.

蒸馏沸点较高的物质时,最好用石棉绳或石棉布包裹蒸馏瓶的两颈,以减少散热.

(2) 减压部分

实验室通常用水泵或油泵进行减压.

① 水泵　水泵所能达到的最低压力为当时室温下的水蒸气压. 例如在水温为 6～8 ℃时,水蒸气压为 0.9 kPa～1.07 kPa;在夏天,若水温为 30 ℃,则水蒸气压为 4.2 kPa 左右. 用水循环泵代替简单的水泵,方便、实用和节水.

② 油泵　好的油泵能抽至真空度为 1.33 kPa. 一般使用油泵时，系统的压力常控制在 0.67 kPa～1.33 kPa 之间，因为在沸腾液体表面上要获得 0.67 kPa 以下的压力比较困难. 这是由于蒸气从瓶内的蒸发面逸出而经过瓶颈和支管时，需要有 0.13 kPa～1.07 kPa 的压力差，如果要获得较低的压力，可选用短颈和支管粗的克氏蒸馏瓶.

实验室通常采用水银压力计来测量减压系统的压力. 图 2-14(a)为开口式水银压力计，现已极少使用. 它只不过是一根每边 1 米高的 U 形管. 假如压力计在两臂中是相同的，则在两臂中的汞柱面也是相同的. 当一个臂中出现部分真空，汞柱相应地移动到减压的那个臂，两臂汞柱差是与实验室的大气压相比系统中降低的压力的直接量度. 两臂汞柱高度之差，即为大气压力与系统中压力之差. 因此蒸馏系统内的实际压力(真空度)应是大气压力减去这一压力差. 图 2-14(b)所展示的是一端封闭的压力计，它们是标准的市售和实验室用的型号. 当压力计没有接到真空蒸馏系统时，压力计的封闭端充满着汞. 压力计的开口臂连接到真空蒸馏系统以后此臂部分抽真空. 当充分减压时，汞移向通真空蒸馏系统的臂. 两臂间的汞柱液面差是对所接真空蒸馏系统分压的直接量度. 开口式压力计较笨重，读数方式也较麻烦，但读数比较准确. 封闭式压力计比较轻巧，读数方便，但常常因为有残留空气以致不够准确，需用开口式来校正. 图 2-14 (c)为转动式真空规，又称麦氏真空规(Mcleod vacuum gauge)，当体系内压力降至 1 mmHg 以下时使用. 所有的压力计使用时都应避免水或其他污物进入压力计内，否则将严重影响其准确度.

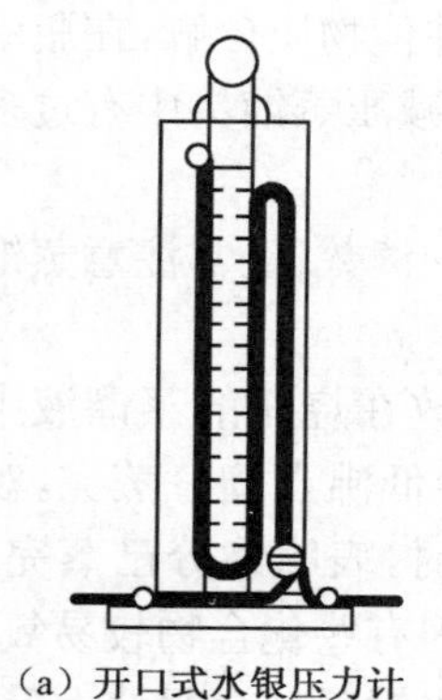

(a) 开口式水银压力计

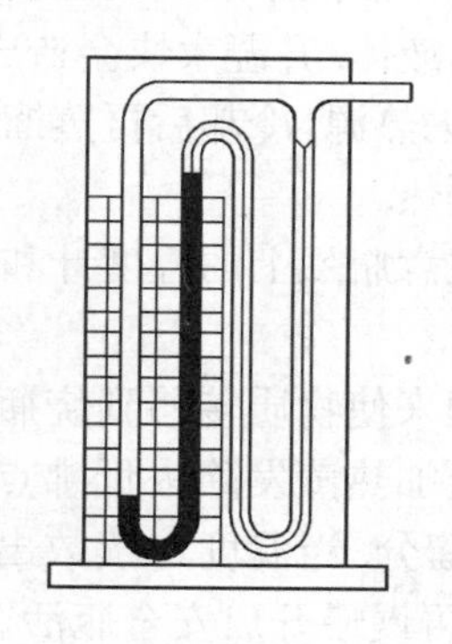

(b) 一端封闭的压力计

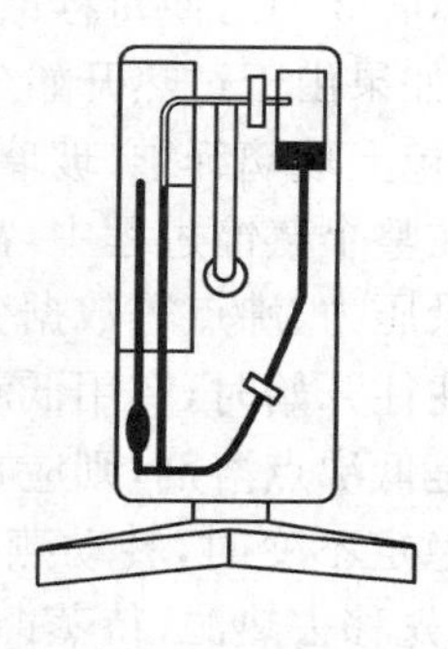

(c) 转动式真空规

图 2-14　水银压力计

(3) 保护部分

当减压系统与水泵相连时，为了防止当供水管水压突然变化时由水泵倒吸的水污染系统，因此安全瓶的使用是必要的. 然而，有些实验室有真空管线，假如使用则应始终将冷却阱放在冰浴或干冰-丙酮混合物中冷却.

当用油泵进行减压时，为了防止易挥发的有机溶剂、酸性物质和水汽进入油泵，必须在馏液接收器与油泵之间顺次安装冷却阱和几种吸收塔，以免污染油泵用油、腐蚀机件致使真空度降低. 冷却阱的构造如图 2-15 所示. 将它置于盛有冷却剂的广口保温瓶中. 冷却剂的选择随需要而定，如可用冰-水、冰-盐、干冰与丙酮等. 后者能使温度降至－78 ℃. 吸收塔(又称干燥塔)通常设两个，前一个装无水氯化钙(或硅胶)，后一个装粒状氢氧化钠，有时为了吸收烃类气体，可再加一个装石蜡片的吸收塔.

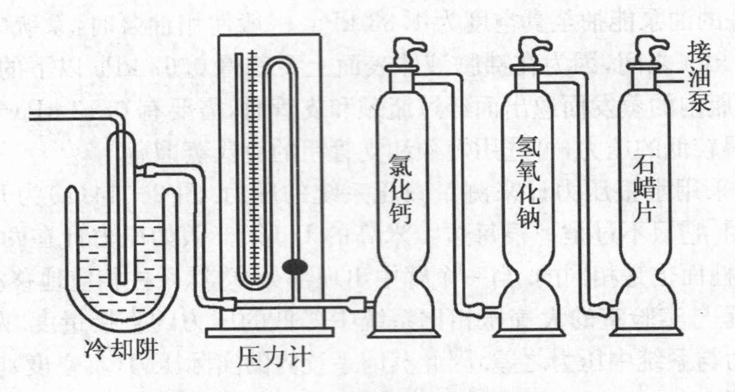

图 2-15　油泵冷却阱的构造图

3. 操作

安装仪器前，所有磨口玻璃接头上都应涂少量密封脂、真空脂或其他活塞油润滑脂. 仪器安装好后，需先测试系统是否漏气，方法是：关闭毛细管，减压至压力稳定以后，捏住连接系统的橡皮管，观察压力计水银柱有无变化，无变化说明不漏气，有变化即表示漏气. 检查仪器不漏气后，加入待蒸的液体，量不要超过蒸馏瓶容积的一半. 开始减压，调节螺旋夹，使液体中有连续平稳的小气泡通过. 开启冷凝水，选用合适的热浴，加热蒸馏. 加热时，克氏瓶的圆球部位至少应有 2/3 浸入浴液中. 在浴液中放一支温度计，控制浴温比待蒸馏液体的沸点约高 20～30 ℃，使每秒馏出 1～2 滴液体. 升温太快会造成过热，并使物质分解，在瓶中产生烟雾. 如果由于过热开始分解，则移去热源，冷却后再蒸馏；如果在减压蒸馏头中有过多的冷凝，则包上玻璃纤维（玻璃棉）加以隔热.

在整个蒸馏过程中，都要密切注意瓶颈上的温度计和压力计的读数. 经常注意蒸馏情况和记录压力、沸点等数据变化.

往往开始时，有用低沸点的溶剂来使物质转移到烧瓶中或者放在烧瓶的蒸馏液中有一部分是低沸点溶剂，则应在蒸气浴上加热蒸发除去低沸点成分. 待低沸点馏分蒸完，观察到沸点稳定不变时，转动燕尾管接收馏分. 当温度计读数出现波动时，表明馏分已蒸完. 蒸完后，应先移去热源，待蒸馏瓶冷却后再慢慢开启安全瓶活塞放气. 因有些化合物较易氧化，热时突然放入大量空气会发生爆炸事故；另外，如果引入空气太快，水银球柱会很快上升，有冲破 U 形管压力计的可能，因此，须慢慢地旋开活塞，放气后再关水泵或停止油泵转动.

4. 实验

在 50 mL 蒸馏瓶中加入 20 mL 粗呋喃甲醛，所有磨口玻璃接头上涂少量密封脂、真空脂，按图 2-12 装好仪器[1]. 检查装置不漏气后[2]，开启油泵，调节螺旋夹 C，使液体中有连续平稳的小气泡通过[3]. 打开冷凝水，用油浴加热蒸馏. 当油浴温度为 100 ℃，压力计的读数为 20 mmHg 时，开始有液体馏出，记下此时的沸点，约为 68 ℃. 控制好加热器强度，使每秒馏出 1～2 滴液体，沸点稳定在 68 ℃左右[4]. 当蒸馏烧瓶中还剩下少许液体，沸点开始上升时，移去油浴，停止加热. 待蒸馏瓶冷却后再慢慢开启安全瓶上的活塞放气. 气体放完后再让油泵停止转动. 将收集的呋喃甲醛倒入指定的量筒中，测量它的体积，计算产率. 最后将蒸馏烧瓶中的残液倒入回收瓶中.

实验指导

[1] 除了冷凝管上的两根橡皮管外，所有橡皮管必须是厚壁耐压管.

[2] 减压蒸馏最重要的是系统不能漏气,若漏气,对于磨口仪器来说可能是接头部分连接不紧密,或没有用油脂润滑好.

[3] 如无气泡可能因毛细管已阻塞,应予更换.

[4] 呋喃甲醛的沸点为:161.8 ℃/760 mmHg,103 ℃/100 mmHg,67.8 ℃/20 mmHg,18.5 ℃/1 mmHg.

(四) 水蒸气蒸馏

水蒸气蒸馏也是分离和纯化有机化合物的常用方法之一,进行水蒸气蒸馏时有机化合物有以下要求:

(1) 不溶或微溶于水,这是满足水蒸气蒸馏的先决条件;

(2) 长时间与水共沸不与水反应;

(3) 近于 100 ℃时有一定的蒸气压,一般不少于 10 mmHg.

水蒸气蒸馏常被用来将有机化合物从来自植物的固体物质中分离出来.在这个蒸馏过程中,是用水(以液体或蒸气形式)在蒸馏瓶中形成两种不相混溶的液体混合物.因为溶剂混合物总是在低于各组分沸点的温度沸腾,所以高沸点物质可在较低的温度下从天然产物或焦油状混合物中蒸出,从而避免了分解的可能性.当蒸气冷凝后,有机液体通常可从水相中分离出来.

1. 原理

由水与和水不相混溶的化合物组成的体系总是在低于各组分沸点的温度下就沸腾,其原因是当体系沸腾时,体系的总蒸气压($P_{总}$)必定与大气压($P_{大气}$)相等.当体系是由水和另一种不相混溶的液体组成时,总的压力是这两个组分各自在此体系温度下显示的蒸气压($P_{水}$和$P_{不混溶液体}$)之和.当体系温度升高时,水的蒸气压和另一组分的蒸气压也按比例增大.当水的蒸气压加上不相混溶液体的蒸气压达到大气压,即$P_{水}+P_{不混溶液体}=P_{大气}$时,体系开始沸腾,这一过程即作为水蒸气蒸馏开始,当蒸馏的体系是由水和沸点比水高的液体组成时,$P_{水}$将比$P_{不混溶液体}$大.如果水蒸气蒸馏涉及的不混溶液体的沸点低于 100 ℃,则$P_{不混溶液体}$将超过水的蒸气压.无论在哪一种情况下,如果我们知道这两种液体在各种温度下的蒸气压,我们能方便地计算和水一起蒸出的这个不混溶组分的实际数量.我们可用下面的方程式计算:

$$\frac{m_A}{m_B}=\frac{M_A\times P_A}{18\times P_{H_2O}}.$$

例如:在 95 ℃时溴苯和水的混合物的蒸气压分别为 120 mmHg 和 640 mmHg,其蒸出液的组分可以从上述方程式计算获得:$m_{溴苯}/m_{水}=1.64/1$.尽管溴苯在蒸馏温度时的蒸气压很小,但由于溴苯的相对分子质量远远大于水的相对分子量,所以按质量计算,在水蒸气馏出液中溴苯要比水多,1 g 的水能带出 1.64 g 溴苯.鉴于通常有机物的相对分子量比水大得多,所以即使有机化合物在 100 ℃时蒸气压只有 10 mmHg,用水蒸气蒸馏亦可获得良好的效果,有些固体也常用此法提纯.

在实际操作中,我们不需要进行这些计算,而是将水蒸气蒸馏一直进行至馏出液达到规定的量,或者直到馏出的水中看不出有不混溶的组分,洁净的水看上去是非常清澈的.

2. 装置

水蒸气蒸馏的装置一般由水蒸气发生部分和蒸馏装置两部分组成,这两部分通过水蒸气管连接. 图 2-16 就是水蒸气蒸馏的简单装置. 水蒸气发生部分由水蒸气发生器 A 和安全管 B 组成,安全管 B 要尽量长些,这两部分连接要尽量紧凑,以防水蒸气在通过较长的管道后部分重凝成水,而影响水蒸气蒸馏的效率.

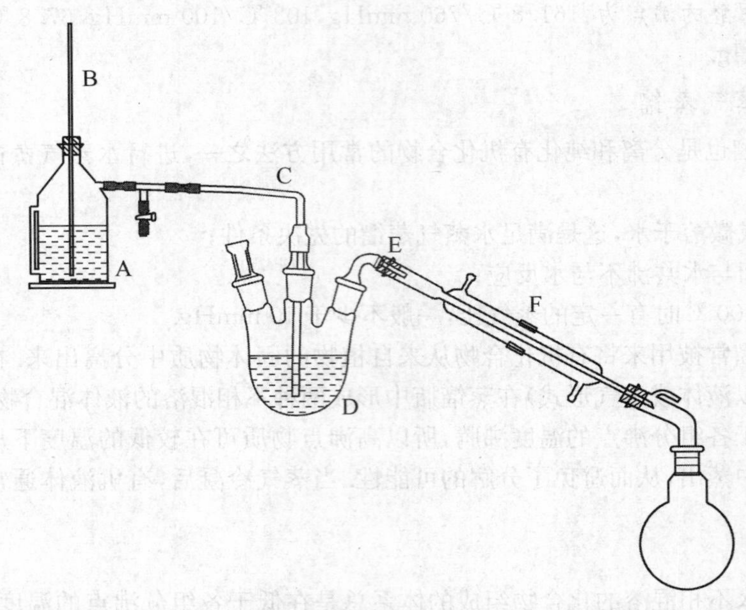

A—水蒸气发生器　B—安全管　C—水蒸气导管　D—三口烧瓶　E—馏出液导管　F—冷凝管

图 2-16　水蒸气蒸馏的装置

如果从实验室的蒸气管取得蒸气,在水蒸气导管和蒸馏烧瓶中间接一个气液分离器,以便及时除去冷凝下来的水.

3. 操作

如图 2-16 所示蒸馏装置. 在水蒸气发生器中加入烧瓶体积一半的水和几粒沸石,在三口烧瓶中放入要进行水蒸气蒸馏的固体或液体和几粒沸石,用电热套加热水蒸气发生器,等水开始沸腾后,将 T 形管上的螺旋夹旋紧,使蒸气直接进入三口烧瓶. 在水蒸气蒸馏过程中,可以看见一滴滴浑浊液随热蒸气冷凝聚集在接收瓶中,作为单一的馏分收集冷凝下来的即为水和有机物. 当被蒸物质全部蒸出后,蒸出液由浑浊变澄清,此时不要结束蒸馏,要再多蒸出 10～20 mL 的透明馏出液后再停止蒸馏. 中断或结束蒸馏时,一定要先打开连接于水蒸气发生器与蒸馏装置之间的 T 形管上的螺旋夹,使体系通大气,然后再停止加热,拆下接收瓶后,再按顺序拆除各部分装置. 如果随水蒸气挥发的物质具有较高的熔点,在冷凝后易于析出固体,则应调小冷凝水的流速,使它冷凝后仍然保持液态. 如已有固体析出,并且接近阻塞时,要暂时停止冷凝水的流通,甚至需要将冷凝水暂时放出,待物质熔融后随水流入接收器中. 当不混溶的化合物具有低沸点和低黏度,或不是很细的固体时,应用直接水蒸气蒸馏是非常方便的. 如果少量水蒸气能把所有的有机物蒸出,就可以省去水蒸气发生器,而直接将有机化合物与水一起放在蒸馏瓶内,用加热套加热蒸馏瓶,使之产生水蒸气进行蒸馏.

4. 实验

取 20 mL 苯胺和几粒沸石放入 100 mL 三口烧瓶中,在 100 mL 水蒸气发生器中加入

50 mL 水和几粒沸石，如图 2-16 所示搭好水蒸气蒸馏装置[1]. 用电热套加热水蒸气发生器，起初从蒸气管道排出的是热水，可收集在集水器中. 打开集水器底部的夹子，直到所有的水都流尽并建立起平稳的蒸气流，再将 T 形管上的螺旋夹旋紧，使蒸气直接进入三口烧瓶. 接通冷凝水，数分钟后，可以看见一滴浑浊液随热蒸气冷凝聚集在接收瓶中，控制加热强度[2]，使每分钟馏出 2～3 滴液体. 至馏出液变清后，再多收集 10 mL 左右的清液[3]. 打开 T 形管上的螺旋夹，移去热源，停止加热[4]，拆下接收瓶后，稍冷后再按顺序拆除各部分装置. 蒸馏烧瓶中的残液倒入回收瓶中.

在蒸出液中加入食盐饱和后，转移到分液漏斗中，分出苯胺，用粒状氢氧化钾干燥，用空气冷凝管进行蒸馏，收集 182～184 ℃的馏分，为无色透明的液体.

实验指导

[1] 导管 C 应略微粗些，其外径为 10 mm 左右，以便蒸气能畅通地进入冷凝管中.

[2] 水不要沸腾得太激烈，否则将产生泡沫，并且会把待蒸馏的物质带入收集瓶中.

[3] 这样可确保有机物能充分被蒸出.

[4] 中断或结束蒸馏时，一定要先打开连接于水蒸气发生器与蒸馏装置之间的 T 形管上的螺旋夹，使体系通大气，然后再停止加热，否则会发生倒吸现象.

二、固态有机物的分离和提纯

要研究某个化合物的性质，必须能得到一定纯度的该物质，否则就可能得到错误的结论. 作为原料药的有机物，其纯度更要求达到药用级. 由于有机化学反应常伴有副反应，所以产物常为混合物，天然产物的成分则更为复杂. 因此，在研究固态有机物之前，要了解它的纯度，要对不纯的固态有机物进行分离、提纯. 分离提纯固态有机物常用方法有：过滤、重结晶、升华、萃取和洗涤等. 下面简单介绍这些方法的原理和操作技术.

（一）过滤

将悬浮在液体中的固体颗粒进行分离的操作称为过滤. 通常将原有的悬浮液称为滤浆，滤浆中的固体颗粒称为滤渣. 滤浆经过滤积累在过滤介质上的滤渣层（湿固体块）称为滤饼. 透过滤饼与过滤介质的澄清液体称为滤液，在过滤过程中，过滤介质只起拦阻作用，而真正起过滤作用的是滤饼本身. 过滤一般分为普通过滤、减压过滤与加热过滤.

1. 普通过滤

普通过滤中，过滤介质的选择非常重要，应根据滤浆和滤渣的性质选择恰当的过滤介质，使其孔径正好小于过滤沉淀中最小的颗粒的直径，可起到拦阻颗粒的作用. 通常所观察到的过滤速度减慢是滤饼层集结紧密，起阻挡作用之故. 实验室中常用的过滤器材有砂芯漏斗、滤纸、玻璃棉等.

砂芯漏斗又称为烧结玻璃漏斗. 它是由玻璃粉末烧结制成多孔性滤片，再焊接在具有相同或相似膨胀系数的玻壳或玻璃上所形成的一种过滤容器. 若滤液具有碱性，或者有酸性物质、酸酐，或者有氧化剂等存在，对普通滤纸有腐蚀性作用，在过滤（或吸滤）时容易发生滤纸破损，使滤物穿透滤纸而泄漏，导致过滤的失败. 而选用砂芯漏斗可代替铺设有滤纸的漏斗，进行有效的分离. 表 2-5 列出国产砂芯漏斗的型号、规格和用途，供实验者针对不同沉淀颗粒尺寸，选用不同号码的漏斗，以达到最佳过滤效果.

表 2-5　国产砂芯漏斗的型号、规格和用途

型　号	滤板平均口径(mm)	一　般　用　途
1	80～120	滤除大粒沉淀
2	40～80	滤除较大颗粒沉淀
3	15～40	滤除化学反应中的一般结晶和杂质或过滤水银
4	5～15	滤除细粒沉淀
5	2～15	滤除极细颗粒或滤除较大的细菌
6	＜2	滤除细菌

在有机化学实验中，3#或4#砂芯漏斗使用得较多，其他型号用得很少. 砂芯漏斗若是新购置的，在使用前，应当用热盐酸或铬酸洗液进行抽滤，随即用蒸馏水洗净，除去砂芯中的尘埃等外来杂质. 砂芯漏斗不能过滤浓氢氟酸、热浓磷酸、热(或冷)浓的碱溶液. 这些试剂可溶解砂芯中的微粒，有损于玻璃器皿，使滤孔增大，并有使芯片脱落之危险.

砂芯漏斗在减压(或受压)使用时其两面的压力差不允许超过 101.3 kPa. 在使用砂芯漏斗时，因其有熔接的边缘，使用时的温度环境要相对稳定些，防止温度急剧升降，以免容器破损. 砂芯漏斗的洗涤工作是很重要的，洗涤不仅是保持仪器的清洁，而且对于保持砂芯漏斗的过滤效率不下降，延长其使用寿命等都有重要作用. 砂芯漏斗每次用毕或使用一段时间后，会因沉淀物堵塞滤孔而影响过滤效率，因此必须及时进行有效的洗涤. 可将砂芯漏斗倒置，用水反复进行冲洗，以洗净沉淀物，烘干后即可再用. 还可根据不同性质的沉淀物，有针对性地进行"化学洗涤". 例如，对于脂肪、脂膏、有机物等沉淀，可用四氯化碳等有机溶剂进行洗涤. 碳化物沉淀可使用重铬酸盐的温热浓硫酸浸泡过夜. 经碱性沉淀物过滤后的砂芯漏斗，可用稀酸溶液洗涤. 经酸性沉淀物过滤后的砂芯漏斗，可用稀碱溶液洗涤. 然后再用清水冲洗干净，烘干后备用. 砂芯漏斗不能用来过滤含有活性炭颗粒的溶液，因为细小颗粒的炭粒容易堵塞滤板的孔洞，使其过滤效率下降，甚至报废.

还有其他过滤介质. 棉织布：可用以代替滤纸，质地致密的棉织布其强度比滤纸要高. 毛织物(或毛毡)：可用以过滤强酸性溶液. 涤纶布、氯纶布：可用在强酸性或强碱性溶液的过滤中. 玻璃棉：可用以过滤酸性介质. 因其孔隙大，只适合于分离颗粒较粗的试样. 在实验室处理过滤溶液量较大时，可以根据被过滤物质的性质，有选择性地选用上述过滤介质.

2. 减压过滤

减压过滤是指在与过滤漏斗密闭连接的接收器中造成真空，过滤板表面的两面产生压力差，使过滤能加速进行的一种操作过程. 减压过滤是一种在实验室和工业生产上广泛应用的操作技术之一.

(1) 装置

减压过滤装置，主要由减压系统、过滤装置与接收容器组成. 减压系统一般由水循环真空泵(见图 2-17)与安全瓶组成. 用布氏漏斗过滤时，接受容器为吸滤瓶，装置见图 2-18 所示.

在装配时，注意使布氏漏斗的最下端斜口的尖端离开吸滤瓶的支管部位最远(因为位置不当，易使滤液吸入支管而进入抽气系统). 吸滤瓶的支管连接一个配有二通活塞的安全瓶，再与接在水龙头上的水泵相连接. 布氏漏斗内的滤纸应剪成略比布氏漏斗的内径小一些，但

能完全覆盖住所有滤孔的圆形滤纸为宜. 不能剪成比布氏漏斗内径大的圆形滤纸，这样滤纸的周边会皱折，不可能全部紧贴器壁与滤板面，使待过滤的溶液会不经过滤纸而流入吸滤瓶内. 在用橡皮管相互连接时，应选用厚壁橡皮管，以使抽气时管子不会压扁. 吸滤瓶与安全瓶都应在铁架台上固定好，以防操作时不慎碰翻，造成损失. 由于在进行减压操作时，吸滤瓶与安全瓶均要能承受压力，不能用薄壁器皿作为安全瓶. 器皿的器壁厚度与制造质量均要符合产品的质量要求，器皿的外观上不能有伤痕或裂缝. 安全瓶的支管通过厚壁橡皮管与水循环真空泵相连.

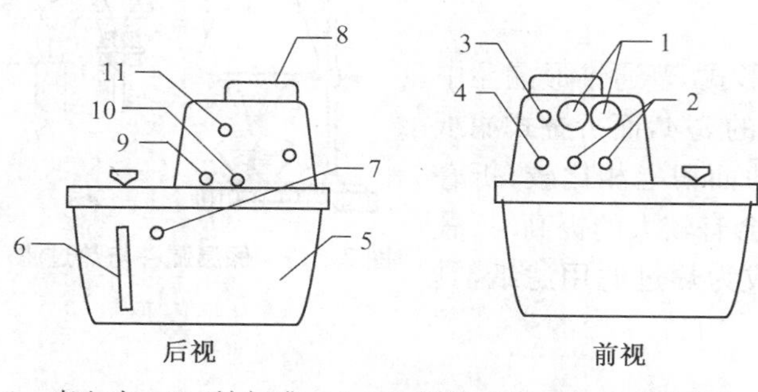

1—真空表 2—抽气嘴 3—电源指示灯 4—电源开关 5—水箱 6—放水软管 7—溢水嘴 8—电机风罩 9—循环水出水嘴 10—循环水进水嘴 11—循环水开关

图 2－17 微型水循环真空泵

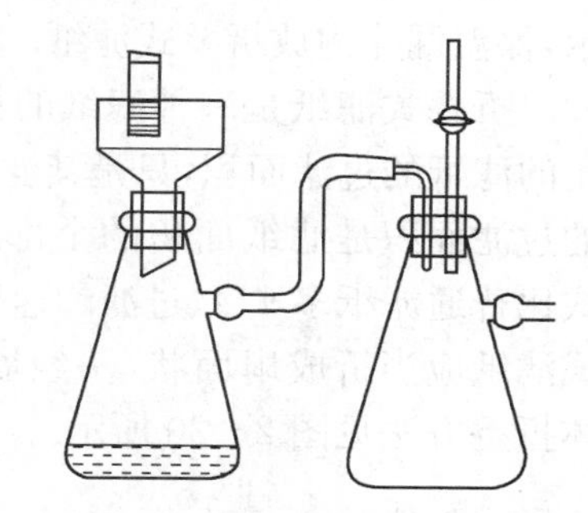

图 2－18 减压抽滤装置图

(2) 操作

在抽滤前，用同一种溶剂将滤纸湿润，使滤纸面紧贴在布氏漏斗的滤板面上. 然后，打开水泵，将滤纸吸紧，以免待滤的固液混合物未经滤纸而直接从未贴紧的滤纸与滤面间隙漏入吸滤瓶中. 在过滤时，可先倒入混合物的上层澄清液，由于固体颗粒较少，会很快滤完，然后将其余的部分均匀地倾注在整个滤面上，一直抽气至无液滴流出为止. 此时再用玻璃瓶塞压紧滤饼，以尽量压出滤液.

直接在布氏漏斗上洗涤滤饼，可以减少因转移滤饼而造成的产品损失. 在将待滤物抽干、压干后，将安全瓶上的二通活塞打开(或拔掉吸滤瓶上的橡皮管)，使吸滤瓶内恢复为常压状态，在布氏漏斗上加入一定量的洗涤用溶剂(加入的量应当至少能覆盖住滤饼)，放置，使溶剂慢慢地渗入滤饼，并从漏斗的下端开始滴出时，关闭活塞，开动水循环真空泵抽气，直至抽干、压干为止. 经几次反复洗涤，抽干，可将滤饼洗净. 在停止抽滤时，不要立即关闭水循环真空泵，而应先打开安全瓶上的二通活塞，接通大气，使吸滤瓶内恢复为常压状态，然后才能关闭水循环真空泵. 否则，会使水倒流进入安全瓶内.

在过滤强酸性或强碱性溶液时，滤纸容易破损，导致溶液会穿透滤纸而流入吸滤瓶内. 此时可用滤布代替，按前述其他过滤介质中提供的材质进行减压过滤操作.

在使用水循环真空泵进行减压过滤操作时，有时会感到过滤速度较慢，这主要是由于吸滤瓶内的真空度不够，直接影响减压过滤的效率. 可选用真空油泵进行减压过滤，若选择真空油泵，一定要增加油泵的保护装置，否则会使真空油泵的功能迅速下降，甚至损坏真空油泵. 所以一般情况下，减压过滤的真空系统由水循环真空泵组成.

3. 热过滤

热过滤是过滤操作的一种形式. 热过滤操作可以过滤除去一切不溶杂质. 热过滤操作要

求在过滤除去杂质时，要以最短时间，迅速通过滤纸，而不使溶液温度下降，保持其温度变化不大. 如果采用普通锥形漏斗过滤，由于过滤速度过慢，过滤时间太长，使溶液的温度陡降，溶解度下降，从而在滤纸上有不少晶体析出，堵塞了滤纸上的滤孔，阻碍滤液的通过，导致过滤操作的失败.

（1）用保温漏斗进行热过滤

保温漏斗是铜质夹层漏斗，夹层内注满热水，有一短柄可以进行加热. 保温漏斗内放一个玻璃漏斗，如图 2-19 所示，保温漏斗内放折叠式滤纸.

折叠式滤纸是一种滤纸的折纸的形式. 普通锥形漏斗中用的滤纸的过滤面积，只是其滤纸面积的 3/4，而折叠式滤纸的过滤面积是滤纸面积的全部. 与过滤面积上相比较，折叠式比普通滤纸多 1/4，过滤的速度同样会有较大的提高. 折叠式滤纸应当折成扇面状，一经展开就成为热过滤用滤纸，具体折叠方法见图 2-20 所示.

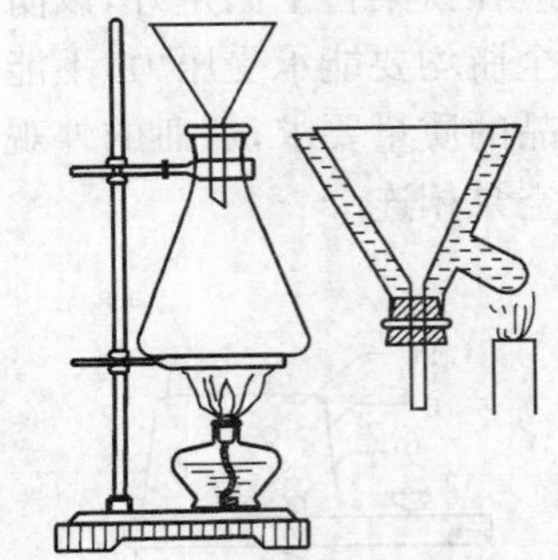

图 2-19　保温漏斗与热过滤

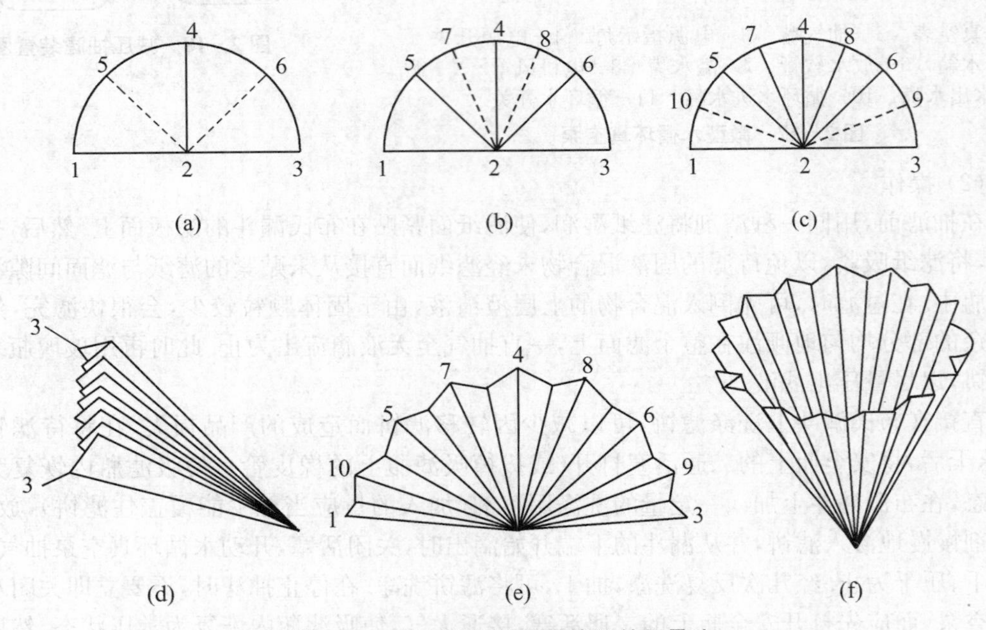

图 2-20　热过滤用的折叠滤纸的折叠法

先把滤纸折成半圆形，再对折成圆形的 1/4，展开后如图 2-20(a). 再以 1 对 4 折出 5，3 对 4 折出 6，1 对 6 折出 7，3 对 5 折出 8，如图 2-20(b). 以 3 对 6 折出 9，以 1 对 5 折出 10，如图 2-20(c). 然后在 1 和 10，10 和 5，5 和 7，7 和 4，4 和 8，8 和 6，6 和 9，9 和 3 之间各向内折叠，如图 2-20(d). 把滤纸展开，在 1 和 3 各向内折叠一个小叠面，如图 2-20(e)，最后展开成折叠式滤纸，如图 2-20(f). 在折叠时，对于滤纸的顶部不宜重压，因为在过滤时，它承受的压力最大，以免破损泄漏. 展开后的滤纸经整理后放在玻璃漏斗中.

在热过滤操作时，应将保温漏斗注入热水，放入玻璃漏斗与折叠滤纸，在保温漏斗的柄部加热. 过滤时，逐渐将热的待滤溶液沿着玻璃棒分批加入漏斗中，不宜一次加入太多. 在漏斗上面可覆盖表面皿，以减少溶剂的蒸发.

（2）用布氏漏斗进行热过滤操作

由于上述热过滤操作是在常压下进行的，因而热过滤速度较慢，容易发生析出晶体等问题，妨碍过滤操作的进程. 将布氏漏斗用热水浴或在电烘箱中进行预热后，然后按减压过滤操作方法，将热溶液进行热过滤. 这样可以迅速地进行热过滤，而不会发生热溶液析出晶体等问题.

（二）重结晶

将晶体用溶剂先进行加热溶解后又重新成为晶态析出的过程称为重结晶. 这是提纯固态有机化合物最普遍、最常用的方法.

1. 原理

有机化学中重要的溶解经验规律是"相似相溶"或"相似物溶于相似物中"(like dissolve like). 从现代观念解释这条经验规律，可以理解为"非极性或极性很小的溶质易溶于非极性或极性很小的溶剂中，极性强的溶质则易溶于强极性溶剂中". 溶剂的极性在很大程度上取决于介电常数. 可以通过查找与对比介电常数值的大小，选择最适宜的溶剂. 从分子构造式直观地进行对比，结构相似，显然可以相互溶解. 因为结构相似者，其极性的大小也必然相近.

2. 装置与操作

进行重结晶操作时，首先要选择好重结晶用的溶剂. 重结晶溶剂的选择必须遵循下述规则：

（1）重结晶溶剂不和重结晶物质发生化学反应.

（2）在高温时，重结晶物质在其中的溶解度较大，而在低温时则很小.

（3）杂质在重结晶溶剂中的溶解度或者很大，重结晶物质析出时，杂质仍留在母液内；或者很小，重结晶物质高温溶解在溶剂中时，杂质仍然不溶，可借助热过滤，将不溶的杂质滤去.

（4）溶剂容易与重结晶物质分离. 重结晶物质在该溶剂内有较好的结晶状态，有利于与溶剂分离.

（5）溶剂的沸点适宜. 溶剂的沸点高低，决定操作时温度的选择.

（6）溶剂廉价、易得，毒性小、不易燃烧.

为了寻找合适的溶剂进行重结晶操作，可以直接从实验资料上获得，也可以从表 2－6 中选择适宜的溶剂.

如果不能直接从实验资料找到适合的溶剂以及从表 2－6 中也只能找到几个可能作为重结晶的溶剂，因而难以准确地确定所需要的溶剂. 这时可以用下述测定溶解度的实验方法进一步认定.

将 0.1 g 粉末状试样置于小试管内，用滴管逐滴加入溶剂，同时不断振摇试管. 加入的溶剂约 1 mL，如已全部溶解，则该溶剂不能入选，因为试样在该溶剂中的溶解度太大. 若加入 1 mL 溶剂后，试样仍不溶解，待加热后才溶解，冷却后有大量结晶析出，则可选定为重结晶溶剂. 若加入 1 mL 后加热仍不溶解，后逐渐滴加溶剂，每次约 0.5 mL，直至 3 mL 后样品仍不溶解，则该溶剂不适用. 若在 3 mL 内加热溶解冷却后有大量结晶析出者，也可选用.

表 2-6 重结晶常用溶剂的性质

溶剂	沸点(℃)	相对密度 d_4^{20}	介电常数 15～20 ℃	溶剂	沸点(℃)	相对密度 d_4^{20}	介电常数 15～20 ℃
水	100	0.998	81	乙酸	118	1.049	7.1
甲酸	101	1.221	58	乙酸乙酯	77	0.901	6.1
乙腈	82	0.783	39	氯仿	61	1.486	5.2
甲醇	65	0.793	31	乙酸戊酯	148	0.877	4.8
乙醇	78	0.789	26	乙醚	35	0.713	4.3
异丙醇	82	0.789	26	丙酸	141	0.992	3.2
正丙醇	97	0.804	22	二硫化碳	46	1.263	2.63
丙酮	57	0.792	21	间二甲苯	139	0.864	2.38
乙酐	140	1.082	20	甲苯	111	0.866	2.37
正丁醇	118	0.810	19	苯	80	0.879	2.29
甲乙酮	80	0.805	18	四氯化碳	77	0.594	2.24
吡啶	115	0.982	12	己烷	69	0.660	1.87
氯苯	132	1.107	11	石油醚	40～60	0.6～0.63	1.80
二氯乙烷	84	1.252	10.4				

有时在试验中会出现这样的情况，样品在某一溶剂中很容易溶解，在另一种溶剂中则很难溶解，而这两种溶剂又可以相互混溶，则可以将它们配成混合溶剂进行试验. 常用的混合溶剂有：水-乙醇、水-丙酮、水-冰醋酸、乙醚-苯、乙醇-苯、苯-石油醚、丙酮-石油醚、氯仿-石油醚等. 测定溶解度试验的方法如前所述.

在上述选定重结晶溶剂后，可以进行重结晶操作. 首先进行样品的溶解. 用圆底烧瓶和球形冷凝管装配如图 2-2 的回流冷凝装置. 除了使用高沸点溶剂或者水以外，一般都应置于水溶液中加热，溶解样品. 在将固体试样加入烧瓶后，先加入少量溶剂，打开冷凝水，加热升温至沸腾，然后分几次从管口加入少量溶剂，每次加入后均需要沸腾，直至样品全部溶解. 若补加溶剂后，仍未见残渣减少时，应视其为杂质，在以后的热过滤操作中应将其滤去.

有些溶液含有带色的杂质或树脂状杂质，可用活性炭进行脱色操作. 由于许多有机物都能被活性炭表面有限地吸附，活性炭最常用来除去有色的有机杂质. 因此，如果结晶溶液含有微量的有色杂质玷污物，我们可以用活性炭除去这些杂质. 可在溶液经加热全部溶解并经稍微冷却后[1]，从冷凝管的管口加入占重结晶量 1%～2%的活性炭[2]，继续煮沸5～10 min，然后进行下一步的热过滤.

① 热过滤 用放有折叠滤纸的保温漏斗进行热过滤，应事先准备好保温漏斗，使之成为待用状态. 分几批将含有活性炭的热溶液倒在滤纸上，趁热过滤，滤液中不应有黑色的活性炭颗粒存在. 也可将布氏漏斗事先预热后，在布氏漏斗上进行减压过滤. 一般对于少量液体，我们宜用重力过滤，应用两层细孔度滤纸制成锥形滤纸；对于大量液体，最好选用两层细孔度滤纸进行真空过滤，但通常需用过滤垫层来除去全部微量炭末，因为即使在布氏漏斗的底部有两层贴紧的细孔度滤纸，也常常有一部分炭末穿过.

② 结晶 经过热过滤后的热溶液若慢慢放冷，可形成颗粒较大的结晶. 若用冷水冷却，则容易得到颗粒细小的结晶. 大颗粒结晶的纯度要超过细小颗粒结晶的纯度. 若经冷却后，没有晶体析出，则可用玻璃棒摩擦容器内壁，以形成晶种，促使晶体的生成与生长. 也可以加

入少许与试样同样结构的纯标准样品作为晶种，促进晶体生长.

③ 减压过滤　将上述已含有晶体的溶液进行减压过滤，可用与重结晶相同的溶剂进行洗涤，压干后进行晾干或烘干.

3. 实验

称取 1.5～2.0 g 粗乙酰苯胺[3]，加到 50 mL 圆底烧瓶中，并加 1～2 粒沸石[4]和 15 mL 蒸馏水，安装回流冷凝管(见图 2-2)，接通冷却水，加热[5]至沸腾后，观察乙酰苯胺的溶解情况. 若仍存在未溶的乙酰苯胺[6]，则停止加热，自球形冷凝管上端倒入几毫升水(注意记录加入水的体积)，并再投入一粒沸石，重新加热至沸腾. 如此反复，直至加入的水使烧瓶内的乙酰苯胺在沸腾状态下刚好全部溶解后，再多加 5 mL 水.

沸腾溶液稍放冷后，加入 0.1 g 粉状活性炭，再加热沸腾 2～3 min 后趁热过滤. 在过滤前，应事先将布氏漏斗预热. 滤液收集在烧杯内自然冷却至室温，此时应有大量结晶出现. 用布氏漏斗进行减压过滤，用 10 mL 冷蒸馏水分两次洗涤滤饼，得到无色片状结晶. 将其放在培养皿中置于烘箱中 105 ℃干燥后称重，计算收率.

实验指导

[1] 加入活性炭时，不能在溶液处于沸腾状态时进行，否则会引起溶液的暴沸与冲料. 一定要等溶液稍微冷却后才能加活性炭.

[2] 活性炭是多孔结构，对气体、蒸气或胶体固体有强大吸附能力. 活性炭的总表面积为 500～1 000 $m^2 \cdot g^{-1}$. 相对密度约 1.9～2.1，含碳量为 10%～98%. 活性炭可用于糖液、油脂、醇类、药剂等的脱色净化，溶剂的回收，气体的吸收，分离和提纯，还可作为催化剂的载体. 活性炭有颗粒状和粉状之分. 还可根据用途分为工业炭、糖用炭、药用炭、AR 炭、CP 炭、特殊炭等. 活性炭使用(如吸附气体等)后经解吸可再生重新使用.

[3] 乙酰苯胺见本书实验五的详细介绍.

[4] 沸石可以起到沸腾中心的作用，防止液体发生暴沸现象. 如沸腾的溶液被放冷后重新加热，因原有的沸石已经失效应当重新加入沸石.

[5] 可用明火加热，因为水作为重结晶溶剂，是不燃溶剂.

[6] 未溶的乙酰苯胺，此时已成为熔融状态的含水油珠状，沉于瓶底.

4. 使用离心力的重结晶

当仅有少量的固体需要纯化时，用离心力进行结晶是最好的方法. 虽然从 15～50 mL 规格的离心试管在合适的离心机上都可以使用，但 40 mL 的离心试管是理想的规格.

需要通过估算来确定溶解一定量的晶体所需溶剂的合适的量. 我们知道，过量的溶剂可以通过沸腾蒸去，而如果需要的话总可以加入较多的溶剂. 当蒸去过量溶剂时，应斜向拿着离心试管. 这种重结晶方法只有溶剂的沸点大约在 80 ℃以下时才可使用，因为实际应用的加热器只能用热水浴. 下面描述其操作过程.

预先称重两只洁净而干燥的离心试管，记录下它们的重量(皮重). 如果纯化的化合物要在试管中称量，则确定离心试管的皮重是必要的. 把待重结晶的固体放入一只已称好皮重的离心试管中，加入足够的溶剂以溶解固体. 放入沸石，在蒸气浴上加热离心试管直到固体溶解. 如果溶液显得浑浊或含有惰性物质的颗粒，则需要将溶液离心 1～2 min. 用吸管把清澈的溶液转移到第二只离心试管中，继续蒸发溶剂直至溶液高度浓缩. 需要蒸发掉的溶剂量可由反复实验确定. 在冰浴中冷却离心试管,直至再没有晶体析出时为止. 在晶体形成以后,在容器中搅动以打碎晶体,并用离心机离心 1～2 min,用滴管吸去液体. 注意:不要丢掉结晶后分离的溶液,因为溶液中还含有溶解的固体,如果需要的话,可以再浓缩析出晶体. 假如需要的话,可以向离心试管中的晶体中再加入一些溶剂使其溶解,重复上述步骤,直至得到纯净的晶体.

将得到的纯净的样品装入小样品瓶中,瓶上贴一张正规的标签,提供相关信息以备日后使用. 标签上应注明小瓶重量,这样当一部分样品取出后,仍能确定留在小瓶内样品的重量.

（三）升华

升华也是提纯固体有机化合物的一种操作方法. 具有较高蒸气压的固体物质受热后不经过熔融状态直接转变成气体,气体遇冷,又直接变成固体,这种过程叫做升华. 通过升华可以除去不挥发性杂质,或分离不同挥发度的固体化合物.

1. 原理

和液态物质的沸点相似,固态物质的升华点是指该固态物质的蒸气压与其表面所受压力相等时的温度. 若固体的蒸气压在达到熔点之前已经达到大气压时,则该物质适宜在常压下用升华法进行纯化处理. 有些固体的蒸气压在接近熔点时虽然不能达到大气压,但它的蒸气压已达到足以使它发生升华,如樟脑、碘、萘等物质,它们在较低的温度下都有较高的蒸气压,只要缓缓加热,在达到熔点之前便可升华.

升华速度与被蒸发物质的表面积成正比,因此被升华的物质愈细愈好,使升华的温度能在低于物质的熔点的温度下进行. 升华时,通入少量空气或惰性气体,可以加速蒸发,同时使物质的蒸气离开加热面而易于冷却. 但不宜通入过多的空气或其他气体,以免带走升华产品. 另外,对于在熔点时蒸气压很低或受热易分解的物质,可考虑在减压条件下升华. 通常是减压与通入少量空气(或惰性气体)同时应用,以提高升华速度.

选择与安装升华装置时,应注意蒸气从蒸发面至冷凝面的途径不宜过长. 尤其是对于相对分子质量大的分子在进行升华操作时,仪器的出气管应安装在下面,否则要使蒸气压达到一定的高度,须对物质进行强烈的加热.

升华特别适用于易潮解或易与溶剂起离解作用的物质的纯化. 用升华法提纯所得产品的纯度高,质量分数可达 98%～99%. 无水物质或分析用试剂常通过该方法纯化.

升华时的温度较低,操作非常方便. 但用升华法提纯有机物的种类有限,仅限于易升华的有机化合物,且操作时间较长,故只适宜于少量物质的提纯.

2. 装置与操作

升华样品需经充分干燥后置于保干器内备用.

(1) 常压下升华

图 2-21 是常压下的简易升华装置. 图 2-21(a)主要由蒸发皿和普通漏斗组成. 在蒸发皿中放入经过干燥、粉碎的欲升华的样品,口上覆盖一张穿有一些小孔的圆形滤纸,其直径应比漏斗口要稍大些,再倒置一个漏斗作为冷凝面,漏斗的茎部塞一团疏松的棉花.

通过石棉网加热蒸发皿,控制加热温度低于被升华物质的熔点. 蒸气通过滤纸小孔,在器壁上冷凝,由于有滤纸阻挡,不会落回器皿底部. 收集漏斗的内壁与滤纸上的晶体,即为经升华提纯的物质.

图 2-21(b)的装置与(a)类似,只不过是用被冷水冷却的圆底烧瓶作为冷却面,烧瓶的

最大直径部分应大于烧杯直径，升华物质在蒸馏烧瓶底部外壁冷凝成晶体.

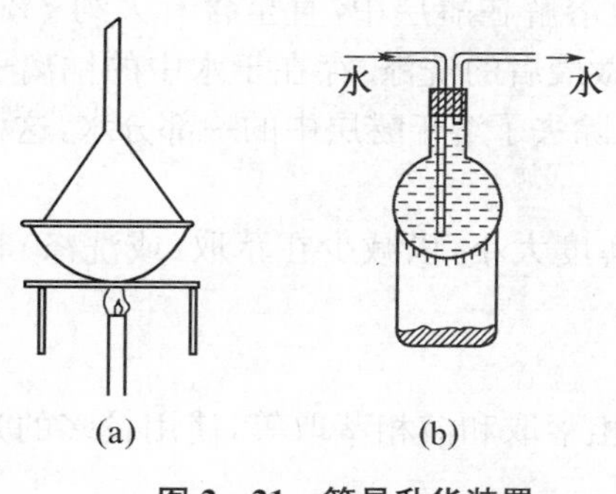

图 2-21　简易升华装置

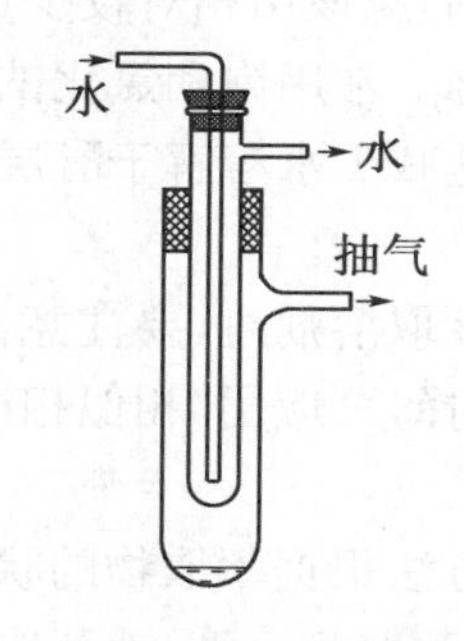

图 2-22　减压升华装置

（2）减压下升华

图 2-22 是用于少量物质的减压升华装置. 将待升华物质放在吸滤管内，吸滤管上装有指形冷凝管，内通冷凝水使升华的物质冷凝于指形冷凝管的表面. 开动水泵或真空泵抽气减压，吸滤管浸在水浴或油浴中逐渐加热，升华的物质就冷凝在通有冷水的指形冷凝管的管壁上.

3. 实验

取 1～2 g 粗萘固体，研细后放入蒸发皿内，按图 2-21(a)所示，在蒸发皿上盖一片扎有十余个孔径约为 2 mm 小孔的滤纸，将普通漏斗倒置于滤纸上，漏斗的茎部用棉花塞住，防止蒸气外逸. 隔石棉网用小火加热，达到一定温度时萘即开始升华，蒸气经滤纸小孔上升，遇冷凝结于纸面及漏斗的壁上. 待全部升华完毕后，将升华的萘收集于指定的回收瓶内.

（四）萃取和洗涤

萃取也称提取，是指把某种物质从一相转移到另一相的过程. 洗涤是把某种不需要的物质从一相转移到另一相的过程. 两者在原理上是相同的，只是目的不同. 从混合物中提取我们所需要的物质，这种操作叫萃取，若提取的物质是我们不需要的，这种操作叫洗涤.

1. 原理

萃取（或洗涤）是利用物质在不同溶剂中的溶解度不同来进行分离的操作. 萃取（或洗涤）处理固体混合物时，萃取（或洗涤）的效果取决于混合物各组分在所选用的溶剂内的溶解度、固体的粉碎程度及用新鲜溶剂再处理的时间等因素；从液相内萃取（或洗涤）物质的效果，只取决于被萃取（或洗涤）物质在两种不相溶的溶剂中的溶解度.

在实际操作中，难溶于水的物质，通常用石油醚或汽油等有机物来萃取，易溶于水的物质通常用乙酸乙酯或其他相似溶剂来萃取. 用乙醚等萃取水中的化合物时，把相同总体积分成较小的几份进行三次或更多次萃取比一大份一次萃取为好. 总体积为 300 mL 的乙醚所得的萃取物大约是单独一份 100 mL 萃取的三倍. 然而每次 100 mL，分别萃取三次得到的乙醚萃取液大约可以从水中萃取出八倍于单次 100 mL 萃取所得的化合物.

当要从水中萃取有机化合物时，可用的有机溶剂主要是二氯甲烷、石油醚和乙醚. 我们也可以利用萃取剂能和被萃取物质起化学反应的性质来进行萃取. 这类操作经常应用在有机合成反应中，以除去杂质或分离出有机物. 如果有机层中含有需要除去的酸，就可以用水或稀的弱碱性水溶液来洗涤；若要从有机层中除去碱性物质，可用稀酸水溶液洗涤. 遗憾的是，在洗涤有机溶剂时，尤其是用水洗涤醚层时，部分醚或溶剂溶于水而损失了. 为了减少醚层的损失，我们应该用相对较少量的水. 此外，水也溶解在醚层中，直至含有大约 7%～8% 体积的水. 因此，常用饱和氯化钠水溶液来代替水做最后的洗涤. 存在于水中的钠离子与氯离子可显著地减少水溶解于醚层的能力，实际上也除去了溶于醚层中的一部分水，这种操作称之为盐析.

在选择萃取溶剂时，要注意溶剂在水中的溶解度大小，以减少在萃取(或洗涤)时的损失. 溶剂的选择，可应用“相似相溶”原理进行选择.

2. 操作

萃取的方法根据萃取物的状态不同可分为固相萃取和液相萃取等，使用较多的是液相萃取，而液相萃取又分液-液萃取和液-固萃取等.

(1) 液-液萃取

从液体中萃取(或洗涤)通常是在分液漏斗中进行的，因此正确使用和保护分液漏斗十分重要.

分液漏斗容积的大小，应根据被萃取液体的容积来确定. 分液漏斗的容积以被萃取液体积一倍以上为宜. 在使用前，必须事先用水检查分液漏斗的盖子是否能盖紧，是否严密不漏水；检查活塞是否严密，关闭后不漏水，开启时能畅通放水，以确保在使用时，不发生泄漏或不能畅通排放液体等事故.

在进行萃取(或洗涤)时，先把分液漏斗放在铁架台的铁环上，务必关好活塞，取下盖子，从漏斗的上口将被萃取液体倒入分液漏斗中，然后将萃取剂加入分液漏斗的液体中. 比萃取液的密度大的萃取剂将沉于底部构成下层，如果用于萃取的溶剂密度比萃取液小，则构成上层. 盖紧盖子，取下漏斗，将分液漏斗用塞子塞好后，慢慢地将它倒置，然后打开活塞，让溶剂蒸气或气体逸出，在这一步中，最好用擦手纸把分液漏斗的颈口盖上，以免溶剂冲出. 如果不让蒸气逸出，气压压力升高，最终会使塞子和液体冲出来. 关好活塞，用左手握住漏斗，左手的手掌顶住盖子，右手握在漏斗的活塞处，右手的大拇指和食指按住活塞，将活塞的旋面向上，中指垫在活塞座下边. 徐徐地转动和振摇加有萃取剂的溶液. 如图 2－23 所示. 振摇分液漏斗时，将漏斗的出料口稍向上倾斜，经过几次摇荡后，旋开活塞，重复放气操作，使气体逸出. 在经过几次振摇放气后，漏斗内的压力已很小，再剧烈摇荡 2～3 min 后，将漏斗放回铁圈中，取下盖子，静置数分钟. 静置时间愈长，两相的分离愈彻底. 此时，应注意仔细观察两相的分界线，有的很明显，有的则不易分辨. 一定要确认两相的界面清晰后，才能进行分离操作. 如果萃取剂的密度比萃取液的密度大，则萃取剂在下层. 慢慢地旋开活塞，萃取剂就会流出. 如图 2－24 所示. 为了除去有机液中微量的水或破坏已形成的乳浊液，可将放出的下层萃取剂通过放在玻璃漏斗中的一小团棉花. 如果萃取剂的密度比萃取液的密度小，则萃取剂在上层，慢慢地旋开活塞，放出萃取液，然后将放出的萃取剂通过放在玻璃漏斗中的棉花团. 棉花团可除去微量的水或破坏已形成的乳浊液. 如果从活塞流出的一相是水，许多有机化学工作者宁愿将有机相从分液漏斗顶口倒出. 可以请教导师，最好选用哪一种做法.

上面描述的整个操作步骤常常需要重复 2～3 次，以便使物料从液体中完全萃取出来. 每用一份新鲜的萃取剂时都要重复此步骤. 如需要进行多次萃取，在将下层液放出后，上层液可不必从瓶口倒出来，而直接从瓶口再加入萃取剂进行萃取.

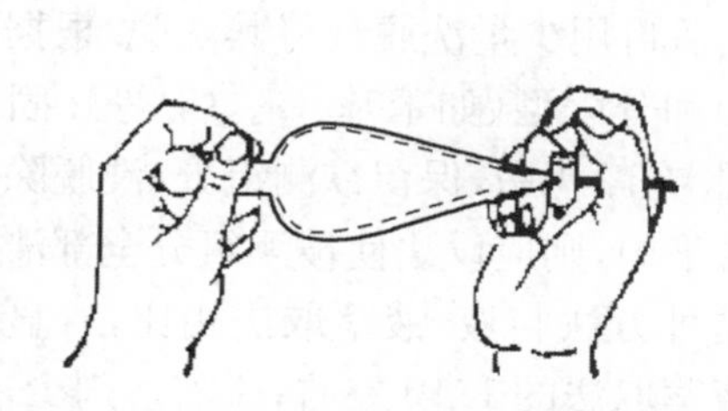

图 2-23　摇动分液漏斗的正确持法

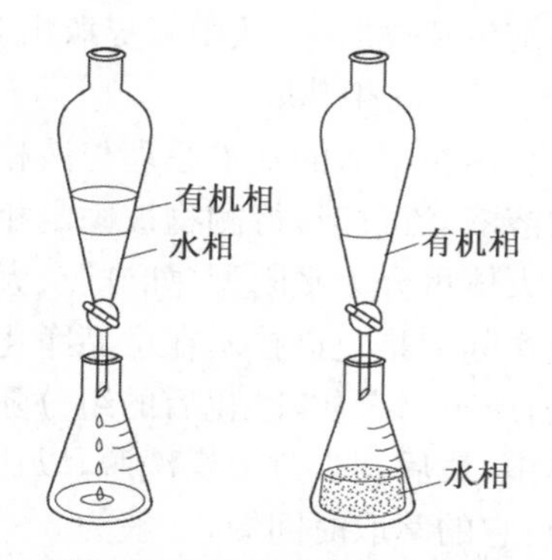

图 2-24　使用分液漏斗萃取

在进行分液漏斗操作时，所分出的拟弃去的液体应收集在锥形烧瓶内，不要马上轻易倒掉. 一定要等全部实验结束，实验者的实验结果在经过指导者认可后才能处理. 这样如果发现取错液层，可及时纠正，避免实验的全部返工.

萃取还可以用仪器进行连续萃取. 一种是轻提取剂提取器，即用较轻溶剂萃取较重溶液中的物质，如用乙醚萃取水溶液，见图 2-25. 另一种是重提取剂提取器，见图 2-26. 如用二氯甲烷萃取水溶液，即用较重溶剂萃取较轻溶液中的物质.

无论是轻提取剂提取器还是重提取剂提取器，都是将烧瓶中的溶剂加热汽化，经冷凝器冷凝成液体，流入萃取液中进行萃取. 得到的萃取液经溢流返回烧瓶中，其溶剂再汽化、冷凝、萃取，如此反复循环，即可提取出大部分物质.

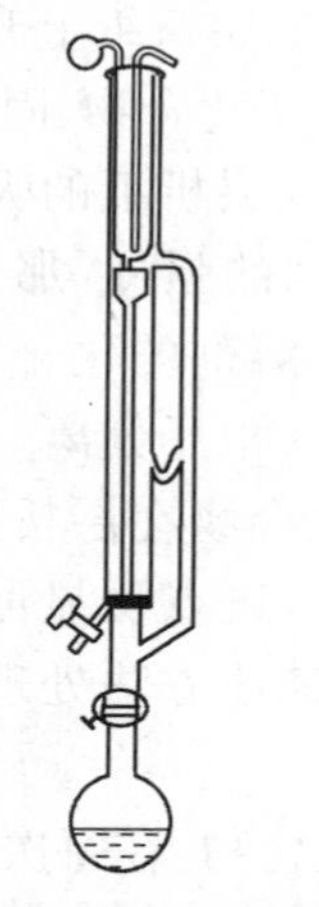

图 2-25　轻提取剂提取器

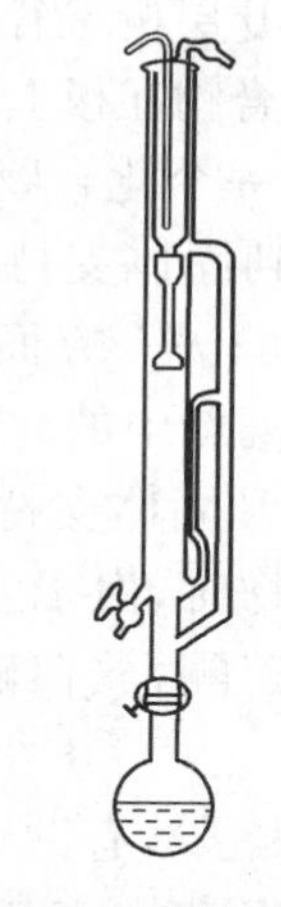

图 2-26　重提取剂提取器

图 2-27　索氏提取器

(2) 液-固体萃取

从固体中提取物质，是利用溶剂对样品中被提取成分和杂质之间的溶解度不同，来达到分离提纯的目的. 将固体研细后放入容器内，用溶剂长期浸泡是一种最简单的固体物质萃取的方法，显然这是一种效率不高的方法. 也可以加入合适溶剂，振荡，过滤，从萃取液中分离出萃取物，反复操作. 在实验室中使用索氏(Soxhlet)提取器(见图 2-27)进行连续萃取，是一种效率较高的萃取方法. 把固体样品放入纸袋中，装入提取器，加热烧瓶，使溶剂汽化进入冷凝器冷凝成液体，流入提取器进行萃取. 利用溶剂的回流和虹吸作用，使固体中的可溶物质富集到烧瓶中，从中可提取出要萃取的物质.

(3) 固相萃取

固相萃取的基本原理与液相色谱相似，是利用多孔性固体介质做固定相，当试样(混合物溶液)流过时，待测物被固定相萃取，在清洗杂质后再用少量洗脱液将其洗脱. 根据柱中填料大体可分为吸附型(如硅胶、大分子吸附树脂等)和分配型(如苯基、C_{18}、C_8 等). 固相萃取法实际上是色谱技术在样品净化、富集方面的应用. 在净化中，保留欲测组分，洗脱除去干扰物；或吸附杂质，净化后的组分随流动相流出. 在富集中，则应设法使被测组分全部滞留在柱体中，最后用少量溶媒洗脱，以达到浓缩的目的. 这种方法与液-液萃取法相比，有显著的特点：它的萃取时间短，一般为 5～10 min，仅为液-液萃取法的 1/10 左右；所需溶剂少，也约为液-液萃取法的 1/10 左右，即节约又减少了环境污染；重现性好，回收率很高.

(五) 薄层色谱、纸色谱和柱层析

1. 薄层色谱和纸色谱

薄层色谱和纸色谱对分离产物或商品的分析以确定存在组分的数目和组分是否一致都是很有用的. 另外，薄层色谱对跟踪反应过程、观察柱色谱分离的化合物或测定重结晶或蒸馏后化合物的纯度，往往都是理想的.

(1) 原理

薄层色谱和纸色谱是利用玻璃板或滤纸做载体，准备了层析槽后，以板或滤纸上纤维素分子吸附的水分子为固定相，以含有一定比例水分的有机溶剂为流动相(叫做流动溶剂或洗脱剂，通常需反复实验才能选择)，将流动相放入槽底，薄层板或层析纸上用含有待分析化合物的溶剂点样，再将此板或纸插入槽内展开层析. 当洗脱剂沿薄层板或层析纸上升时，板上斑点中存在的各种化合物也向上移动. 化合物在板上移动的速度取决于化合物、固体支持剂或层析纸以及流动溶剂的极性. 斑点中每一个化合物既受固体支持或层析纸的吸引，也受到流动溶剂的吸引. 如果一个化合物受到固体支持剂的吸引比溶剂的强烈，那么溶于溶剂中就很少了，因此板上几乎不向上移动；另一方面，另一较易溶于溶剂的化合物可以较快地沿层析板或层析纸向上移动. 这样斑点中的化合物用层析可以相互分离. 显然混合物中组分的分离程度取决于所用的溶剂和固体支持剂. 为了确定化合物在层析上的位置往往必须使层析显色. 当分离染料混合物时，由于它们本身有颜色，斑点明显可见. 在检定无色化合物时，层析纸上可以喷上茚三酮，放在碘蒸气内，或用其他方法处理，使板上斑点变得清晰可见.

计算层析上每个斑点的 R_f 值(滞留因子)，有助于鉴定存在的化合物. 在每次薄层分析时，板或滤纸的尺寸、固体支持剂的厚度、原斑点离开板或滤纸上底部的距离以及溶剂在板上移动的距离是会有变化的. 对于某一个层析上每个斑点计算出的 R_f 值相对地和这些变化无关，从而使得有可能在层析之间进行比较，或者与已知 R_f 值相比较. R_f 值是表示物质移动的相对距离，我们用下式来计算 R_f 值：

$$R_f = \frac{d_{斑点}}{d_{溶剂前沿}}.$$

式中：$d_{斑点}$ 为化合物移动距离；$d_{溶剂前沿}$ 为溶剂前沿移动距离. 所有距离都是从原斑点的位置来测量的.

（2）操作

① 准备层析槽

薄层色谱和纸色谱都需要准备层析槽，层析槽的规格按所用层析纸或薄层板的大小而异. 对大多数实验来说，有螺旋盖的广口瓶子是理想的层析槽. 通常把层析板或纸衬在层析槽内，有利于形成流动溶剂饱和的大气压，从而防止液体由层析板或纸上挥发.

② 载玻片层析板的制备

层析板可以有各种尺寸，对化合物的快速分析，用载玻片制备的层析板是理想的. 硅胶G可能是在所有固体支持剂中用得最多、极性最大的支持剂.

a. 糊状物的制备：糊状物是由糊状的硅胶G、硅胶H、氧化铝、纤维素或其他物质放入液体中制得的. 优先使用的液体是挥发性的二氯甲烷，也可用其他液体来制备含纤维素或其他物质的糊状物. 由于每一个学生所需的糊状物的量很少，一般由指导老师制备糊状物供全班使用.

b. 浸载玻片：用洗涤剂和水清洗一些载玻片，先用水淋洗，再用50%(V/V)的乙醇水溶液淋洗. 载玻片干燥后将两片夹在一起，沉浸入硅胶G或其他物质的糊状物中，使在载玻片上形成固体层. 为了浸蘸一对载玻片，用指尖夹住载玻片的一端，并尽可能地向下浸入所提供的糊状物中. 当载玻片浸入糊状物中后，立即以快而平稳的动作将其拉出，并让过量的糊状物滴回，小心地分开载玻片，然后将它们面朝上地放在实验台上，直到糊状物干燥. 注意：为了避免糊状物不均匀，在浸一对载玻片以前，将其剧烈振摇；糊状物若变得太厚，可添加溶剂.

③ 点样

在薄层层析和纸层析上的化合物原斑点，其直径必须小于3 mm，而又须使待检测的化合物在生成的层析上仍有足够的浓度. 因此需制备小的微量滴管供层析的点样之用. 下述步骤叙述了如何将两端开口的薄壁毛细管变成微量滴管：托住毛细管的两端，将中间部分放在微焰灯火焰的顶部，在火焰顶端慢慢转动毛细管直到受热部分变得非常软，然后将毛细管移出火焰并立即按相反方向旋转开口的两端，同时将两端向外拉，在中间把毛细管断开，就可以得到两根微量滴管. 制好微量滴管后就可以用来点样了. 点样的具体步骤如下：

a. 将微量滴管的尖端浸入到待分析的液体或溶液中，使溶液立即进入滴管中.

b. 在层析纸或薄层层析板的边上，用铅笔在玻璃板的硅胶上划一条痕，来标记原斑点位置.

c. 把装有溶液的微量滴管尖端轻轻接触层析板上的痕线，产生直径小于3 mm的斑点，此点距层析板边沿应超过0.5 cm. 注意：如果分析的是纯液体化合物或高浓度的溶液，则点样的直径应不超过1～1.5 cm；如果溶液太稀，需要在同一位置点样数次，使在层析板或层析纸上有足够的化合物.

④ 层析的展开和R_f值的测定

准备好层析槽，选择合适的层析纸或薄层层析板的固体支持剂，层析点样，然后展开层析. 待层析显色后测定R_f值. 展开层析的步骤如下：

a. 将层析纸或薄层板放于预先准备的层析槽中，并盖上盖子. 注意：务必使层析底部不要与槽中滤纸衬里相接触；当层析的一端支搁在槽底时，务必使原斑点高于槽中溶剂的液面.

b. 在溶剂升到纸、硅胶G或其他固体支持剂顶端以前，取出层析板，并立即标记溶剂到达的最高点.

c. 如果需要的话，进行显色，并标记每一个斑点的中心位置.

d. 测量原斑点与溶剂升到最高点之间的距离($d_{溶剂前沿}$)，并记录测量值(d_s). 测量原斑点与各斑点中心之间的距离 d_A、d_B、d_C……所表示的每个分离化合物的位置，并记录其距离.

e. 按照 R_f 值的计算公式($R_{f化合物A}=d_A/d_s$)计算各斑点的 R_f 值(滞留因子)，并进行记录.

⑤ 层析的显色

无色化合物进行层析，在层析展开后则必须对它们进行处理，以显示出颜色. 这是由于只有当化合物的各斑点经处理能显示其位置时，才能测定 R_f 值和解析层析. 普遍使用的显色物质有碘和茚三酮. 显色的步骤如下：

a. 碘蒸气显色：在螺旋盖瓶中放入足够量的碘(5 g)或更多，使瓶底能覆盖(切记：碘是有毒的，除了插入或取出层析板外，碘瓶需要盖紧). 将干燥的层析板放于碘瓶中，待斑点可见后，取出层析板并用铅笔标记斑点位置.

b. 茚三酮显色：此物质可用于检测氨基酸类物质. 将茚三酮喷在层析板上，在100 ℃左右加热10～20 min，使其显示出蓝色.

2. 柱层析

(1) 原理

柱层析是借助于分子的极性来分离大量化合物的一种实验技术. 该技术是用有机溶剂中的粉末极性物质(氧化铝或硅胶等固体支持剂)填充玻璃管. 含有该化合物的溶液加到固体支持剂的表面，然后有机溶剂通过填充柱流出，直到加入填充柱上存在于溶液中的所需的化合物从柱上洗脱下来，并作为单独的馏分收集.

化合物从柱上洗脱的速度取决于它的极性、固体支持剂的极性以及用于从柱上洗脱化合物的溶剂的极性. 化合物既受固体支持剂(如氧化铝)的吸引，也受到溶剂(如二氯甲烷)的吸引. 如果受固体支持剂的吸引大于溶剂，则它在溶剂中滞留的时间较短，因此沿着柱慢慢向下移动；相反地，如化合物受溶剂吸引力较大，则它在溶剂中滞留的时间较长，从柱上向下移动的速度较快，当它在被固体支持剂束缚牢以前，早就从柱上离开了. 起始的洗脱剂往往极性较小，在随后柱的洗脱步骤中，往往换成极性较大的溶剂. 化合物实际上在柱上形成分离的带，有些带可以看见，或在紫外光下可以看到. 当溶剂通过固体支持剂时，这些带向下移动，最后离开层析柱.

(2) 操作

① 柱层析的填料和溶剂的确定

用于柱层析的固体支持剂，往往与用于薄层层析的相同，用于柱层析的溶剂通常也和薄层层析用的相同. 为了确定适合于柱层析的固体支持剂和溶剂，一般需先进行薄层层析.

薄层层析使混合物分离后，可用相同的固体支持剂和溶剂进行柱层析. 固体支持剂的用量应等于待层析固体质量的20倍左右，使最后充填好的柱高为柱径的10～15倍.

② 层析柱的填充

最常用的层析柱装有活塞，可控制溶剂流速. 滴定管能用于许多场合. 层析柱的填充通常有干法装柱和湿法装柱两种.其中,干法装柱比较容易.

a. 干法装柱　放一小卷玻璃棉在层析柱底部,洗脱剂充满到柱的四分之三高度.玻璃棉卷必须足够厚,以防止固体支持剂穿过,但也不能太厚,否则会使大量的空气密封在里面.从柱中放入少量溶剂并用一根结实的玻棒压实玻璃棉,以除去其中的空气泡.在继续填柱以前,玻璃棉中必须无气泡.然后在柱的顶上放一漏斗,加一薄层沙在玻璃棉上面,如图 2-28.然后慢慢加入固体支持剂,如氧化铝或硅胶.为了有助于装柱,有时从柱中放出少量溶剂.同时,用一段耐压管轻轻地敲打柱子,以利于固体支持剂沉降.柱中支持剂必须渐渐地装紧,直到不再沉降.最后固体支持剂高度应为柱径的 10～15 倍.加入溶剂,使溶剂高度超出固体支持剂的表面.固体支持剂顶面必须水平,而且在柱内应该无气泡.气泡或顶面的倾斜层使沿柱向下移动的化合物形成的分离带变形,于是,当用溶剂洗脱化合物时,它们成为混合物了.

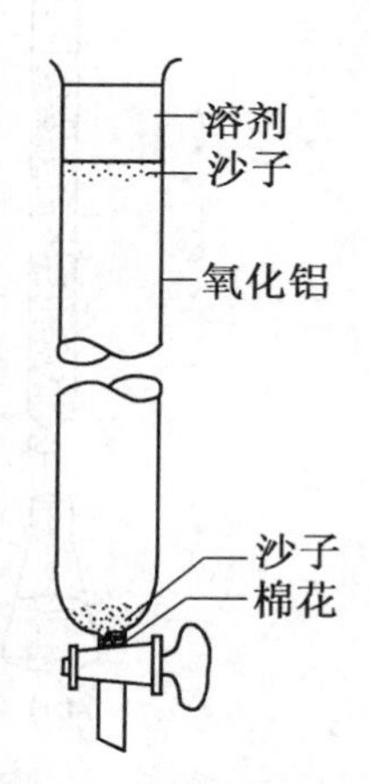

图 2-28　常用的层析柱

b. 湿法装柱　此法除固体支持剂放在溶剂中制成薄的糊状物外,与干法装柱相同.将固体支持剂放在溶剂中制成薄的糊状物,将糊状物加入充满溶剂的柱中.在其他所有方面,湿法装柱步骤与干法装柱相同.

装好柱子后,放置一个晚上,第二天过柱效果更好.

③ 洗脱化合物

a. 放出柱内溶剂,直到溶剂层与固体支持剂表面水平.

b. 将化合物溶于极少量的与装柱用的相同的溶剂中,用吸管仔细移液至柱的表面上.若化合物是液体,将液体直接放到柱上.当含有化合物的溶液已放入层析柱时,不要扰动液面.

c. 从柱内放出溶剂直到柱中液体表面再一次与固体支持剂顶部相平.

d. 在尽可能无湍流的情况下,将洗脱剂加入柱中,直到差不多充满.起始的洗脱剂往往与原来装的固体支持剂相同.保持相似的溶剂液位,使产生足够的压力,而提供平稳的流速.对于大型层析柱,为保持溶剂液位,在柱的上端通常放一只盛有溶剂的分液漏斗,如图 2-29(b).打开活塞,随着溶剂从柱中流出,溶剂液面会下降到低于分液漏斗下面的颈部,当此现象发生时,空气泡通过颈部进入分液漏斗,同时流出一些溶剂.空气泡不断流入分液漏斗,溶剂则不断流出,直到分液漏斗下面的颈部再低于柱中溶剂的液面.

e. 溶剂从柱中以每秒 1～5 滴速度流出.按实验步骤说明更换收集器,如图2-29(c),即每次收集溶剂体积相等于支持剂体积的 5%.在溶剂液面到达固体支持剂顶部以前,总是要加入更多的洗脱剂.

f. 若要改变洗脱剂,需要放出所有溶剂,直到液体表面与柱上端的上表面相平.然后加入新的洗脱剂,重复上面步骤.

g. 将收集的每一种溶剂馏分分别蒸发至干.因为溶剂量大,通常用旋转蒸发仪进行蒸馏.

④ 柱层析的检测

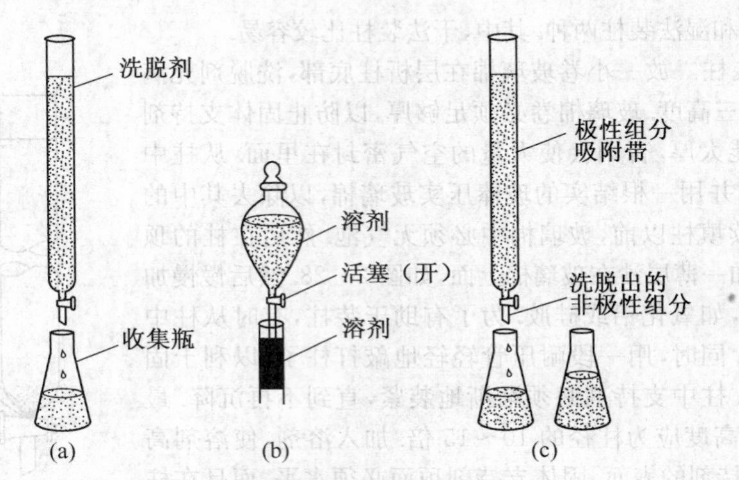

图 2-29　柱层析分离过程

检测柱层析是必要的，这可以确定所有化合物是否都已洗脱，是否已发生分离，并确定哪些馏分可以合并. 柱层析的步骤通常是进行到所有物质洗脱为止，但不总是如此. 一种物质只单独出现在一个馏分中是罕见的. 因此，馏分往往需要合并，一直到所有纯化合物都收集在一起. 遗憾的是在柱上的带常常是重叠的，因此某些馏分可能含有两种组分. 这些馏分绝不能与只含有一个化合物的馏分相合并. 让我们来看一下两个化合物 A 和 B 的标准柱层析：

馏分	1～6	无化合物
馏分	7～15	化合物 A
馏分	16～20	化合物 A 和化合物 B 的混合物
馏分	21～28	化合物 B
馏分	29～30	无化合物

因此将馏分 7～15 合并得到化合物 A，合并馏分 21～28 则获得化合物 B，而馏分 16～20 可以再进行层析，或者丢弃.

通常情况下，用薄层层析来检测柱层析. 制备了涂有与柱层析相同的固体支持剂的载玻片，所有溶剂也是相同的. 然后在薄层层析板上点上起始物质、待分析馏分以及标准物质(如果有的话)的样品来进行柱层析. 因为收集溶剂的馏分通常是很稀的，因此在分析前，往往需要将溶剂蒸发浓缩到接近干.

（六）气-液色谱

气-液色谱(GLC)，也称气相色谱，是用于分析有机混合物的最精确的现代色谱.

常用的气相色谱仪是由色谱柱、检测器、气流控制系统、温度控制系统、进样系统和信号记录系统等部件所组成，如图 2-30.

1. 原理

惰性载气、样品和使分子分离的载体是气相色谱的主要组成部分. 图 2-31 显示了基本的操作示意图.

由于氦气的化学惰性，导热良好，而且在所有操作温度下都是气体，故载气通常用氦气. 通常只需几微升的少量样品注入恒压稳定的载气流中. 载气和物质(例如汽油中的烃)混合

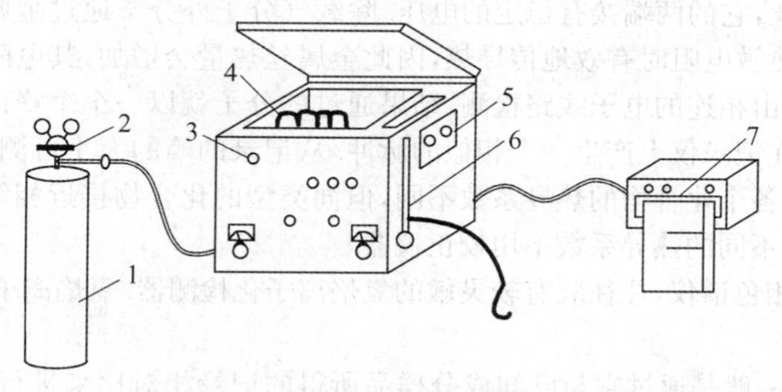

1—钢瓶　2—减压阀　3—样品进口　4—色谱柱
5—样品出口　6—流速计　7—记录仪

图 2-30　气相色谱仪

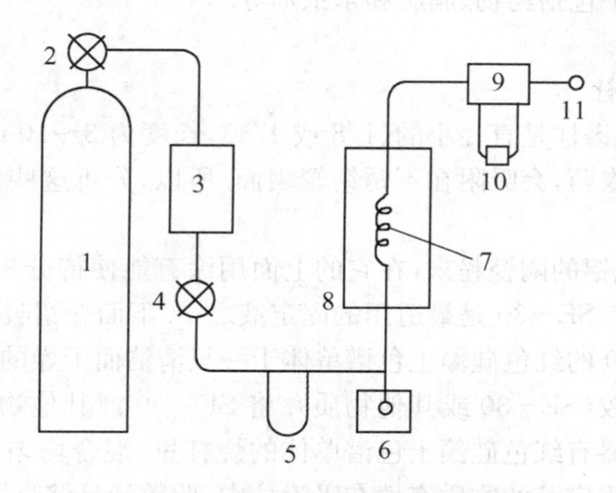

图 2-31　气相色谱流程图

成均匀的气体混合物,流经气相色谱载体柱,并在此柱中各种分子被选择地吸附或解吸.

色谱柱通常是用细的陶瓷粉、硅藻土或氧化铝填入细长的玻璃管或不锈钢管(长约3 m)而成. 这些粉的表面涂上混合物样品中各种待测定分子的物质. 涂层(固定液)往往是一种高沸点的硅橡胶,或者是在气相色谱柱较高的使用温度时具有极低蒸气压的其他惰性物质. 对每一种特定情况,固定液必须仔细地挑选. 一般的规律是极性分子要求极性固定液,而非极性分子要求非极性固定液.

载气和混合物进入了涂有固定液的色谱柱时,混合物被涂在陶瓷粉上的固定液吸附,并开始分离. 一般来说,在混合物中挥发性最大的化合物优先解吸,再沿柱向下时又被吸附. 此过程再三重复,直到从柱上首先流出整个混合物中最易挥发的一个化合物,接着流出的是挥发性仅次于前者的化合物,如此类推,直到所有样品都流出柱为止.

要使分离效果良好,色谱柱必须足够长,以使组分的吸附和解吸过程重复发生,直到出现分离. 组分愈相似,要使化合物分离(分辨)得好,色谱柱就必须愈长. 此外,载气的流速需快到足以使组分继续移动,但也不能太快而使其柱上的吸附时间太短.

随着每一个化合物的流出,色谱柱末端的热元件(图 2-31)会改变温度,这样就可以进行检测. 来自热敏检测器的信号输入条图记录仪,记录了流出的每一分子群. 热敏元件只是一根加热的金属丝,它的两端接有稳定的电压.除载气分子外分子通过金属丝时,它们不像氦气离开热丝或热敏电阻时有效地传导热,因此金属丝热量会增加,其电阻改变,致使电流变化.电流变化可由相连的电子线路检测,结果通过的分子就以一个个峰记录在条图上.每一个相继的组分在记录仪上产生一个相似的脉冲.从记录的峰的大小可测定样品中各化合物的相对量.虽然各个化合物的热导系数不同,但同类型的化合物接近相等,这就是为什么在一般情况下,对不同的热导系数不用校正仪器.

较昂贵的气相色谱仪,往往装有较灵敏的氢焰离子化检测器.氢焰离子化检测器分析农药是最理想的.

GLC 的记录一般是通过它与已知成分样品所得的记录相对比来进行解吸的.例如,假设某港口有一种油溢出,则将此溢出的油样的 GLC 与港口内每一条船上油样的 GLC 相比较,直到获得一个相符的样品.此证据是充分的,并在法律上有效.气相色谱用来分析各种各样化合物的混合物,其中包括药物、脂肪和杀虫剂等.

2. 操作

(1) 填装气相色谱柱

最普通型的气相色谱柱是直径小的(1/8 或 1/4),长度为 3～10 m 的不锈钢管.由于某些化合物,如生物碱和农药,会吸附在不锈钢管表面.所以,分析这些化合物,必须使用玻璃色谱柱.

色谱柱中装有氧化铝的陶瓷粉末,在它的上面用涂有能使待分析混合物的样品中某个特定组分分离的固定液.SE－30 是最适用的固定液之一.下面介绍吸附柱的填装步骤.称取 9.0 g 粒度大小为 45/60 的红色硅藻土色谱单体于一只清洁而干燥的烧杯中,在另一只烧杯内放 1.0 g(甲基)硅橡胶(SE－30 或其他物质).将 SE－30 或其他物质溶解在 50 mL 二氯甲烷中,然后将它倒至盛有红色硅藻土色谱单体的烧杯里,混合均匀,在通风橱中蒸发除去二氯甲烷.把最后涂有固定液的物质充填在吸附柱中,此数量足够充填一根 3 m 长的 1/8 的不锈钢管.

(2) 气相色谱仪的操作

调整气相色谱仪的进口和柱温控制后,开动仪器,在使用前至少稳定(加热)2 h,然后开始记录.正常情况下,先注射标样.由于隔了一段时间,仪器的参数可能有明显的变化,因此当分析一系列样品时,应先分析标样.标样分析后,再注射样品进行分析.在室温时为液体的样品,可直接注射纯样.如样品在室温下是固体或半固体,必须首先将它溶于低分子量的极性比较小的有机溶剂中.具体步骤如下:按需要调节进口和柱温控制,对易挥发的样品用低温,如果待分析的化合物是不易挥发的则要高温.按规定旋开氦载气,将载气调节到所需流速,打开电源,让仪器稳定 2 h.在进行操作前或根据需要,按规定调节衰减开关(灵敏度标度),如果记录的峰太小,减少衰减,以增加灵敏度;如果记录的峰太大(如峰超出记录纸),减少注射的样品量,或增加衰减,以降低其灵敏度.吸入 0.3～0.5 μL 的标准液到 0.0～10.0 μL的注射器中,确保无空气留在注射器中,握住注射器的柱塞,轻轻地将注射器的针穿过橡皮薄膜插入进样口,徐徐地推注射器的针(不是柱塞)直至尽可能的深度,立即推注射器柱塞,使样品注入色谱柱上,在记录纸上做上记号.汽化后的样品被载气带入色谱柱进行分离,分离后的单组分依次先后进入检测器.检测器的作用是将分离的每个组分按其浓度大小定量地转换成电信号,经放大后,在记录仪上记录下来.记录的色谱图纵坐标表示信号大小,横坐标表示时间. 在相同的分析条件下,每一个组分从进样到出峰的时间都保持不变. 因此可以进行定性分析. 样品中每一组分的含量与峰的面积成正比,因此根据峰的面积大小可以进行定量测定.

(3) 气相色谱的分析

图 2-32 表示三组分溶液的气相色谱,从进样点到每一组分峰的距离已标明,它表示在柱上的滞留时间. 滞留时间取决于各个组分的沸点和极性.

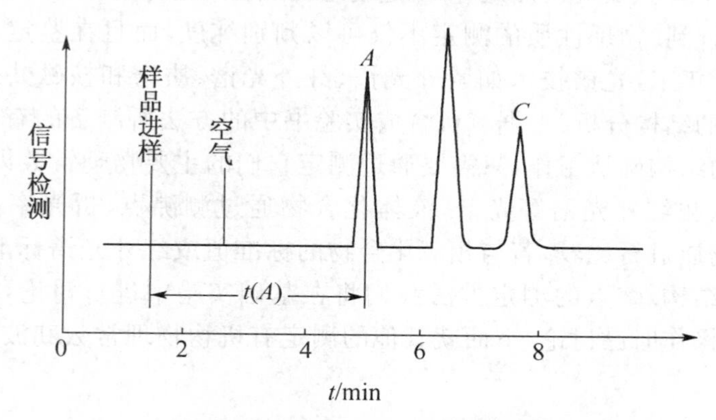

图 2-32 三组分混合物的气相色谱

当每一组分从柱中洗脱出来时,在色谱图上出现一个峰,当空气随试样被注射进去后,由于空气挥发性很高,它和载气一样,最先通过色谱柱,故第一峰是空气峰. 从试样注入一个信号峰的最大值时所经过的时间叫做某一组分的保留时间,在色谱条件相同的情况下,一个化合物的保留时间是一个常数. 无论这个化合物是以纯的组分或以混合物进样,这个值不变. 为了比较保留时间,测量时必须使用同一根色谱柱,进样系统以及柱系统保持相同的温度,并且载气和流速等条件也完全相同.

应用气相色谱可以进行定性和定量测定. 测量标样和待分析样品中进样点到各组分峰之间的距离(滞留时间). 比较滞留时间,从而确定在样品中哪些组分与标样中的化合物相符. 较灵敏的仪器能分辨沸点差别很小的化合物. 如果化合物具有较长的滞留时间,那么峰也较宽,因为不可能将此化合物全部同时释出. 同样,峰的拖尾是由于化合物难以从色谱柱上释放出而造成的. 如有标样时,可以用记录到的从进样点到峰的距离,去识别待分析样品中相同的化合物.

另外,从峰的面积有可能确定样品的近似百分组成. 为了获得每个峰的近似面积,测量每一个峰的高度,并将它与峰高的二分之一处的峰宽($W_{\frac{1}{2}}$)相乘. 图 2-33 表明了这样的步骤. 每个峰的面积除以所有峰的总面积,由此得到的值即为该组分近似的体积百分含量.

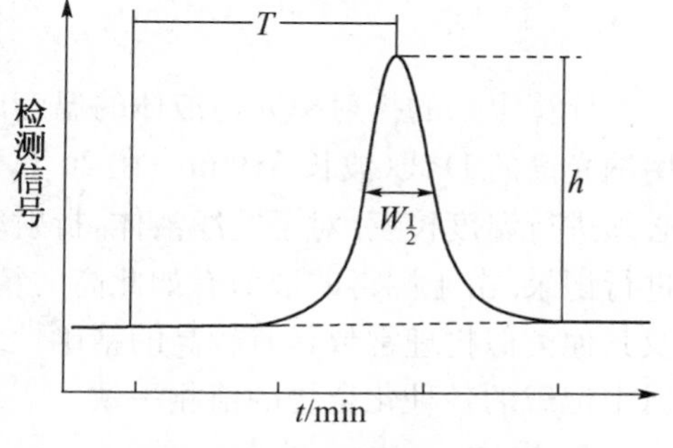

图 2-33 峰面积计算图

相对峰面积的测量,也可以采用把峰所包含的纸剪下来,在分析天平上称其质量. 好的定量记录纸每单位面积的质量相同,被剪下峰的质量正比于峰的相对面积. 这个方法准确度高,特别适用于不对称峰面积的测量.

第三节 有机物结构确认和表征操作的指导

通过有机制备反应和分离、提纯得到了纯净的有机化合物，其纯度是否达到要求，在有机化学实验中，可用测定化合物物理性质的办法来确定.其中用得最多的是熔点、沸点、密度、折光率及手性物质的旋光度测定等.上述物理性质在一定条件下是个常数.这些常数可以在化学手册上查到.物理性质的测定不仅可以判别纯度，而且在鉴定未知有机物方面具有重要意义.近年来，光谱技术如紫外光谱、红外光谱、质谱和核磁共振谱等已广泛应用于有机化合物的结构分析.根据有机合成实验书中的方法所制备的有机化合物的结构是已知的，它们的结构确认工作，只需要通过测定它们的主要物理常数即可认定.固体化合物通过测熔点、测红外光谱等光谱，液体化合物通过测沸点、折光率与红外光谱等光谱，然后与标准物质进行比较，若与相应化合物的标准值或红外光谱标准图谱相一致，即可判定有机物的结构.熔点的测定方法我们将在基础实验中进行讨论，沸点的测定在前面介绍常压蒸馏操作时已讨论.下面就其他的测定有机物物理常数和波谱分析有关方法介绍如下.

一、折射率的测定

折射率是物质的特性常数.固体、液体、气体都有折射率.对于液体有机化合物，折射率是重要的物理常数之一，是有机化合物纯度的标志之一，也用于鉴定未知有机物.某一物质的折射率随入射光线波长、测定温度、被测物质的结构、压力等因素而变化.

1. 原理

光线在空气中的速度是 2.998×10^{8} m/s，但是在密度较大的透明液体中则比较小.当光线从空气进入稠密的介质时，传播速度减小，这就造成了光线在它的入射点（即光线与液体界面相交的一点）向垂线偏折.光线在空气中的速度（$V_{空}$）与它在液体中的速度（$V_{液}$）之比定义为该液体的折射率 n.实验证明，光线在空气中的速度与在液体中的速度之比等于入射角的正弦（$\sin\theta$）与折射角的正弦（$\sin\varphi$）之比.因此，我们可以通过公式来计算液体的折射率 n：

$$n=\frac{\sin\theta}{\sin\varphi}.$$

计算出来的折射率 n 与液体的温度以及使用的光的波长有关.在标准情况下，折射率是用钠光谱的 D 线（波长 589 nm）在 20 ℃下测得，计为 n_D^{20}，如果不是在 20 ℃下进行测量，就必须进行温度校正.对于纯净液体，折射率测定可精确到万分之一，通常应用四位有效数字进行记录.由于测得的数值有如此高的精确度，作为纯净液体的鉴定方法，它比熔点、沸点以及其他类似物理常数具有较高的精确性.实际上，很难得到足够纯的液体使测得的数值与手册中记载的各种化合物的值相一致.

2. 操作

用来测定折射率的最普通的折射仪是阿贝折射仪，图 2-34 是折射仪的简图，右图是相应部位的内部构造示意图.

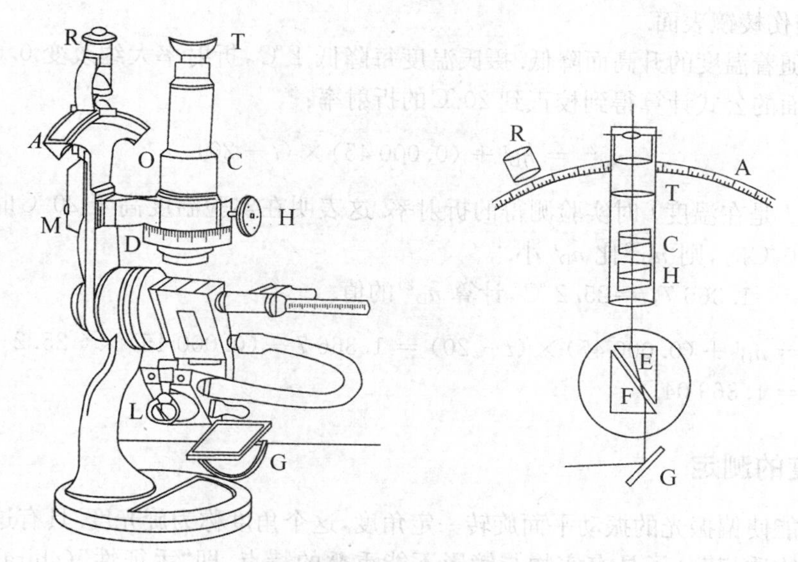

图 2-34　阿贝折射仪的简图

Bausch 和 Lomb 阿贝折射仪是用白光照射，通过光学补偿得到相当于钠光谱的 D 线时的折射率. 样品和棱镜用水冷却，测量时，只需要 2～3 滴液体.

下面介绍采用阿贝折射仪进行折射率测定的操作.

关上绞合棱镜 F，如果仪器不是在室温下操作，可通水冷却仪器. 将灯转到适当位置，开灯. 调节目镜 C，直到透镜 E 上的十字丝处在焦平面上. 用滴管将几滴样品通过棱镜边上的槽引入.（注：如果液体样品太粘，可打开绞合棱镜 F，直接将液体放在棱镜 E 的表面上，然后再把绞合棱镜重新合拢.）在操作中，玻璃滴管不能接触棱镜的表面，否则棱镜的表面会划出伤痕而被损坏. 观察目镜 C，旋转折射率调节控制旋钮 H，直到能观察到一狭缝的光像. 如果光带太暗不易观察，或看上去像彩虹，或是有漫散色带，那就必须进行调节.

首先将灯上下移动，使得到明亮而较少的色彩的光场，然后转动色散调节盘 H 和 C，直到目镜 C 中出现一清晰的较少的色彩的狭缝条为止. 继续转动折射率调节旋钮 H，使被观察到的把两个光半圆分开的这一清晰狭线条处在横切十字丝的地方，如图 2-35 所示.

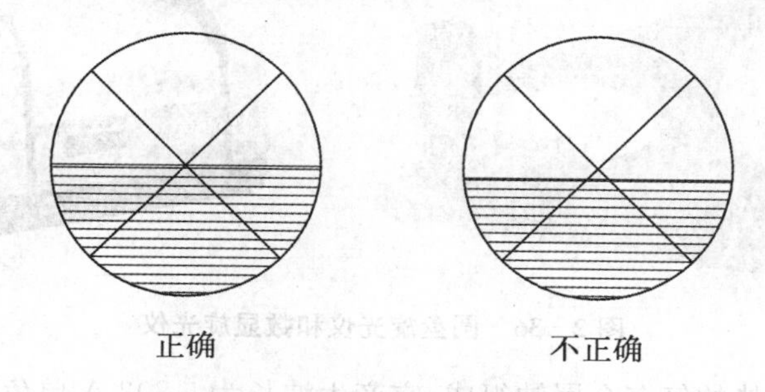

图 2-35　折射仪的调节

把折射率刻度盘开关拨到“ON”的位置，通过目镜观察折射率刻度盘 D，计下读数. 打开绞合棱镜 F，用清洁的柔软棉花或擦镜布或擦镜纸将棱镜表面的样品揩去. 然后，用丙酮或石油醚湿润的擦镜布或擦镜纸将棱镜表面再揩一下. 不能用不是擦镜纸的擦手纸或纸制品擦洗，这会损伤棱镜表面.

折射率随着温度的升高而降低. 摄氏温度每降低 1 ℃，折射率大约改变 0.000 45. 我们能够通过下面的公式计算得到校正到 20 ℃的折射率：

$$n_D{}^{20} = n_D{}^t + (0.000\,45) \times (t - 20).$$

式中：$n_D{}^t$ 是在温度 t 时实验测得的折射率. 这表明在实验温度高于 20 ℃时，$n_D{}^{20}$ 比 $n_D{}^t$ 大；而低于 20 ℃时，则 $n_D{}^{20}$ 比 $n_D{}^t$ 小.

举例：$n_D{}^t = 1.366\,7$，$t = 25.2$ ℃，计算 $n_D{}^{20}$ 的值.

$$n_D{}^{20} = n_D{}^t + (0.000\,45) \times (t - 20) = 1.366\,7 + (0.000\,45) \times (25.2 - 20) = 1.369\,04.$$

二、旋光度的测定

有机物能使偏振光的振动平面旋转一定角度，这个角度称为旋光度. 具有这种性质的物质叫光活性物质，其分子具有实物与镜影不能重叠的特点，即“手征性”(chirality). 生物体内大部分有机分子都是光活性的.

1. 原理

普通光光波振动面可以是无数垂直于光前进方向的平面. 当光通过一个特制的尼可尔棱镜时，其光振动的平面就只有一个和镜轴平行的平面，这种仅在某一平面上振动的光叫偏振光. 光活性物质能使偏振光的振动平面旋转一定角度. 使偏振光振动平面向右旋转(顺时针方向)叫右旋，向左旋转(反时针方向)叫左旋. 测定物质旋光度的仪器是旋光仪. 在旋光仪中，起偏镜是一个固定不动的尼可尔棱镜，它使光源发出的光变成偏振光. 检偏镜是能转动的尼可尔棱镜，用来测定物质偏振光振动面的旋转角度和方向，其数值可由刻度盘上读出或直接以数字显示.

图 2-36 为圆盘旋光仪和数显旋光仪. 我们以圆盘旋光仪为例来阐述旋光仪的结构. 图 2-37 扼要地绘制了旋光仪的四个主要部件.

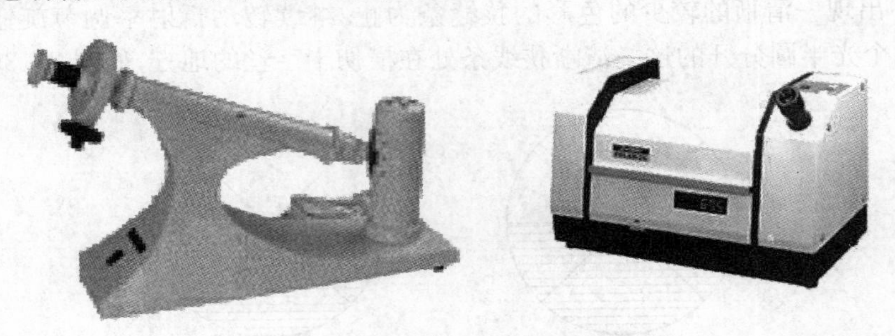

图 2-36 圆盘旋光仪和数显旋光仪

(1) 光源是由炽热的气态金属钠组成，它产生波长为 5 893 A 单色光(钠 D 线).

(2) 尼可尔棱镜是由光学透明的粘结剂粘合在一起的两块光学透明的方解石晶体棱镜组成，由它产生所需要的偏振光.

(3) 装有样品的玻璃管. 当来自尼可尔棱镜的偏振光的平面与样品分子的光学活性中心作用时，偏振光的平面就要旋转.

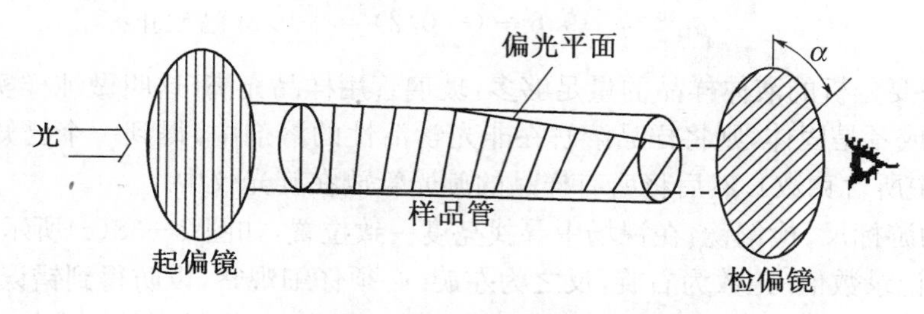

图 2-37　旋光仪的组成

(4) 第二个可旋转的尼可尔棱镜上附有一个游标尺，可以测量旋转的角度，通常是三位有效数字.

物质旋光度的大小随测定时所用溶液的浓度、旋光管的长度、温度、光波的波长以及溶剂的性质等而改变. 在一定条件下，各种旋光活性物质的旋光度为一常数，通常用比旋光度$[\alpha]_\lambda^t$ 表示：

$$[\alpha]_\lambda^t = \frac{\alpha}{c \times l}.$$

溶液的比旋光度取决于旋光管长度 l、溶液浓度 c(每毫升溶液中含有该化合物的克数)和观察到的旋转角度 α 的度数. 这些参数都包括在比旋光度$[\alpha]_\lambda{}^t$ 的测定中. $[\alpha]_D{}^{20}$ 是用钠光 D 在 20 ℃时测得的比旋光度. 如果比旋光度$[\alpha]_D{}^{20}$ 是负值，那么此化合物使光逆时针方向旋转，即是一个左旋体系；正的旋光度表明该化合物使光顺时针方向旋转，即是一个右旋体系. 如果被分析的样品是液体，则将比旋光度公式中的溶液浓度 c 变成液体密度 d 即可.

2. 比旋光度的测定

用钠光灯的旋光仪测比旋光度的步骤如下：

(1) 在使用前 10 min，打开旋光仪的开关使钠灯加热.

(2) 如果被分析的样品是纯液体，将空管放在旋光仪中. 如果样品是溶解在溶剂中进行测定，那么在空管中需充满该溶剂，然后将它放在旋光仪中进行调零.

(3) 你将看到一个分裂的视场，如图 2-38(a)和 2-38(b)所示. 转动游标尺直到看到光场看上去像中间的一个，它没有易觉察的边界，而且强度均匀，通常稍暗，如图 2-38(c)所示. 这一位置作为零度，使游标尺上的 0 °对准刻度盘上的 0 °.

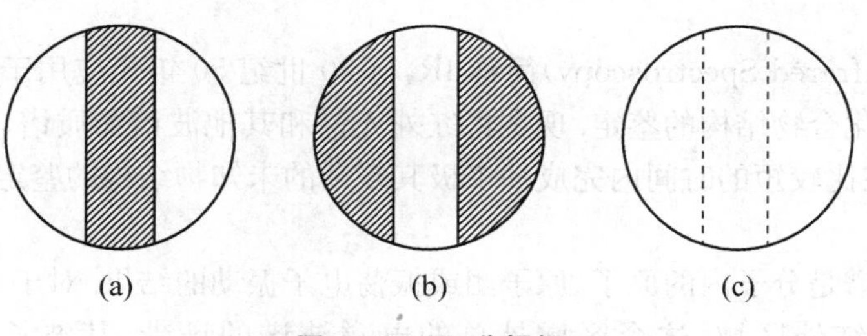

图 2-38　三分视场

如果零点位置不是指在游标尺的 0 °上，那么随后所有的测定都必须校正. 例如，如果零点位置实际是－0.20 °，那么必须从光学活性物质所测出来的实际读数减去这个数值.

举例：　　　　$\alpha_D{}^{20}$ ＝＋9.6(未校正)

$$\alpha_D^{20} = +9.6 - (-0.2) = +9.8 (已校正)$$

(4) 如果要分析的液体样品的量足够多，玻璃管用样品充满（这叫做纯样实验）；假如样品的量不够，或者是固体，则将样品溶解在非光学活性的溶剂中，得到一个已知浓度的溶液（每 100 mL 中所含克数）. 然后将盛有样品的旋光管放在旋光仪中.

(5) 转动游标尺、检偏镜，在视场中寻找亮度一致位置，如图 2-38(c)所示，从刻读度盘上进行读数，记录数值. 正数为右旋，反之为左旋. 必须仔细观察，以防得到错误的旋光度. 如果裂分的图像是明亮而不是较暗，而且具有很大的旋光度，可能得到的旋光值是错误的.

(6) 将记录的数值用步骤(3)中的校正项进行校正. 然后计算比旋光度. 例：假定溶液的浓度为 7.9 g/100 mL，在 20.0 cm 长的管子中经校正的旋光度值为 +9.8°，则比旋光度为：$[\alpha]_D^{20} = 9.8 \times 100 \div (2.0 \times 7.9) = +62°$.

3. 光学纯度计算

通常旋光度的测量是对纯物质进行的，但是在分离和生成光学活性的化合物时，人们常常得到或合成需要化合物的对映体. 例如，人们能够得到(+)-香芹酮（来自薄荷油）和(−)-香芹酮（来自页高子）的混合物. (−)-香芹酮的$[\alpha]_D^{20}$的精确值是 −62°. 假如你测得的值是 −55°，则其中可能混有一些(+)-香芹酮. 这将导致产物的$[\alpha]_D^{20}$数值偏低. 那么在样品中每种组分的比例各是多少呢? 样品的比旋光度与纯(−)-香芹酮的比旋光之比是 −55°/−62° = 0.89，如果样品是纯净的，则 −62°/−62° = 1.00. 我们知道两个对映异构体所占百分比的总和是 1.0，假如样品是外消旋体，百分比的总和是等于 1.0，观察到的比旋光度$[\alpha]_D^{20}$的数值等于零. 因此，可以这样说，观察到的 α 值取决于每个对映体的百分比贡献，这里 X 是比旋光度为$[\alpha_X]$的对映体的百分比. 则：$62X - 62(1-X) = 55$，计算得 X 为 0.94，$1-X$ 为 0.06，因此，在制得的混合物中，(−)-香芹酮的含量为 94%，(+)-香芹酮的含量为 6%. 在实际应用中，人们往往用光学纯度来表示光学活性物质的性质，样品光学纯度可用下式求得：

$$p = \frac{[\alpha]_D^t \text{ 观测值}}{[\alpha]_D^t \text{ 理论值}} \times 100\%.$$

即光学纯度定义是：手性产物的比旋光度除以该纯净物的比旋光度.

三、红外光谱

红外光谱(Infrared Spectroscopy)简称 IR，自 20 世纪 50 年代应用于有机分析以来，大大地推进了有机化合物结构的鉴定. 现在将红外光谱和其他波谱如质谱、核磁共振、紫外结合在一起，可以在比较短的时间内完成一个极其复杂的未知物结构的鉴定.

1. 原理

红外吸收光谱是分子内的原子、原子团或振荡电子振动的结果. 对于大多数有机分子吸收能量的区域是红外区域. 这个区域是总的电磁波谱的谱带，其波长的变化范围约在 2～15 μm(5 000～667 cm^{-1}). 当用波长为 2.5～50 μm(波数 4 000～200 cm^{-1})之间的每一种单色红外光扫描照射某种物质时，物质会对不同波长的光产生特有的吸收，这样随着红外单色光波长的连续变化而对光的吸收也不断变化，两者之间的曲线就叫该物质的红外吸收光谱. 图 2-39 是苯甲酸的红外光谱.

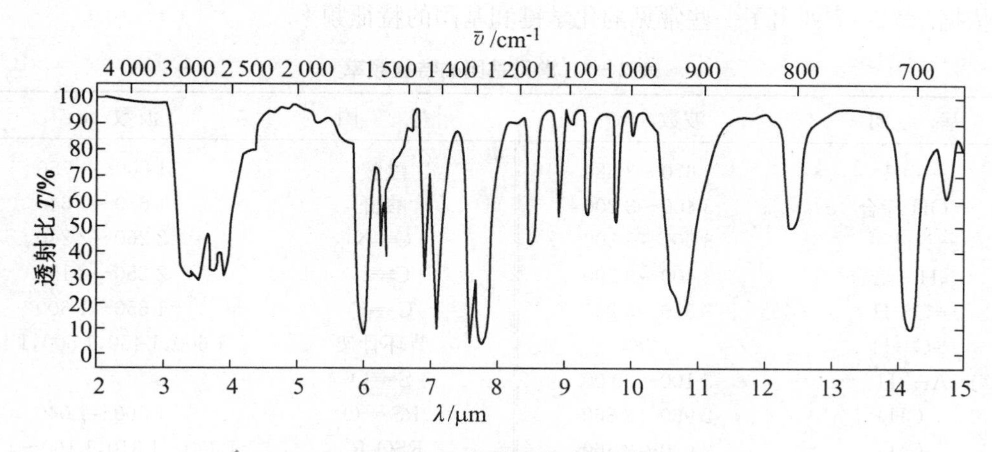

图 2－39　苯甲酸的红外光谱

红外光谱图中横坐标表示波长 λ(单位是微米，μm)或波数(单位是 cm^{-1})，两者为倒数关系，波数(cm^{-1})＝1/波长(μm)×10^{-4}. 纵坐标表示透射比 T，它是透射光强度 I 与入射光强度 I_0 之比. 纵坐标还可以用吸光度做单位.

红外光谱是由分子振动产生的，所以也称为振动光谱. 分子振动主要有两种形式：伸缩振动和变形振动.

(1) 伸缩振动

沿键轴伸展和收缩，振动时键长发生变化，但键角不变. 伸缩振动又可分为对称伸缩振动(以 υ_s 表示)和不对称伸缩振动(以 υ_{as} 表示)，如图 2－40 所示. 一般不对称伸缩振动频率比对称伸缩振动频率高.

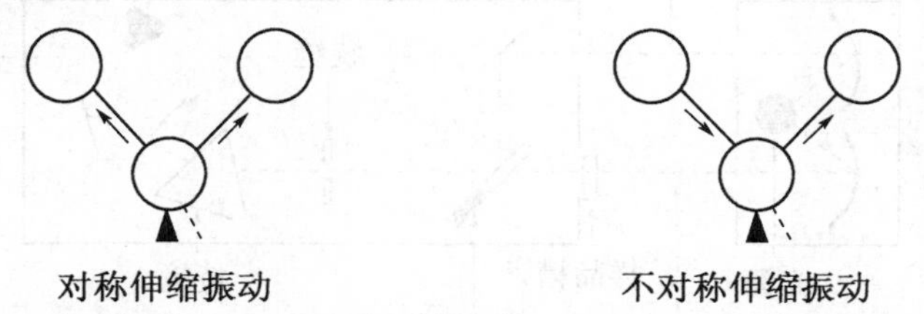

图 2－40　伸缩振动

(2) 变形振动

振动时键长不变，但键角发生变化. 变形振动常可分为剪式振动(以 δ 表示)、平面摇摆振动(以 ρ 表示)、非平面摇摆振动(以 ω 表示)及卷曲振动(以 τ 表示)，如图 2－41 所示.

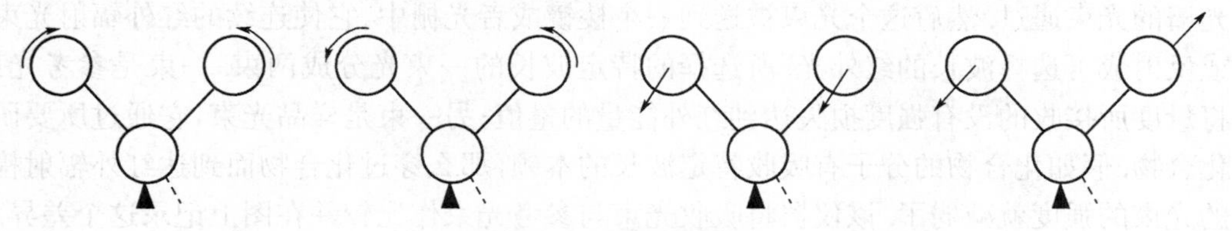

图 2－41　变形振动

每一种振动都有一个特征频率，叫基频，有几种振动方式，就有几个吸收谱带. 同一种化学键或基团，在不同化合物中吸收谱带的位置大致相同. 化学键和基团的特征频率是定性分析的依据. 表 2-7 列出了一些常见的化学键和基团的特征频率.

表 2-7 常见基团的特征频率

基　团	波数/cm^{-1}	基　团	波数/cm^{-1}
—OH	3 670～3 580	酰胺	1 800～1 750
—OH 缔合	3 400～3 200	酸酐	1 680～1 640
—NH—	3 500～3 300	C≡N	2 260～2 240
—NH—缔合	3 400～3 200	C≡C	2 250～2 150
≡C—H	3 310～3 200	C═C	1 650～1 600
═C—H	3 080	节环骨架	1 600,1 450,1 500,1 450
Ar—H	3 100～30 00	S═O	
$—CH_3$	2 960～2 860	RS═O	1 060～1 040
$—CH_2$	2 930～2 860	RSO_2R^1	1 350～1 310,1 160～1 120
—C═O		$—NO_2$	
醛(酮)	1 725～1 705	脂肪族 C—NO_2	1 550,1 370
酯	1 760～1 720	芳香族 C—NO_2	1 525,1 345

2. 操作

为了检测图 2-40 和图 2-41 中所示的所有振动,我们必须应用红外光谱仪. 这种仪器能测出大多数有机分子的光学吸收谱图,这为大多数有机分子提供了简洁、精确和毫无疑问的鉴定. 我们将用图 2-42 所示的双臂红外光谱仪来说明红外光谱仪的操作.

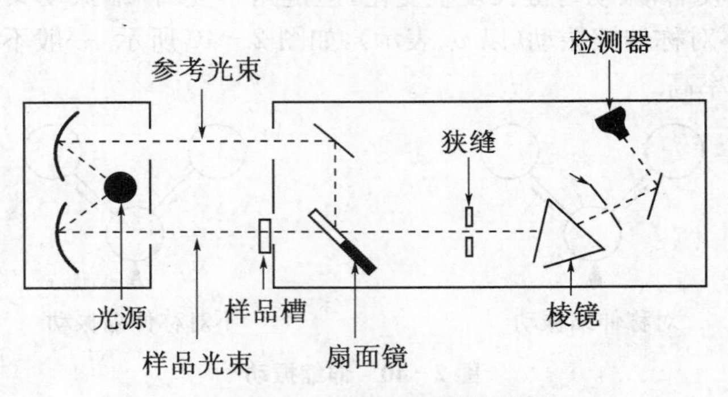

图 2-42 双臂红外光谱仪

红外辐射源是碳化硅制成的棒,称为 Globar. 通电流而使它温和加热,直至它辐射出具有波长在 2～15 μm 范围内的连续的红外辐射光谱. 这个光谱通过衰减器,后者使适当的红外光谱的光束通过. 然后这个光束被送到一个棱镜或者光栅中,它使连续的红外辐射光束折射或反射成可选择波长的红外光. 所选择的特定波长的一束光分成两束. 一束是参考光束,它将量度所接收的没有强度损失达到红外能量的量值;另一束是样品光束,它通过所要研究的化合物. 假如化合物的分子有吸收特定波长的本领,那么穿过化合物而到达红外辐射检测器的光束的强度就减弱了. 该仪器将吸收光束与参考光束作比较并在图上记录这个差异.

分光光度计常常是使样品在一定精确的时间内自动地、连续地暴露在不同的红外波长下,它记录了由该化合物产生的整个吸收光谱,常称为 IR 光谱.

对不同的键,光的吸收按波长(以微米为单位,μm)或者按波数(以厘米的倒数为单位,

cm^{-1})记录. 每一个吸收强度以强(s)、中等(m)或弱(w)表示.

3. 红外光谱解析

红外图谱分为两个区. 4 000～1 400 cm^{-1}称为光谱的特征区,分子中的官能团在这个区域内有特定的吸收峰,因此这个区称为官能团区;低于 1 400 cm^{-1}的区域称为指纹区,在这个区域常常有许多吸收峰,多是化学键的弯曲振动和部分单键的伸缩振动. 一般解析红外光谱,主要解析官能团区的特征吸收峰,指纹区的峰只是用来与标准谱图相比较. 应该说红外光谱图仅仅给出了存在于分子中的官能团,但并不涉及这些官能团的连接次序,在完全没有资料的情况下,须结合其他波谱数据和实验方法才可确定其结构. 红外图谱除了给出官能团振动的吸收频率的数据外,还给出了吸收峰的形状和强度. 峰形状有宽有锐,吸收强度可分为强(s)、中强(m)和弱(w),处在最低百分透过率的峰称为强峰. 我们通过下面苯乙酮等四张红外谱图来了解红外光谱的解析规律.

在苯乙酮的红外光谱图中,芳香环(图 2－43)具有两个吸收峰:一个在 1 600 cm^{-1},另一个在 1 580 cm^{-1}. 这两个峰由芳香环中碳-氢键的红外吸收所引起,它们是芳香族化合物的特征峰. 1 680 cm^{-1}的吸收峰为苯乙酮分子中羰基的吸收峰. 1 700 cm^{-1}左右的吸收峰是分子中具有羰基的标志.

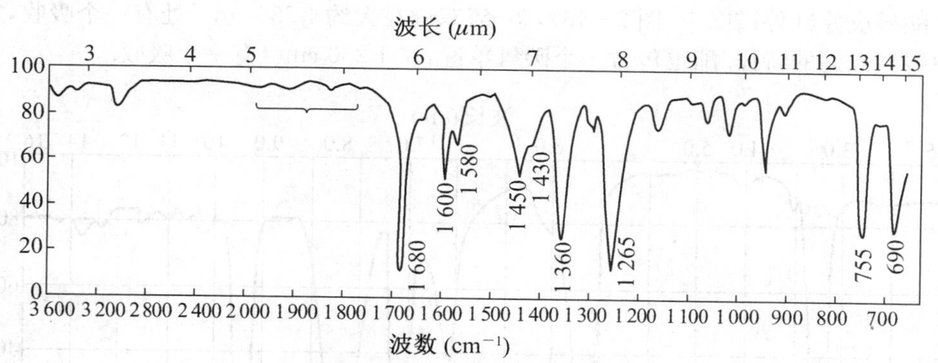

图 2－43　苯乙酮的红外光谱图

正丁醇(图 2－44)在 3 100～3 500 cm^{-1}有一个强的宽峰,这是醇中羟基基团的吸收特

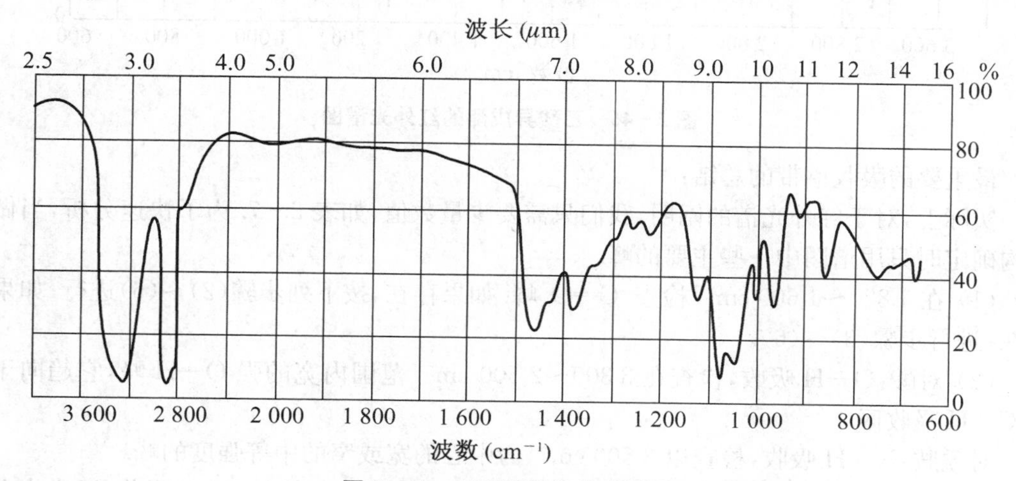

图 2－44　正丁醇的红外光谱图

征. 异戊胺(图 2－45)在 3 550～3 060 cm^{-1}有两个宽的中等强度的峰,但两峰的峰强不一致,这是氨基基团的吸收特征.

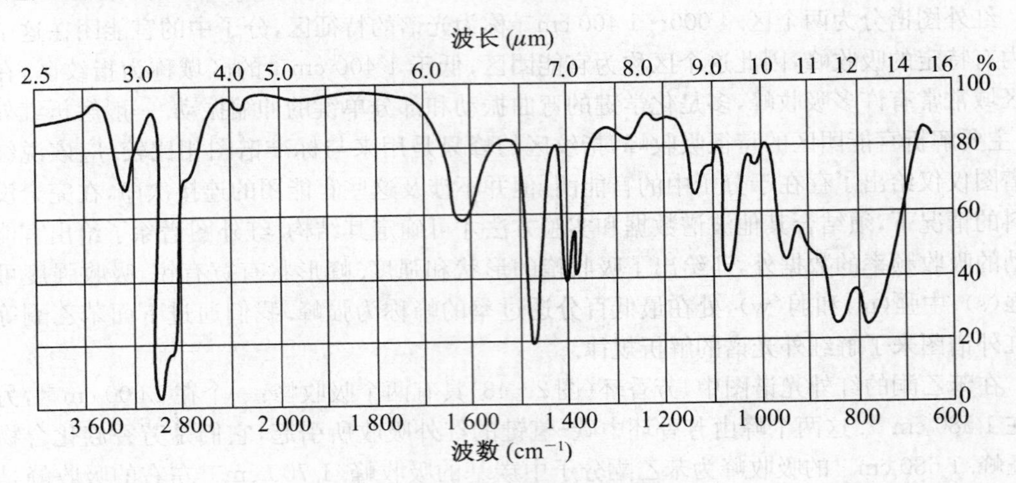

图 2－45　异戊胺的红外光谱图

乙酸异戊酯红外谱图中(图 2－46),碳-氧双键在大约 1 750 cm^{-1}处有一个吸收,它是所有酯中碳氧双键的特征. 酯也包含一个碳氧单键,在 1 250 cm^{-1}有一个吸收.

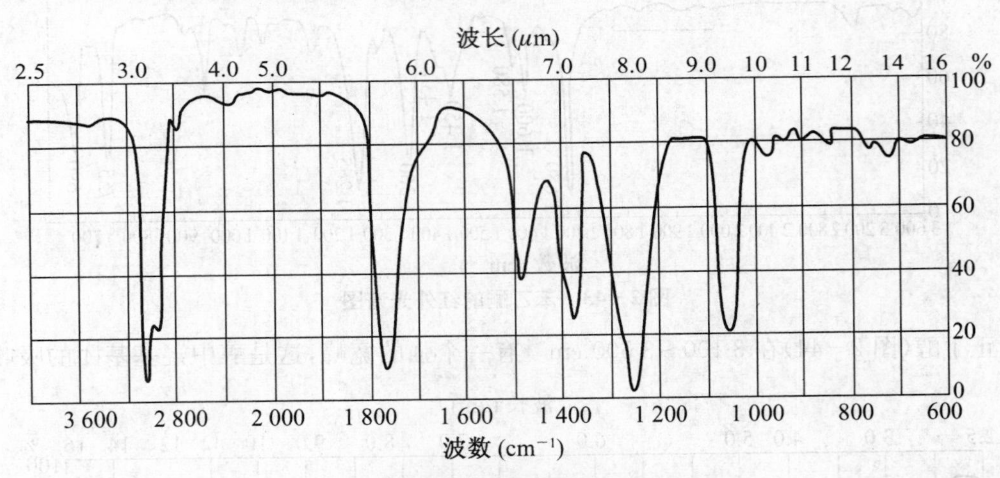

图 2－46　乙酸异戊酯的红外光谱图

最重要的吸收谱带的总结:

实际上,对于红外光谱的阐明,我们只需要少量数值,如表 2－7. 为了快速分析,当做出结构确定时只用谱图中一些主要的峰.

(1) 在 1 820～1 600 cm^{-1}检查 C═O 峰. 如果存在,按下列步骤(2)～(6)进行;如果不存在,进行步骤(3)～(6).

(2) 对酸:O—H 吸收,检查在 3 300～2 500 cm^{-1}范围内宽的强 O—H 峰,它趋向于覆盖 C—H 吸收区.

对酰胺:N—H 吸收,检查以 3 500 cm^{-1}为中心的宽或窄的中等强度的峰.

对酯:不存在 O—H 吸收,但在 1 300～1 000 cm^{-1}区域内存在 C—O 吸收. 通常由两个峰组成,一个对称的和一个不对称的伸缩振动.

对醛:不存在 O—H 吸收,但是约在 2 850 cm^{-1}和 2 750 cm^{-1}为中心处有两个中到弱的 C—H 吸收. 2 750 cm^{-1}的峰是主要的特征峰,2 850 cm^{-1}的峰常常是模糊的.

对酸酐(稀少的):约在 1 810 cm^{-1}和 1 760 cm^{-1}为中心处有两个 C═O 峰. 不能与 β-酮酸混淆.

对酮:没有其他可能性.

(3) 检查其他类别的化合物

对酚和醇:在 3 550～3 200 cm^{-1}区域内检查宽的强 O—H 峰.

对胺:在 3 550～3 060 cm^{-1}区域内检查有一个或两个中等的可能是宽的 N—H 峰.

对酰基醚:没有 O—H 峰,在 1 150～1 085 cm^{-1}区域内检查有一个 C—O 峰.

对芳基酰基醚:没有 O—H 峰,在 1 275～1 020 cm^{-1}区域内检查有一个 C—O 峰和在 1 075～1 020 cm^{-1}区域内有一个 C—O 峰.

(4) 检查 C═C(烯烃)　在约 1 650 cm^{-1}为中心处一个弱到中等的吸收表示 C═C. 在 3 000 cm^{-1}左右的弱的乙烯基 C—H 键的吸收支持了此分析.

(5) 检查芳环　在约 1 600 cm^{-1}为中心处有一个中等到强的吸收和在 1 450 cm^{-1}有一个峰或者两个峰,其一在 1 500 cm^{-1},另一在 1 450 cm^{-1},这些是环中碳碳键所产生的. 由在 3 000 cm^{-1}左右的中等到弱的芳香环中 C—H 的吸收支持了这一分析.

(6) 检查 C≡C　C≡C 约在 2 150 cm^{-1}为中心处给出一个弱而尖的峰.

(7) 检查 C≡N　C≡N 约在 2 250 cm^{-1}为中心处给出一个中等(但是尖)的吸收峰.

假如上面没有一个是确定的,则用表 2-7 或用含有的信息作更详尽的分析.

4. 红外光谱用样品的制备

(1) 液体样品的制备:纯样(用盐片)

获得液体光谱的最简单的方法是将一滴液体放在两块盐片间以形成薄膜,然后将这装置用夹子夹在支架上并插入红外光谱仪. 这种方法称为扫描纯样,意思是“不存在溶剂”. 采用盐片是因为他们对红外辐射是透明的. 高挥发性液体在溶剂池中扫描纯样. 盐片的制备步骤如下:

① 从干燥器中取出保存在其中的盐片,用二氯甲烷清洗它们的表面. 若液体是高挥发性的,须放入纯液体的溶剂池;

② 放一滴液体在一块盐片上,用第二块盐片覆盖. 不能将水或其他能溶解盐的液体如乙醇等放在盐片上,液体样品不含水也是很重要的;

③ 将一对盐片放入支架内,不要将面板向下拧得太紧,否则在两块盐片间的液膜太薄以至不能给出好的谱图;

④ 按前面描述的步骤测谱图,记录谱图,并正确地标记,包括化合物的名称和结构,说明是以纯样扫描的;

⑤ 从支架上取去盐片. 用二氯甲烷、四氯化碳或者氯仿清洗. 将他们干燥并放回到储存的干燥器中.

(2) 溶解在溶剂中的固体样品制备

固体样品可溶解在液体中(通常是二氯甲烷、四氯化碳或者氯仿),放置在中间具有间隙的两个盐片所组成的溶液池中,并安装在金属架上. 只盛有用做溶解样品的溶剂的第二个池子和放有样品的池子一起放入红外光谱仪中.只盛有溶剂的池子也放入红外光谱仪中以抵消溶解样品的溶剂的主要吸收效应.制备步骤如下：

① 将样品溶解在例如二氯甲烷、四氯化碳或者氯仿的溶剂中，溶液需包含足够的样品以使溶液中样品对溶剂的比例为5%～10%(W/V)；

② 在池孔中取出插头，将样品溶液吸入池中，当池中灌注溶液后，将插头插入池孔；

③ 将用来溶解样品的溶剂注入第二个池子；

④ 将两个池放入红外光谱仪中固有的位置；

⑤记录谱图并正确地标记，包括化合物的名称和结构，以及用来溶解样品的溶剂系统的类型；

⑥ 从分光光度计中取出池子，用过量的二氯甲烷或者氯仿冲洗出样品.用干燥的压缩空气吹出清洁的溶剂.将池子放回到保存它们的干燥器中.

(3) 固体样品的制备：KBr压片

一个研细的无水固体可与无水溴化钾(KBr)混合并压成片.将压好的片子放在特殊的支架上以供记录化合物在KBr片中的谱图.水必须全部从固体样品和溴化钾中除去，否则谱图将包含大量代表O—H伸展的吸收.特定的压片机可用来制取KBr片.具体步骤如下：

① 将其中一个螺母旋入KBr片模具，直至只留下两转；

② 用研钵和碾锥将约100 mg无水KBr碾成极细的粉末，粉末须特别的干燥和碾得很细；

③ 加入约3～5 mg的固体样品于盛有100 mg KBr的研钵中，研磨至它完全与KBr混合；

④ 在KBr片模具的开口端放入足够量的KBr与混合物的样品，并在桌上轻敲，使在模具中形成1.00 mm厚的均匀层.注意：不要在模具中放太多粉末，过多的粉末会使片子太厚以至不能用；

⑤ 在KBr压片模具的开口端放上第二个螺母，并用手旋紧；

⑥ 将模具的另一端放在桌子底座中并用一旋转扳手旋另一端直至达到力的扭矩值为20.要慢慢地旋，旋紧螺母超过20可能会毁坏模具；

⑦ 在扭矩值20下保持模具1～2 min，然后取下一端的螺母；

⑧ KBr压成的片子留在模具中，将模具直接放在特殊的支架上并放入红外光谱仪中；

⑨ 记录谱图并正确标记，包括化合物的名称和结构，并指明它是以KBr压片的；

⑩ 从模具中取出KBr压片，洗涤并干燥模具的各个部分.

(4) 固体样品的制备：石蜡油糊

若不能用KBr压片，研细的无水粉末可与石蜡油(高度精练的矿物油)混合形成糊.这个方法常常是最后的一种选择，因为它很难得到一种使光线通过该糊的稠度.此外，石蜡油在所有的C—H伸展区域以及在—CH_2吸收区域内都有吸收.这意味着阻碍了对谱图中这些区域的分析.具体步骤如下：

① 在玛瑙或玻璃研钵中研磨5 mg样品；

② 加入1～2滴矿物油，研磨至化合物分散在石蜡油中形成氧化镁乳样均匀的糊；

③ 将糊放在盐片上并用第二块盐片覆盖；

④ 将一对盐片放在支架中.注意：不要将面板向下拧得太紧，否则在两盐片间的液膜太

薄以致不能给出好的谱图；

⑤ 记录谱图. 正确的标记，指出样品的结构或名称，并指出是以石蜡油糊扫描的；

⑥ 从支架上取出盐片并擦干净，然后用二氯甲烷清洗、干燥，并放回到保存它们的干燥器中.

(5) 固体样品的制备：纯样(用盐片)

将几滴固体的浓溶液放在一个盐片上，挥发以留下一薄层覆盖于盐片表面的晶体. 如果在盐片上的晶体层是半透明的，则它可以使红外光通过，从而记录固体的红外光谱. 不透明的面或不是半透明的晶体层吸收或者反射所有的红外光，这样不利于显示吸收和红外光谱的记录. 这个技术适用于一些容易溶解在高挥发性溶剂(如二氯甲烷、醚或者戊烷)中的固体. 具体步骤如下：

① 从干燥器中取出保存的盐片，用二氯甲烷清洗它们的表面，并加以干燥；

② 将足够量的固体样品溶于 4～5 滴任一种高挥发性的溶剂如二氯甲烷、乙醚、戊烷、氯仿或四氯化碳中，以制成高度浓缩的溶液. 挥发性越高的溶剂越好，因为这样溶剂能从盐片上迅速挥发. 如果需要，缓慢挥发的溶剂也可用；

③ 放 4～5 滴步骤②的溶液于盐片上. 注意：为了使溶剂能部分挥发，溶液每次只放入一滴；

④ 待溶剂挥发后，用第二块盐片覆盖. 注意：只用一薄层半透明的固体以利于红外光谱的记录. 如果晶体层是不透明的，放 1～2 滴制备晶体的原始溶液(步骤②)所用的溶剂，使溶剂挥发；(注意：如果薄的半透明层不容易制得，清洗盐片并将样品溶于四氯化碳中，将样品的浓溶液放在盐片上并用第二块盐片覆盖，进行步骤⑤. 这个方法是最后凭借的方法，只能用四氯化碳作为溶剂.)

⑤ 将一对盐片放入支架；

⑥ 记录谱图. 正确标记，指出名称、结构并说明是以纯净固体描绘的；

⑦ 从支架上取出盐片，用二氯甲烷清洗，干燥后放回到贮存干燥器中.

四、核磁共振谱

1. 原理

核磁共振谱(Nuclear Magnetic Resonance Spectroscopy)，简称 NMR. 一个电子当它围绕原子核的轨道运动时，沿一根轴自旋. 我们知道，电子自旋只有两种可能的倾向即顺时针方向(+1/2 自旋)和反时针方向(−1/2 自旋). 原子核是由质子和中子组成，也可有一基本的自旋特性. 在氢核的情况下，质子可获得两种自旋：顺时针方向和反时针方向自旋. 这是核磁共振谱的基础.

假如把氢原子放在一个均匀的磁场中，质子的自旋将与磁场同向，以使它成为与外加磁场方向同向的最稳定的排列. 作为一个自旋的、带电荷的粒子，质子本身产生一个小磁场，它将使它的磁力按外加磁场相同的方向排列. 如果仪器提供精确波长的电磁辐射，则可以迫使自旋的质子呈现与外加磁场反方向的排列，导致自旋的氢核呈现新的、反方向的排列，这是唯一的另一种允许的排列.

图 2－47 指出了这个过程. 引起质子自旋的这种翻转所需的辐射频率，是随氢原子上的外加磁场的大小而改变的. 例如，如果我们用的磁场为 10 000 G，那么使氢核自旋翻转的频

率需要 42.557 MHz，即波长为 702 cm.

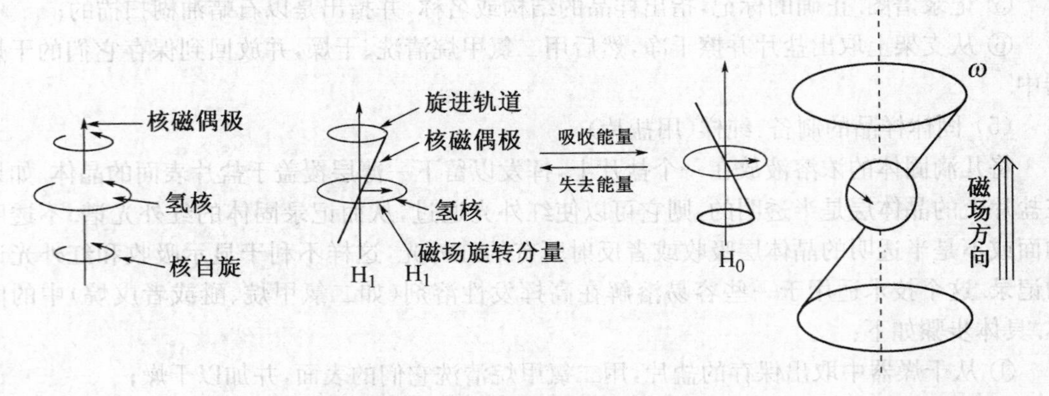

图 2－47　氢核的旋转性质

不是所有的核都有核自旋. 在一个核内，质子和中子倾向于反向自旋成对，正如电子在原子或化学键中所为，因此它们抵消了所有净的自旋. 只有核自旋数大于 1/2，它精确地接收波长（即频率）的无线电频率信号以引起核系统吸收辐射，从而改变磁性排列.

通常，有机化学家对氢核在磁场中的作为很少有兴趣，但是当涉及有机化学中氢原子键合在碳原子上并与氮、氧或其他原子结合时，这个过程就非常重要. 当这种情况发生时，譬如在乙醇分子中发生的这一情况，就得到一些使人惊奇和有用的称之为化学位移的结果.

假如单一氢原子放在固定强度的磁场中，由于进行核自旋翻转，它将只吸收一个精确的频率. 但是如果在乙醇分子中，当氢原子不是单独而是连接在碳原子或其他原子上而被置于磁场中，氢原子处在具有不同电子构型的、对氢原子产生稍微不同磁环境的其他原子附近，这个变化使氢核的吸收频率位移，位移直接决定于分子环境. 图 2－48 是用来测定 NMR 吸收的仪器示意图.

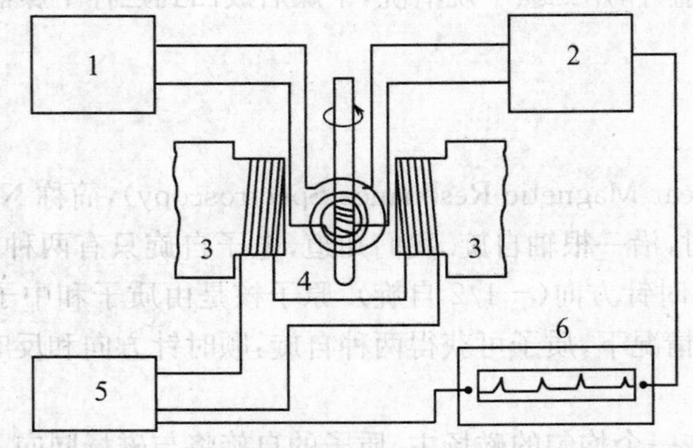

1—振荡器　2—接收器　3—电磁铁　4—样品管　5—扫描发生器　6—记录仪

图 2－48　核磁共振仪的示意图

样品放在一个特殊的管子中，该管被发射固定频率的无线电发射器线圈所环绕. 垂直于发射器的是连接到无线电检测器上的接受线圈. 磁场取决于预定的场强. 记录器把记录的发射信号传送到条纹图纸上. 如果样品（由于核磁共振）吸收任一反射信号，则接受线圈检测所减少的特殊频率的信号.

在做 NMR 谱的实际过程中，化学家应用标准的 NMR 图纸，其中横轴标记为 ppm（百万分之一）或用符号 δ 表示. 为了在 NMR 图上确立标准的参考点，化学家通常将少量的四甲基硅烷[$(CH_3)_4Si$，即 TMS]加到样品中，四甲基硅烷（TMS）的 δ 值指定为零，出现在 NMR 纸的最右边. 对于分子中每一个氢的 δ 值是将它在图上的位置与 TMS 的位置进行比较而测定的.

符号 δ 与频率无关，应用方便，因为分子中给定的氢在谱图中总是具有相同的化学位移，不管谱图是来自具有应用频率为 60 MHz、100 MHz 还是 250 MHz 的仪器. 表 2－8 列出了连接在各类官能团上的氢的典型化学位移范围. 图 2－49 为在低分辨 NMR 系统中分析乙醇的结果.

表 2－8　接在各类官能团上的氢的典型化学位移

氢的类型	化学位移(δ)	氢的类型	化学位移(δ)
RCH_2	0.9	ArH	6～8.5
RCH_2	1.3	ArCH	2.2～3
R_2CH	1.5	OCH(醚、醇)	3.3～4
CCH	2.3	OCHO	5.3
C═CH	4.6～5.9	OCH(酯)	3.7～4.1
$C═CH_2$	1.8	RO_2CCH	2～2.6
FCH	4～4.5	RCOCH	2～2.7
ClCH	3～4	RCOH	9～10
Cl_2CH	5.8	ROH	1～5.5
BrCH	2.5～4	ArOH	4～12
ICH	2～4	RCOOH	10.5～12
NO_2CH	4.2～4.6	RNH_2	1～5

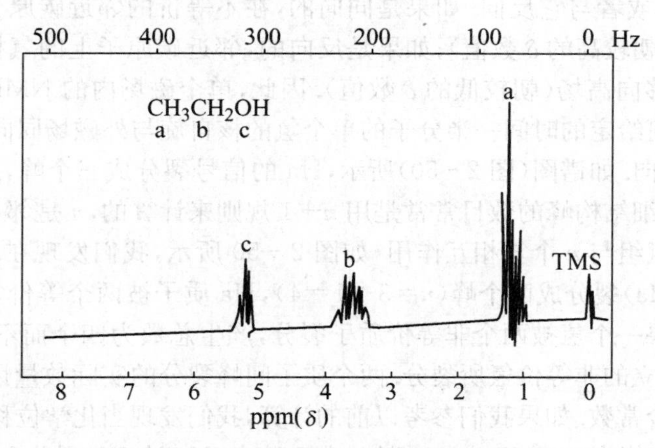

图 2－49　乙醇的核磁共振谱图

如果检查乙醇分子，我们看到对于乙醇分子中的氢，有三种不同的分子环境. C2 位代表一种含有三个相同氢的分子环境；C1 位代表第二种包含两个等价氢的分子环境；剩下的氢连接在氧原子上，显然它是第三种不同的分子环境. 因此我们看到在任何有机分子中能够实际确定氢的分子环境的是核磁共振谱. 图 2－50 指出氢环境的比例 3：2：1，曲线下面的面积与乙醇中三种类型氢的相对量能较好地符合.

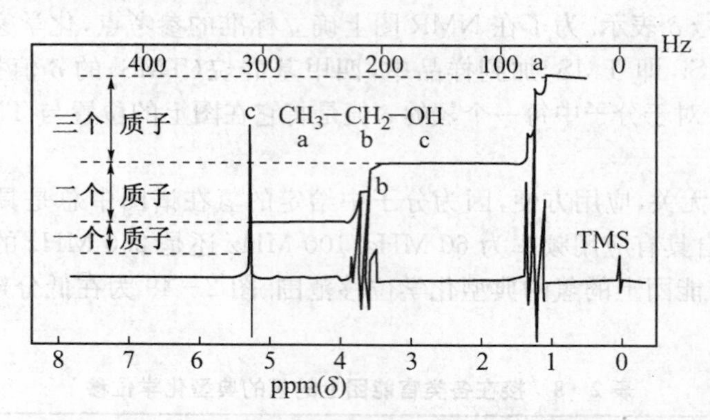

图 2-50　乙醇中曲线面积与三种氢的相对量

如果 NMR 谱仪具有高分辨率,我们还可看到由于乙醇分子中氢原子间的不同耦合作用而产生的精细结构的分子环境. 在高分辨 NMR 谱中,氢键键合到与另外碳键合的碳上或其他没有氢连接的原子上,只给出一个吸收信号,称为单重峰;然而,在乙醇中,C2 位的三个氢的吸收信号会形成三个峰,这是它们和 C1 上的氢间相互作用的结果. 同样 C1 上两个氢的信号形成四个峰,这归因于 C2 上三个氢的相互作用.

这些环境的影响称为信号裂分,导致了化学位移的精细结构. 分析信号的裂分,常常使我们能够确定分子中哪些氢是在邻接的碳上. 在正常的情况下,杂化碳原子上的氢是磁等价的. 如果磁等价的氢键合在一个碳原子上,这个碳原子和其他的碳或没有氢连接的其他原子相键合时,它们的谱图显出单个吸收峰. 如乙醇分子中羟基上的氢. 相反,氢原子还可以和邻近碳上非等价氢,或者甚至和同一个碳原子上的非等价氢相互作用. 氢核(即质子)具有$+1/2$或者$-1/2$,它建立一个小的磁场. 这个磁场以两种方式和外加磁场相互作用,磁场和外加磁场可以同向或者与它反向. 如果是同向的,在不等价的邻近碳原子上的氢核被去屏蔽,信号移向低场(朝较高的 δ 数值);如果是反向的,邻近碳原子上的氢核由于外加磁场的作用被屏蔽,信号移向高场(朝较低的 δ 数值). 因此,单个磁场内的 NMR 峰的信号裂分成两个峰,因为在任何给定的时间一半分子的单个氢的核自旋与外磁场同向;而另一半分子核自旋与外加磁场反向. 如谱图(图 2-50)所示,Ha 的信号裂分成三个峰,而 Hb 信号裂分成四个峰. 实际上,精细结构峰的数目常常是用 $n+1$ 规则来计算的,n 是邻近于相同氢组的氢的数目,这个相同氢组与 n 个氢相互作用,如图 2-50 所示,我们发现在乙醇中 Hb 的信号被三个等价质子(Ha)裂分成四个峰($n=3+1=4$),Ha 质子被两个等价氢裂分产生三个峰($n=2+1=3$). 如果一个氢被两个非等价质子裂分,产生总数为四个而不是三个峰. 这相当于单个氢被两个独立的非等价氢所裂分. 两个质子间峰裂分的实际数量用赫兹(Hz)或每秒周数测量,称为耦合常数. 如果我们参考以前的计算,我们发现当化学位移用相同标度测量,1.0 Hz 就相当于数值为 0.0167 ppm. 例如,在乙醇中,Ha 被 Hb 裂分和 Hb 被 Ha 裂分的耦合常数(J_{AB})必须是相同的. 从谱图 2-50 上我们能得到乙醇实际测量的 J_{AB}. 自旋-自旋耦合的耦合常数值能从参考书上查阅. 这些数值可提供关于分子结构和构象特征的有价值的信息.

2. NMR 谱的解析

核磁共振谱可以提供有关分子结构的丰富资料,测定每一组峰的化学位移可以推测与产生吸收峰的氢核相连的官能团的类型，自旋裂分的形状还提供了邻近的氢的数目；而峰的面积可算出分子中存在的每种类型氢的相对数目. 在解析未知化合物的核磁共振谱时，一般采取以下步骤来解析：

(1) 首先区别有几组峰，从而确定未知物中有几种不等性质子(即谱图上化学位移不同的质子).

(2) 计算峰的面积比，以确定各种不等性质子的相对数目.

(3) 确定各组峰的位移值，再查阅有关数值表，以确定分子中可能的官能团.

(4) 识别各组峰的自旋裂分情况和耦合常数，以确定各种质子的周围情况.

(5) 根据以上分析，提出可能的结构式，再结合其他信息，最终确定结构.

3. NMR 样品的制备

无粘性的液体样品可用 TMS 做参照以纯样进行. 粘性固体和液体必须溶解在加入参考标准的适当的溶剂中. 制备的样品放在具有塑料帽盖的、典型的、标准薄壁玻璃的 TMS 管(3/8×7)中，管子必须深入到足够的深度(用深度计测量)，以保证当管子的较低一端放置在与磁极、振荡器和接收线圈之间时能正确地排布. 一旦放置好，管子应能围绕垂直轴旋转. 参考的溶剂有很多，四氯化碳是比较好的，因为它不含干扰谱图的氢；氘代氯仿也是比较好的，因为氘的核自旋为 1，因而不会给出干扰 NMR 信号的氢. 但遗憾的是氘代溶剂很贵. 只有样品在上述溶剂中都不溶解时，通常才用重水. 在应用重水时要小心，因为活泼氢与重水进行交换而形成氘-标记的(含氘)化合物. 由于氘是 NMR 不活泼性的，NMR 谱将与未氘代的化合物不同. 重水通常被水污染，给出一个在氧上的氢的吸收峰. 四甲基硅烷是最常用的内标. 它加到被分析的溶液中以形成按 TMS 体积计为 1%～4%的溶液. 如果溶剂是重水，常用 2，2-二甲基-2-硅戊烷-5-磺酸钠(DDS)做内标，因为四甲基硅烷不溶于重水. 制备 NMR 样品的具体步骤如下：

(1) 如果有足够的不粘的液体样品(0.75～1.0 mL)，以纯样进行，否则将液体或固体样品溶于 0.75～1.0 mL 的适当的溶剂中，通常化合物对溶剂之比为 20%是比较理想的.

(2) 如果只有有限量的物质或者当样品在溶剂中的溶解度较低，则可用低一些的样品对溶剂之比.

(3) 如果溶剂不含 TMS，加入 1～4 滴 TMS，将溶解的样品放在 NMR 管中，样品在 NMR 管中的深度不少于 5 cm，盖好盖子即可.

第三章 基础实验

实验一 熔点的测定

【主题词】

熔点 毛细管法 测定

【主要操作】

装样 浴液加热 温度校正

【实验目的】

（1）掌握毛细管法测定有机物熔点的原理和方法；

（2）了解温度计的校正方法；

（3）了解根据有机物熔点变化和熔程长短定性鉴别固体有机物及其纯度的方法.

【背景材料】

熔点是纯晶体物质的一种物理性质.有机化学工作者用熔点作为固体化合物纯度的初级指标.随着科学技术的进步，测定有机物纯度的方法很多，像质谱、光谱、色谱、元素分析等.但就其投资小、见效快，容易掌握而言，利用熔点测定来鉴定有机物纯度的方法，目前仍然有其广泛的应用价值.一般来说，熔点（或熔程）从两个方面显示纯度.第一，物质愈纯，熔点愈接近标准值；第二，物质愈纯，熔程愈窄.若向一种纯物质加入杂质，将使它的熔点与杂质量成正比下降.这是由物质的凝固点随外物的加入而下降这一事实造成的.

由于大多数有机化合物的熔点都在 140 ℃以下，较易测定，在有机化学实验教学中通常采用操作简便的毛细管法测定熔点.毛细管法测定中，由于使用的样品量很少，因此不能直接对样品加热.为了使样品受热均匀，应通过热浴加热才能达到目的.所以测定结果的好坏与浴液的选择有一定的关系.通常用的浴液有浓硫酸、甘油、液体石蜡以及浓硫酸-硫酸钾混合物等.选择何种浴液应根据它们各自的性能.

1. 浓硫酸

属无机酸，具有难挥发性，沸点高达 338 ℃.当加热到 250 ℃时浓硫酸开始变黑，并冒白烟.因此，浓硫酸适宜熔点低于 250 ℃以下的有机物的熔点测定.浓硫酸还具有强腐蚀性，如果加热不当，易溅出伤人.另外稍有不慎，也易使有机物触及硫酸而发生炭化，颜色变成棕黑色而有碍于观察.

2. 液体石蜡

石蜡是含碳二十至二十四的高级烷烃,沸点在 350 ℃以上.单从沸点来考虑,石蜡的适用范围很广,但石蜡加热到 140 ℃以上开始变色,所以只适宜于 140 ℃以下的样品测定.如果采用药用石蜡,可以加热到 220 ℃仍不变色.液体石蜡的优点是可重复使用,重复利用率高,一般重复使用四次以上才开始变色,即使变色,重新蒸馏一下还可再使用.

3. 甘油

又名丙三醇,分子中含有三个羟基,分子间极易形成氢键,沸点较高.当加热到 290 ℃时开始沸腾.其使用性能与石蜡相同.另外,如果室温低于 18 ℃,甘油会比较粘稠,不利于操作.

4. 浓硫酸-硫酸钾混合物

温度超过 250 ℃时,浓硫酸冒白烟,妨碍温度计的读数.显然 250 ℃以上的熔点就不能选择硫酸.此时可以向浓硫酸中加入硫酸钾,因为浓硫酸发生白烟是因为分解后放出三氧化硫和水,如果加入硫酸钾,加热成为饱和溶液,便可抑制浓硫酸的分解.这样,就可以测定熔点较高的有机物.此混合物做浴液的缺点是操作前要按比例配好溶液,而且一定要使硫酸钾在硫酸中的溶解达到饱和.这在操作步骤上比较繁琐.

【实验方法】

严格讲,熔点是固态物质在一定大气压下固液两相平衡时的温度.通常当结晶物质加热到一定温度时,即从固态转变为液态,此时的温度可以视为该物质的熔点.可见,准确测定固液转变时的温度是该实验成败的关键.可将碾碎的已干燥微量样品装入一根毛细管中进行测定,为了使样品受热均匀,应选择合适的浴液加热.在加热过程中应注意观测两个温度:一个是样品中出现第一滴液体时的温度,即初熔时的温度;另一个是全部样品变成澄清液体时的温度,即全熔时的温度.用校正后的初熔至全熔(即熔程)的温度表示该物质的熔点.可用图 3-1 中所示双浴式熔点测定装置来测定熔点,效果较好.它由 250 mL 长颈圆底烧瓶、有棱缘的试管(试管的外径稍小于瓶颈的内径)和温度计组成;50 mL 长颈圆底烧瓶也可用内径与之相当的大试管来替代.也可用图 3-1 中的 Thiele 管法测定熔点.本实验用双浴式熔点测定装置来测定熔点,用液体石蜡做浴液.

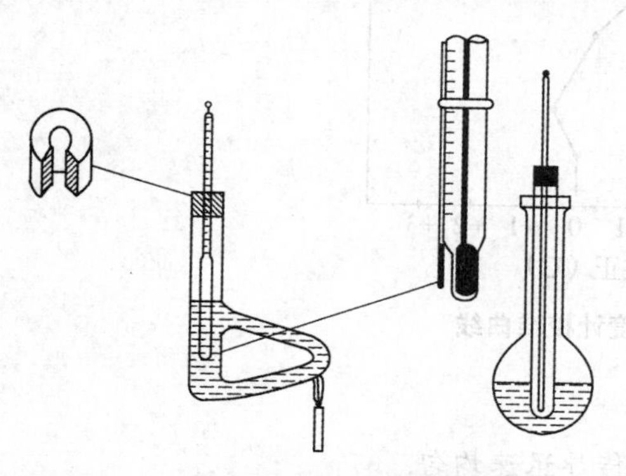

图 3-1　Thiele 管和双浴式熔点测定装置

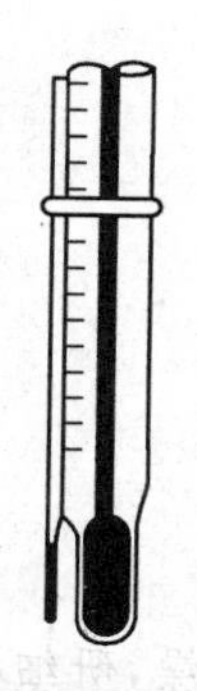

图 3-2　毛细管附在温度计上的位置

【实验操作】

实验装置如图 3－1 和图 3－2 所示. 实验步骤如下：

1. 装样品

取 0.1～0.2 g 干燥的样品萘于干燥的表面皿上，用玻璃钉将它研成很碎的粉末并集中成一堆[1]. 将一根毛细管(1 mm×100 mm)的一端在酒精灯火焰的边缘旋转灼烧封住，其开口端向下插入样品粉末中，反复数次，即有少许样品挤入毛细管中. 将毛细管开口向上放入垂直桌面长 30～40 cm 的玻璃管中，使毛细管自由落下，这样样品能敦实紧密地装在毛细管底部，如此反复数次直到毛细管中样品高度达 2～3 mm，每种样品装 2～3 根.

2. 测熔点

将装好样品的毛细管用橡皮圈固定在温度计上，样品部分在温度计水银球中部，如图 3－2，小心地将附有毛细管的温度计放入小试管中，注意温度计不要贴试管壁. 在大试管中加入液体石蜡作为热源，将小试管放入大试管中，用酒精灯加热大试管底部[2]. 开始可快速升温，当温度接近熔点时(距熔点相差 10 ℃左右)，要缓慢加热，控制升温速度每分钟不超过 1～2 ℃[3]. 仔细观察毛细管中样品的变化，当样品开始萎缩塌陷、湿润并出现液珠时，记录此时的温度，即初熔温度；继续加热，固体全部熔化，记录此时的温度，即全熔温度. 取下温度计[4]，浴液温度降低到比熔点低 30 ℃以下时，再进行第二次测定[5]. 一个样品的熔点至少重复测两次，以便进行温度计校正.

将萘换成待测样品，重复上面的操作. 待测样品的熔点也至少重复测两次以上[6]. 实验结束后，将浴液冷却后倒回到试剂瓶中回收，可重复使用.

3. 温度计校正

选择数种已知熔点的纯粹化合物作为标准[7]，测定它们的熔点，以实际测得的熔点做纵坐标，测得熔点与理论熔点的差值做横坐标，作图画一曲线，如图 3－3. 凡由这根温度计测得的每个熔点都可由该法所得的数值加以改正.

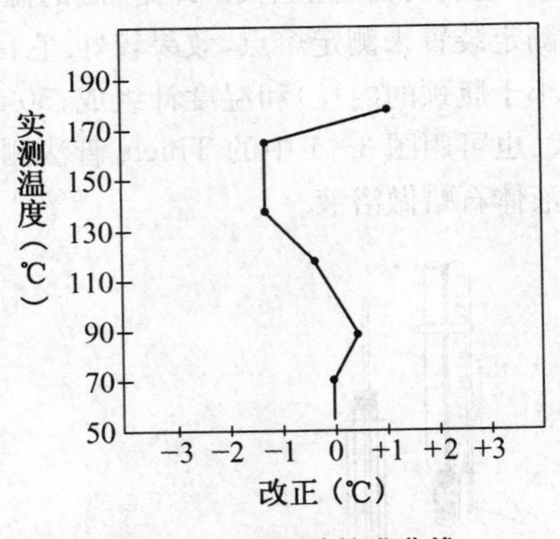

图 3－3 温度计校准曲线

实验指导

[1] 样品要干燥，研细，装结实，才能使热传导迅速均匀.

[2] 实验装置要准确：毛细管的样品部分应紧靠温度计水银球并置于水银球的中心水

平线上.大试管中浴液高度为试管高度的一半,酒精灯在大试管的底部加热,这样受热的浴液沿试管做上升运动,从而促成整个浴液对流循环,温度较均匀.

[3] 加热过程中要控制好升温速度,尤其在接近熔点时减缓加热速度,升温速度每分钟不得超过1～2 ℃,可将酒精灯来回移动,进行间歇性加热.

[4] 若用Thiele管法,实验完毕后取下温度计,让其自然冷却至接近室温时才能用水冲洗(若浴液是浓硫酸待冷却后用废纸擦去),否则,容易发生水银柱断裂.

[5] 每个样品至少要测两次,但不能将已用过的毛细管冷却和固化后重复使用,因为有些有机物会发生部分分解,或转变成具有不同熔点的其他晶体.

[6] 未知样品一般先进行一次粗测,确定熔点的大概范围,然后再进行细测.

[7] 可用于温度计校正的标准样品如下,校正时可具体选择.

表3-1　用于温度计校正的标准样品

样　　品	熔　　点	样　　品	熔　　点
冰(固-液水)	0 ℃	乙酰苯胺	115 ℃
α-萘胺	50 ℃	二苯胺	53 ℃
苯甲酸苄酯	71 ℃	苯甲酸苯酯	70 ℃
间二硝基苯	90.02 ℃	萘	80.55 ℃
二苯乙酮	90 ℃	苯甲酸	122.4 ℃
苯甲酰胺	128 ℃	尿　素	132 ℃
水杨酸	216 ℃	琥珀酸	189 ℃
3,5-二硝基苯甲酸	205 ℃	蒽　醌	286 ℃

【其他相关的测定方法】

除了毛细管法外,测定熔点的方法很多,总结如下:

1. 考夫勒法

所用的设备主要有电加热的矩形金属板.槽板有一温度梯度.测定熔点时,将被测样品分散在板上,则很快在板上看到固相与液相的明显分界面,此分界处的温度即被认为是测样的熔点.该法的准确度为1～2 ℃,所用测样不可腐蚀金属表面,且所需测样较多.

2. 显微镜法

采用显微加热台,利用显微镜观察试样熔化过程及冷却过程中的变化,这样在加热过程中可观察到晶型的变化情况.适用于测量高熔点化合物.目前我国已有许多此类仪器.

3. 自动测定法

此法是利用光的透射率和温度的关系,测样支撑力与温度的关系或测样受热时的温度和时间的关系(时间-温度关系曲线上的拐点).

【思考题】

1. 实验中要注意哪些事项以提高熔点测定的准确度?
2. 结合物理化学的知识,如何用测定熔点(即凝固点)法计算有机物的分子量?

实验二　环己烯的制备

【主题词】

环己烯　环己醇　脱水反应

【主要操作】

分馏　蒸馏　干燥

【实验目的】

(1) 掌握通过环己醇制取环己烯的原理和方法；
(2) 掌握分馏原理及分馏柱的使用方法；
(3) 掌握蒸馏的基本操作技能.

【背景材料】

烯烃分子结构中含有双键，按照原子轨道杂化理论，碳原子用一个 $2s$ 轨道和两个 $2p$ 轨道进行杂化，重新组成三个相同的 sp^2 杂化轨道，在空间的构型是三个对等的轨道对称地分布在碳原子的周围，且处于同一个平面，碳原子的未参与杂化的 p 轨道对称轴垂直于 sp^2 杂化轨道对称轴所在的平面. 这样更有利于 σ 键的形成，同时未杂化的 p 轨道以肩并肩的交盖方式形成 π 键. 这就能很好地解释烯烃的化学键问题. 在杂化的概念发现之前，凯库勒关于苯环结构的假说，在有机化学发展史上做出了卓越贡献. 他早年接受建筑师的训练，具有一定的形象思维能力，他善于运用模型方法，把化合物的性能与结构联系起来. 他的苦心研究终于有了结果，1864 年冬天，他的科学灵感导致其研究获得了重大的突破. 他曾记载道："我坐下来写我的教科书，但工作没有进展；我的思想开小差了. 我把椅子转向炉火，打起瞌睡来了. 原子又在我眼前跳跃起来，这时较小的基团谦逊地退到后面. 我的思想因这类幻觉的不断出现变得更敏锐了，现在能分辨出多种形状的大结构，也能分辨出有时紧密地靠近在一起的长链分子，它环绕、旋转，像蛇一样地盘旋着. 看！那是什么？有一条蛇咬住了自己的尾巴，这个形状虚幻地在我的眼前旋转着. 像是电光一闪，我醒了. 我花了这一夜的剩余时间，做出了这个假想."于是，凯库勒首次满意地写出了苯的结构式. 指出芳香族化合物的结构含有封闭的碳原子环. 凯库勒的假设后来被证实是正确的，他的理论的提出极大地促进了对芳香化合物的研究和发展. 从单烯烃、共轭二烯烃、苯、萘、稠环芳烃到石墨和 C_{60}（见图 3－4 和图 3－5）.

1985 年，科学家克罗托、斯麦利等人在研究太空深处的碳元素时，发现有一种碳分子由 60 个碳原子组成. 它的对称性极高，而且它比其他碳分子更强也更稳定. 其分子模型与那个已在绿茵场滚动了多年，由 12 块黑色五边形与 20 块白色六边形拼合而成的足球竟然毫无二致. 因此当斯麦利等人打电话给美国数学会主席告知这一信息时，这位主席竟惊讶地说："你们发现的是一个足球啊！"克罗托在英国《自然》杂志发表第一篇关于 C_{60} 论文时，索性就用一张安放在得克萨斯草坪上的足球照片作为 C_{60} 的分子模型. 这种碳分子被称为布基球，又叫富勒烯，是继石墨、金刚石之后发现的纯碳的第三种独立形态. 按理说，人们早就该发现C_{60}了. 它在蜡烛烟黑中，在烟囱灰里就有；鉴定其结构所用的质谱仪、核磁共振谱仪几乎任何一所大学或综合性研究所都有. 可以说，几乎每一所大学或研究所的化学家都具备发现C_{60}的条件，然而几十年来，成千上万的化学家都与它失之交臂. 克罗托、斯麦利等人因这一发现荣获诺贝尔化学奖.

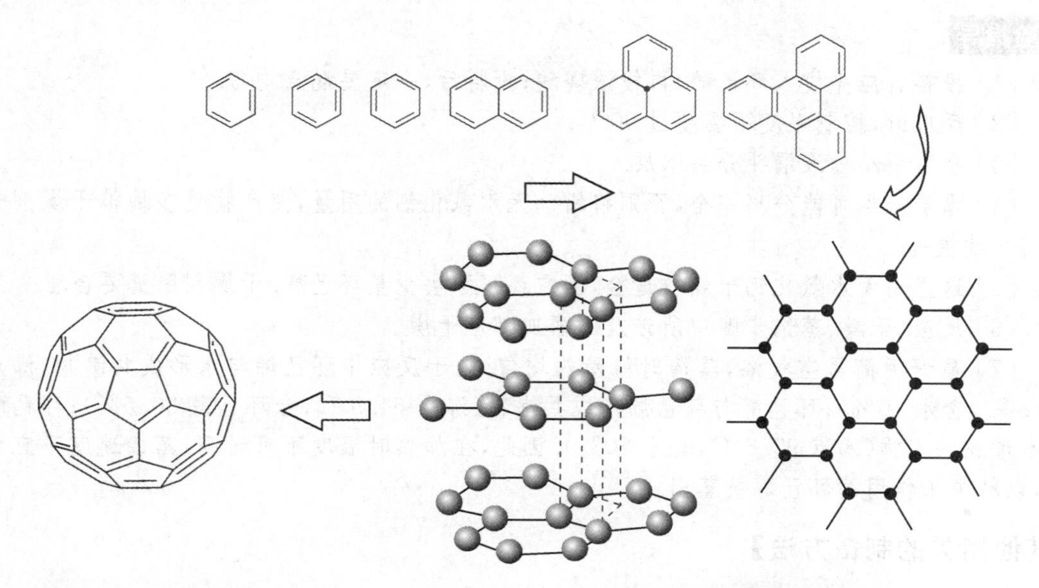

图 3-4 C_{60}结构图　　图 3-5 石墨晶体的平面网状结构示意图

【实验方法】

在实验室中，烯烃主要用相应的醇在加热的条件下通过分子内脱水得到. 例如乙醇蒸气在 350～400 ℃下通过三氧化二铝或 5A 分子筛催化脱水生成乙烯. 其他的烯烃也可以用类似的方法制备，催化剂为硫酸、磷酸等. 环己烯的制备就是用环己醇在磷酸催化下脱水得到的，反应式如下所示.

$$\text{环己醇(OH)} \xrightarrow{H_3PO_4} \text{环己烯} + H_2O$$

【实验操作】

1. 反应

在 50 mL 干燥的圆底烧瓶中，放入 10 mL 环己醇及 5 mL 85%磷酸，充分摇荡使两种液体混合均匀[1]. 投入几粒沸石，按图 2-5 所示安装好分馏装置. 用小锥形瓶做接收器，将其置于冷水中，用小火慢慢加热混合物至沸腾[2]，以较慢速度进行蒸馏并控制分馏柱顶部温度不超过 73 ℃. 当无液体蒸出时，可调高电热套，继续蒸馏，当温度达到 85 ℃时，停止加热，蒸出的液体为环己烯和水的混合物.

2. 分离

小锥形瓶中的粗产物已分成两层，用滴管吸去水层[3]，先加入等体积的饱和食盐水，摇匀后静置待液体分层.用吸管吸去水层[4],将油层转移到干燥的小锥形瓶中,加入少量的无水氯化钙干燥[5](注:必须待液体完全澄清透明后,才能进行蒸馏).

3. 纯化

按图 2-10 安装好蒸馏装置[6],将干燥后的粗环己烯进行蒸馏,收集 82～85 ℃的馏分[7].

实验指导

[1] 投料时应先投入环己醇,再投浓磷酸;投料后,一定要混合均匀.

[2] 反应时,控制温度不要超过 90 ℃.

[3] 也可用小分液漏斗分去水层.

[4] 水层应尽可能分离完全,否则将增加无水氯化钙的用量,使产物更多地被干燥剂吸附而导致损失.

[5] 这里用无水氯化钙干燥较适合,因它还可除去少量环己醇.干燥剂用量要合理.

[6] 反应、干燥、蒸馏步骤中所涉及的器皿都应干燥.

[7] 最好用简易空气浴,蒸馏时能受热均匀.由于反应中环己烯与水形成共沸物(沸点 70.8 ℃,含水 10%);环己醇与环己烯形成共沸物(沸点 64.9 ℃,含环己醇 30.5%);环己醇与水形成共沸物(沸点 97.8 ℃,含水 80%).因此,在加热时温度不可过高,蒸馏速度不宜太快,以减少未作用的环己醇被蒸出.

【其他相关的制备方法】

环己烯主要通过环己醇在催化剂作用下脱水而得到,常用的催化剂有浓硫酸、磷酸、强酸性离子交换树脂和杂多酸等.

【思考题】

1. 在粗制的环己烯中,加入精盐使水层饱和的目的何在?
2. 下列醇用浓硫酸进行脱水反应的主要产物是什么?

① 3-甲基-1-丁醇 ② 3-甲基-2-丁醇 ③ 3,3-二甲基-2-丁醇

实验三 溴乙烷的制备

【主题词】

溴代 蒸馏 分馏

【主要操作】

蒸馏 恒压滴加 分馏

【实验目的】

(1) 掌握溴乙烷的制备方法；

(2) 了解恒压漏斗滴加和蒸馏技术在有机物分子中引入卤原子的应用；

(3) 掌握洗涤、分馏纯化液态有机物的方法.

【背景材料】

卤代烃是一类重要的有机合成中间体.通过卤代烷的取代反应，能制备多种有用的化合物，如腈类、胺类、醚等.在无水乙醚中，卤代烷与镁作用生成格氏试剂 RMgX，与锌作用生成 Reformastsky 试剂 RZnX.格氏试剂和 Reformastsky 试剂与羰基化合物如醛、酮及二氧化碳作用，可制得醇、酸等；与金属 Na 可以发生 Wurtz 反应.卤代烃中的卤原子不同，制备所用的方法也不同，如：氯代烃可用醇和 $SOCl_2$ 或浓 HCl 在 $ZnCl_2$ 存在下制取，碘代烷可通过醇和 PI_3 或 $P+I_2$ 作用下而制得，或用烷烃直接氯化.如二氯甲烷、三氯甲烷和四氯化碳就是用甲烷和氯气反应后分离得到.芳香族氯代和溴代物一般是用卤素(Cl_2 或 Br_2)在铁粉或三卤化铁催化下与芳香族化合物作用而制得.芳香族氟代物和碘代物则常通过重氮盐方法来制取.制备溴代烃的原料，多为结构上对应的醇和 HBr 在浓硫酸作用下制得.

实验室中最常用的溴代烷是溴乙烷.溴乙烷是一种重要的精细化工产品.作为中间体和原料，在医药、农药合成工业和其他精细有机合成中，具有广泛的用途.

【实验方法】

溴乙烷的制备是基础有机化学实验课的一个利用亲核取代反应原理进行合成的基本实验.一般的大学有机化学实验教科书中都有此实验.其合成是在加热的条件下，由醇和 HBr 作用，溴原子取代醇中的羟基，同时生成一分子水.反应式如下：

$$CH_3CH_2OH + HBr \xrightarrow{H_2SO_4} CH_3CH_2—Br + H_2O$$

由于 HBr 在常温下是气体，加入和定量都很不方便，因此，操作时常加入浓硫酸和 NaBr 代替 HBr 做溴代试剂.

$$NaBr + H_2SO_4 \longequal NaHSO_4 + HBr$$

由于乙醇和 HBr 的反应是一个可逆反应，为了使反应平衡向右方移动，根据化学平衡移动的原理,可以采用增加其中一种反应物的浓度,或设法使产生的溴乙烷离开反应系统的方法.本实验中,在增加乙醇用量的同时,通过蒸馏把反应中生成的低沸点的溴乙烷及时从反应混合物中蒸馏出来.

为了加速反应和提高产率,反应中还需要加入过量的浓硫酸做催化剂.浓硫酸除了做反应物与 NaBr 作用制备 HBr 外,还可以使体系中的羟基质子化,变成易被亲核试剂 HBr 中溴负离子取代后而离去的基团,同时使生成物之一水能够充分质子化,使可逆反应的亲核试剂失活,阻止了水与生成的 HBr 作用而可逆反应生成醇.

溴乙烷的生成反应属 S_N2(即双分子亲核取代)机理,反应底物乙醇的空间位阻小,进攻试剂 Br^- 的亲核能力较好,所以反应一般比较容易进行;溴乙烷沸点低(38.4 ℃),与反应系统中的其他物料作用力小,因而容易蒸出.这两个特点就决定了制备溴乙烷可采用边反应边蒸馏的方式,将生成的溴乙烷从反应系统中及时蒸出,促使反应进行得更快更彻底.另外,溴乙烷具有很强的挥发性(4.5 ℃,蒸气压为 26.7 kPa; 20 ℃时,蒸气压为 51.5 kPa),其蒸气有毒、易燃,并能和空气形成爆炸性混合物(爆炸极限为 6.75%~11.25%),故反应装置必须充分体现防止溴乙烷的挥发外逸.

副反应:

$$C_2H_5OH \xrightarrow{H_2SO_4} CH_2 = CH_2 \uparrow + H_2O$$

$$2C_2H_5OH \xrightarrow{H_2SO_4} (C_2H_5)_2O + H_2O$$

$$2HBr + H_2SO_4 \xlongequal{\triangle} Br_2 + SO_2 \uparrow + 2H_2O$$

【实验操作】

1. 反应

在 250 mL 三口瓶中先加入 10 mL(0.17 mol)95%的乙醇,9 mL 蒸馏水[1],并加入 15 g (0.15 mol)的溴化钠[2]和 2~3 粒沸石,摇匀[3],按图 2-6 所示安装边滴加边蒸馏的实验装置图.将三口瓶的一口装恒压漏斗,在恒压漏斗中加入 19 mL(0.34 mol)浓硫酸,一口插入温度计(没入反应体系),一口接上口插有温度计的蒸馏头.蒸馏头接直形冷凝管、尾接管、接收器,在接收器中加少许冷水及 5 mL 饱和亚硫酸氢钠溶液[4],并使尾接管的末端刚浸没在接收器的水溶液中[5],在尾接管的小支管处连接一根乳胶管,乳胶管通入下水道或通入废的氢氧化钠溶液中[6].从恒压漏斗中缓缓地滴入浓硫酸[7],并用电热套小心加热反应体系,保持反应能平稳地发生即可.约 50 min 后慢慢加大火焰,到无油滴蒸出为止[8].馏出物为乳白色油状物.由于溴乙烷的密度比水大,故蒸出的溴乙烷沉于瓶底.

2. 分离

将接收器中的液体倒入分液漏斗中,静置分层后,将下层的溴乙烷分出,放入干燥的小锥形瓶中[9].将锥形瓶置于冷水浴中,逐滴向其中加入浓硫酸,不断振荡,直到溴乙烷变得澄清透明,而且瓶底有液层分出.将混合液倒入分液漏斗中,仔细地分离下面的硫酸层,将溴乙烷从分液漏斗的上口倒入 50 mL 干燥的蒸馏烧瓶中.

3. 纯化

在装有上面得到的粗制的溴乙烷的 50 mL 干燥的蒸馏烧瓶(图 2-10)中加入 2~3 粒

沸石,装配蒸馏装置,用电热套小心加热反应体系,蒸馏溴乙烷,收集 37～40 ℃的馏分.收集产物的接受器最好用冰水浴冷却.蒸馏结束后趁热倒出蒸馏烧瓶中的残余物[10].

4. 表征

测定溴乙烷的沸点,约在 38 ℃;采用 KBr 涂片法,红外光谱的特征峰为:500～600 cm^{-1},C—Br 伸缩振动;核磁共振氢谱的化学位移为:1.5～1.8 ppm,三重峰,3.34～3.66 ppm,四重峰.

实验指导

[1] 加水的目的是:① 减少 HBr 的挥发,增加 HBr 的溶解;② 防止产生泡沫;③ 降低浓硫酸的浓度,以减少副产物的生成.

[2] 溴化钠在加入前要用研钵研细.

[3] 加 NaBr 振摇,是防止 NaBr 结块,影响 HBr 的生成.

[4] 加热不均或过于激烈时,会有少量的溴分解出来,使蒸出的油层带棕黄色,加入亚硫酸氢钠可除去此棕黄色.

[5] 由于溴乙烷不溶于水,密度比水大,因此,将接液管末端浸入冰水混合物液面之下,以便溴乙烷一经蒸出,即封藏于水下.最好同时接受器外也用冰水混合物冷却.

[6] 接液管的支管连接橡皮管,通入下水道,以防止少量来不及冷凝的物质对空气的污染.

[7] 刚开始时可以放入 2～3 mL 浓硫酸于反应瓶中.

[8] 溴乙烷是否完全蒸出,可以从以下几个方面来判断:

① 馏出液由浑浊变澄清;② 三口瓶内油层(上层)消失;③ 试管检验,即取几滴馏出液,加少量的水振摇,如无油珠,表示已全部蒸出.

[9] 要避免将水带入分出的溴乙烷中,否则加硫酸处理时将产生较多的热量而使产物挥发损失.

[10] 蒸馏粗品溴乙烷后,残余物应趁热倒出后洗涤,以防止结块后难以洗涤.

【其他相关的制备方法】

溴乙烷也可以用溴素为溴化试剂,在硫磺的存在下,与乙醇反应制得.也有报道用固体酸代替浓硫酸做催化剂,催化溴化氢与乙醇反应制备.

【思考题】

1. 本实验中硫酸的作用是什么?硫酸的浓度过大或过小有什么不好?
2. 反应后的粗产物中含有哪些杂质?是如何除去的?
3. 在制备过程中必须注意哪些事项才能使反应产率高、产品质量好?

实验四　乙酸乙酯的制备

【主题词】

乙酸乙酯　酯化　蒸馏

【主要操作】

蒸馏　回流　干燥

【实验目的】

（1）掌握通过乙酸和乙醇制备乙酸乙酯的方法；

（2）了解提高酯化等可逆反应收率的方法和技巧；

（3）了解有关香料的化学知识.

【背景材料】

酯是一种广泛分布于自然界的化合物，较简单的酯大都有令人愉快的香味，常被用作食用香料. 调香师把天然香料和合成香料结合起来，制备人造香精，它能再现自然香韵. 植物的花、果实、种子有特殊的香味，其原因是它含有许多酯类化合物. 酯类化合物是基本的香料单体，似乎与天然物质的香味特征无关，但如果把它们按一定的比例混合起来，可以构成与天然香韵极为接近的香精. 乙酸乙酯具有浓郁的水果香味；乙酸异戊酯在高浓度时有强烈的香蕉香味，而在稀释时则让人回忆起梨子的香味. 下面是一些酯类化合物的香味：

乙酸丙酯—梨子；丙酸异丁酯—甘蔗；乙酸异戊烯酯—果汁；乙酸苄酯—桃、草莓；乙酸辛酯—橙子；丁酸乙酯—松果.

高级香精主要由天然的精油或从动植物的体内萃取得到的萃取物构成. 一般来讲，合成香料通常由基香、定香（甘油、苯甲酸苄酯等）和载体（乙醇等）三部分组成.

【实验方法】

酯一般可以通过羧酸与醇直接酯化而得到. 这是一个平衡反应，由于羧酸的反应活性较小，在反应中需将混合物加热回流，即使这样，达到平衡时一般只有70%以下的转化率. 为了提高产率，通常采取的方法有三种：一是增加反应物的浓度，通常是使价廉的或易于分离的原料过量；二是设法减少生成物的浓度，如蒸去易挥发的酯或共沸除去生成的水；三是加入催化剂，常用的催化剂有浓硫酸、干燥的氯化氢、有机强酸、阳离子交换树脂和固体超强酸等. 为了提高收率，通常三种方法同时采用，即在催化剂的催化下，采用过量的羧酸或醇，同时采用把体系中生成的酯或水移走的方法，在有些实验中具体采用哪种方法取决于原料来源难易和操作难易等因素.

乙酸乙酯是应用最广泛的脂肪酸类酯类之一，其制备方法有乙酸酯化法、乙醛缩合法、乙烯加成法和乙醇脱氢法等. 乙醛缩合法生产乙酸乙酯路线投资低、成本也较低，较适合乙醛富裕地区投资生产. 乙酸酯化法是传统的乙酸乙酯生产方法,在催化剂存在下,由乙酸和乙醇发生酯化反应而得. 实验室中通常采用此方法,实验中常使用的催化剂为硫酸. 酯化反应的反应式如下:

$$RCOOH + R'CH_2OH \xrightleftharpoons{催化剂} RCOOCH_2R' + H_2O$$

【实验操作】

1. 反应

为了提高酯化收率,我们选择图 2-7 所示的边滴加边回流边蒸馏的实验装置.

在 100 mL 三口烧瓶的一侧口装配一恒压滴液漏斗,中口装配回流冷凝管,第三口装配蒸馏头、温度计及直形冷凝管. 冷凝管末端连接接引管及锥形瓶,锥形瓶用水浴冷却.

在一小锥形瓶内放 3 mL 乙醇[1],一边摇动,一边慢慢地加入 3 mL 浓硫酸,将此溶液倒入三口烧瓶中. 配制 20 mL 乙醇和 14.3 mL 冰醋酸的混合液,倒入滴液漏斗中. 先从滴液漏斗中放入 5~7 mL 混合液至反应瓶中,用加热套加热烧瓶[2],至微沸[3]. 然后把滴液漏斗中的乙醇和冰醋酸的混合液慢慢地滴入三口烧瓶中,调节加料的速度,使之略大于酯蒸出的速度,加料时间约需 70 min. 滴加完毕后,继续加热约 10 min,直到不再有液体馏出为止.

2. 分离

反应完毕后,将饱和碳酸钠溶液很缓慢地加入到馏出液中,直到无二氧化碳气体逸出为止. 饱和碳酸钠溶液要小量分批地加入,并要不断地摇动接收器. 把混合液倒入分液漏斗中,静置,放出下面的水层. 用石蕊试纸检验酯层. 如果酯层仍显酸性,再用饱和碳酸钠溶液洗涤,直到酯层不再显酸性为止. 用等体积的饱和食盐水洗涤,再用等体积的饱和氯化钙溶液洗涤两次. 放出下层废液. 从分液漏斗上口将乙酸乙酯倒入干燥的小锥形瓶中,加入无水碳酸钾干燥[4]. 放置约 30 min,在此期间要间歇振荡锥形瓶.

3. 纯化

通过长颈漏斗(漏斗上放折叠滤纸)或直接倾倒的方法把干燥的乙酸乙酯滤入或倾倒入 60 mL 蒸馏烧瓶中进行蒸馏(图 2-10),收集 74~84 ℃的馏分[5]. 称量并计算产率. 实验所需时间:大约 5~6 h. 本实验通过加入过量乙醇和及时从反应体系中除去乙酸乙酯和水以及回流的方法来促使酯化反应的完成,提高了产物乙酸乙酯的收率.

实验指导

[1] 用无水乙醇代替质量分数为 95%的乙醇,效果会更好. 催化作用使用的浓硫酸的量很少,一般只要使硫酸的质量达到乙醇质量的 3%就可完成催化作用,但为了能除去反应中生成的水,应使浓硫酸的用量再稍多一些.

[2] 也可在石棉网上加热,保持反应器中混合物的温度为 120~125 ℃.

[3] 制备乙酸乙酯时反应温度不宜过高,因为温度过高时会产生乙醚和亚硫酸等杂质. 液体加热至沸腾后,应改用小火加热. 事先可在烧瓶中加入几粒沸石,以防止液体暴沸.

[4] 也可用无水硫酸镁或无水硫酸钠做干燥剂.

[5] 乙酸乙酯与水形成沸点为70.4 ℃的二元恒沸混合物(含水8.1%);乙酸乙酯、乙醇和水形成沸点为70.2 ℃的三元恒沸混合物(含水8.4%);如果在蒸馏前不把乙酸乙酯中的乙醇和水除尽,就会有较多的前馏分.

【其他相关的制备方法】

乙酸乙酯的制备方法有很多,下面简单介绍几种.

1. 乙醛缩合法

在催化剂乙醇铝的存在下,两个分子的乙醛自动氧化和缩合,重排形成一分子的乙酸乙酯.该方法20世纪70年代在欧美、日本等地已形成了大规模的生产装置,在生产成本和环境保护等方面都有着明显的优势.

2. 乙醇脱氢法

采用铜基催化剂使乙醇脱氢生成粗乙酸乙酯,经高温低压蒸馏除去共沸物,得到纯度为99.8%以上的乙酸乙酯.

3. 无机酸盐催化法

硫酸的催化效率虽然很高,但浓硫酸做催化剂存在一定的缺点,如发生副反应;反应物的后处理要经过碱中和,水洗以除去作为催化剂的硫酸,致使产品流失,产生三废,污染环境;严重腐蚀设备,致使设备要定期更新,使成本提高;所以,用无机酸盐如三氯化铁等代替浓硫酸做催化剂来合成乙酸乙酯,该方法有很好的应用前景.

【思考题】

1. 在本实验中硫酸起什么作用?
2. 为什么要用过量的乙醇?
3. 蒸出的粗乙酸乙酯中主要有哪些杂质?
4. 为什么要用饱和碳酸钠溶液中和到不显酸性?可否用浓的NaOH溶液代替?
5. 为什么要用饱和食盐水、饱和氯化钙溶液洗涤酯层?

实验五　乙酰苯胺的制备

【主题词】

乙酰化　分馏　重结晶

【主要操作】

分馏　重结晶　过滤

【实验目的】

(1) 掌握乙酰苯胺的制备方法；

(2) 了解分馏技术在苯胺氮原子上进行酰化反应的应用；

(3) 掌握重结晶纯化有机物的方法.

【背景材料】

含酰胺官能团的有机化合物一般都具有生物活性，多作为合成杂环化合物和消炎镇痛药物的中间体. 过去，化学工业还不发达时，制备酰胺的前体——胺特别是苯胺用途很少. 如对氨基苯酚是染料工业的副产物，用途小，而且处理它颇为棘手. 1886 年，Friedrich Bayer Company 的总经理对 50 吨染料的副产物对氨基苯酚的处理感到为难：要么花钱雇人运掉它，要么把它转化为有用的化学品. 作为化学家和实业家的 Carl Duisberg 受到六个月之前 Cahn 和 Heep 意外发现成果的启发(他们意外发现了乙酰苯胺是一个很好的镇痛消炎药物)，决定把 50 吨的对氨基苯酚转化为产品卖出去，因为对氨基苯酚的结构和苯胺的结构很相似，可以很方便地转化为对羟基乙酰苯胺；但酚羟基是有毒性的，Carl Duisberg 聪明地想到了用乙基把酚羟基保护起来，作为掩蔽，结果得到了一个高效、价廉的消炎镇痛药物——菲那西丁.

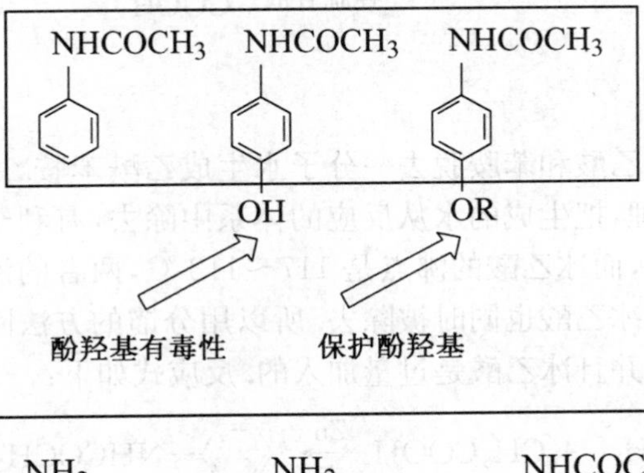

$NHCOCH_3$　$NHCOCH_3$　$NHCOCH_3$

OH　OR

酚羟基有毒性　保护酚羟基

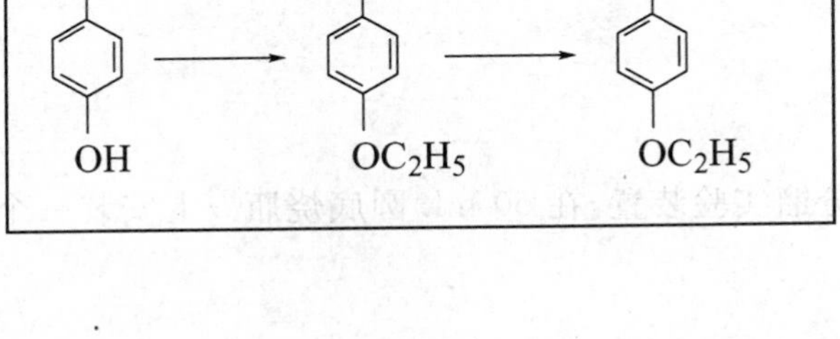

NH_2　NH_2　$NHCOCH_3$

OH　OC_2H_5　OC_2H_5

下面为三个重要的局部麻醉剂的结构式，其中，只有可卡因是天然产物，而其他两个是合成的，合成的局部麻醉剂能避免成瘾作用，其中利多卡因的制备涉及酰胺结构的合成.

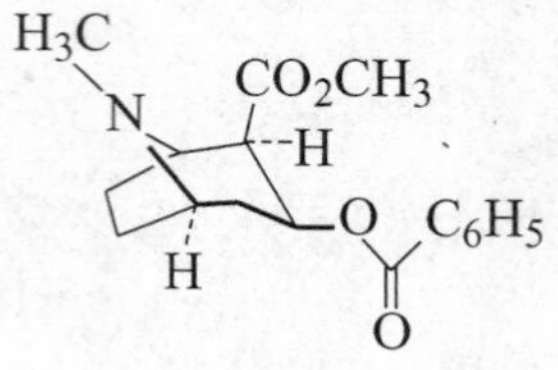

Cocaine 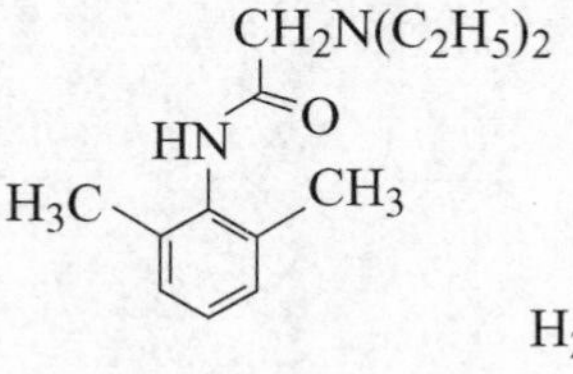　　Lidocaine 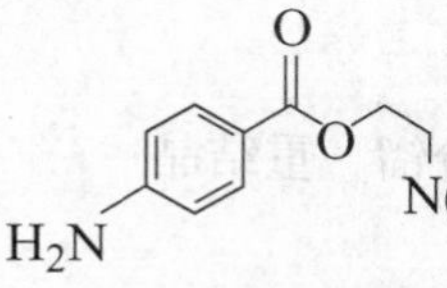　　Procaine

在有机合成化学中，酰胺基团还常用来保护氨基，或在芳香环上定向引入基团. 在生物化学中酰胺键又称为肽键，它是构成蛋白质的基础，也是生命的基础.

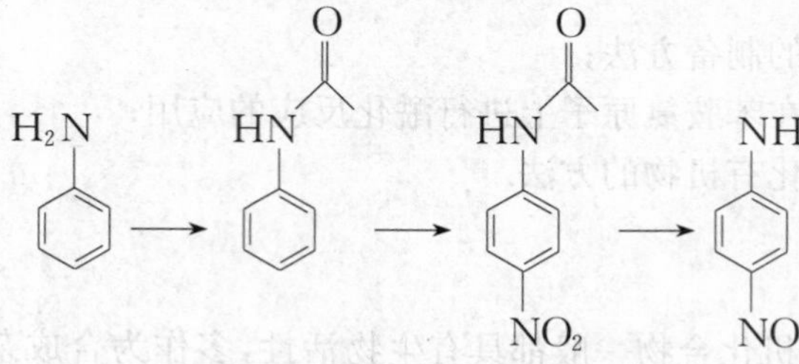

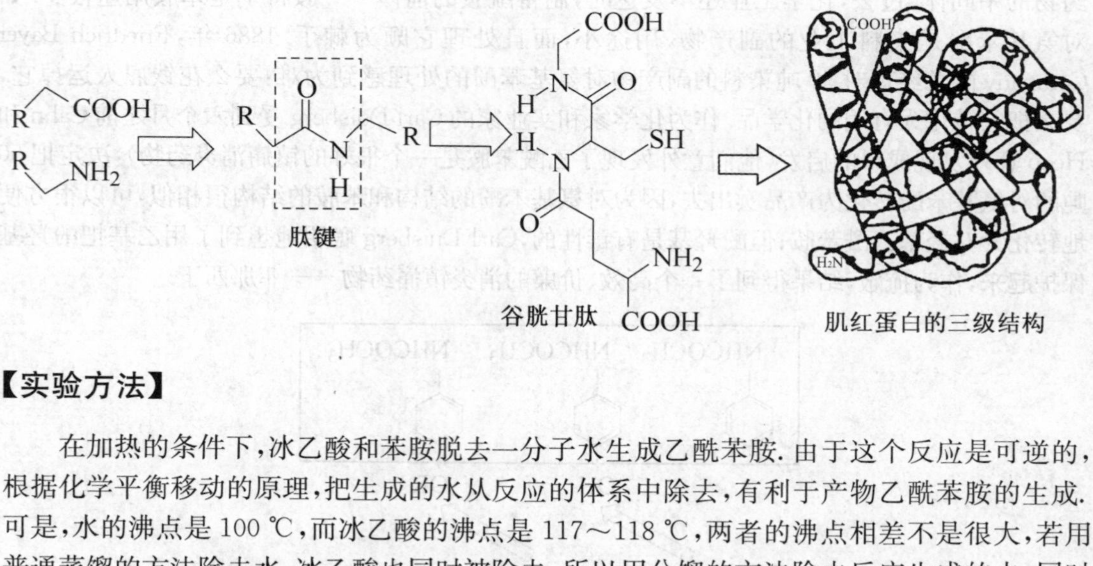

肽键　　谷胱甘肽　　肌红蛋白的三级结构

【实验方法】

在加热的条件下，冰乙酸和苯胺脱去一分子水生成乙酰苯胺. 由于这个反应是可逆的，根据化学平衡移动的原理，把生成的水从反应的体系中除去，有利于产物乙酰苯胺的生成. 可是，水的沸点是 100 ℃，而冰乙酸的沸点是 117～118 ℃，两者的沸点相差不是很大，若用普通蒸馏的方法除去水，冰乙酸也同时被除去. 所以用分馏的方法除去反应生成的水，同时冰乙酸留在反应体系中，并且冰乙酸是过量加入的. 反应式如下：

$$C_6H_5NH_2 + CH_3COOH \xrightarrow[\triangle]{Zn} C_6H_5NHCOCH_3 + H_2O$$

【实验操作】

1. 反应

按图 2－5 安装分馏实验装置，在 50 mL 圆底烧瓶[1]上安装一个分馏柱，柱顶插一支

150 ℃量程以上的温度计，用一个小锥形瓶收集生成的水(含有少量的乙酸). 在烧瓶中加入5 mL新蒸馏的苯胺[2]、7.4 mL冰乙酸和0.1 g锌粉[3]，放在加热器上加热至反应液沸腾. 控制加热，保持柱顶温度在105 ℃或者稍低的温度，约40～50 min，反应生成的水(含少量的乙酸)可完全蒸出. 当温度计的读数发生上下波动(有时反应瓶中出现白雾)，反应即达到终点，停止加热.

2. 分离

在不断搅拌下把反应混合物趁热以细流慢慢倒入盛有100 mL水的烧杯中，继续搅拌，并冷却烧杯，使粗制的乙酰苯胺成细粒完全析出，按图2-18所示，用布氏漏斗抽滤析出的固体. 用玻璃塞压碎固体，再用5～10 mL的冷水洗涤以除去残留的酸液.

3. 纯化

把粗乙酰苯胺放入150 mL的热水中，加热至沸，如果仍有未溶解的油珠[4]，需补加热水，直到油珠完全溶解为止. 小心地加入0.5 g的活性炭[5]，用玻璃棒搅拌煮沸5～10 min. 趁热减压过滤[6]. 把澄清透明的滤液冷却，乙酰苯胺呈无色片状晶体析出[7]，冷却至30 ℃以下，减压抽滤，尽量挤压以除去晶体中的水分，产物取出放在表面皿上干燥.

4. 表征

测定乙酰苯胺的熔点，约在114 ℃；采用KBr压片法，红外光谱的特征峰为：3 200～3 300 cm^{-1}，N—H伸缩振动，1 670 cm^{-1} C═O伸缩振动，1 560 cm^{-1} N—H弯曲振动，760 cm^{-1}和699 cm^{-1}单取代苯环上的C—H弯曲振动.

实验指导

[1] 也可以用50 mL的锥形瓶.

[2] 久置的苯胺色泽很深，是由于苯胺易氧化的结果，会影响生成的乙酰苯胺的质量.

[3] 锌粉的作用是防止苯胺在反应过程中被氧化，要是锌粉均匀分散在反应液中，效果更好.

[4] 此油珠是熔融状态的含水的乙酰苯胺(83 ℃时含水13%). 如果溶液温度在83 ℃以下，溶液中未溶解的乙酰苯胺以固态存在. 乙酰苯胺于不同温度下在100 mL水中的溶解度为：25 ℃，0.563 g；80 ℃，3.5 g；100 ℃，5.2 g；在后面涉及的各步加热、煮沸等反应过程中，会蒸发掉一部分水，因此，需随时补加热水. 本实验重结晶时的水的用量最好使溶液在80 ℃左右为饱和状态.

[5] 在沸腾的溶液中加入活性炭，会引起突然暴沸，致使溶液冲出容器. 因此，一定不要在沸腾的溶液中加入活性炭！

[6] 事先将布氏漏斗和抽滤瓶放在热水中预热，然后迅速用铁夹夹住，安装在抽滤瓶上，同时将抽滤瓶浸在热水中进行抽滤，否则，乙酰苯胺可能在布氏漏斗和抽滤瓶内析出，造成操作上的麻烦和产物的损失.

[7] 如果滤液比较稀，结晶时间较长，可用玻璃棒搅拌以加快结晶速度，但晶形可能不好.

【其他相关的制备方法】

制备乙酰苯胺的方法归纳起来有两种：一种是通过酰化剂如乙酸、乙酸酐、乙酰氯等与苯胺反应来制备，用乙酰氯做酰化剂的情况不多，因为用乙酰氯做酰化剂，反应很快，不好控制且乙酰氯价格较高. 另一种是用乙烯酮和苯胺在乙醚溶剂中反应，乙烯酮性质很活泼，放置时需冷藏.

【思考题】

1. 在制备过程中必须注意哪些事项才使产率高、质量好?
2. 估算重结晶母液乙酰苯胺的数量.
3. 还有什么方法除去乙酰化反应中生成的水?

实验六　对甲苯磺酸的制备

【主题词】

磺化　分水　重结晶

【主要操作】

回流分水　重结晶　减压过滤

【实验目的】

(1) 了解甲苯磺化反应的原理和方法；

(2) 掌握分水器、循环水真空泵和气体发生器等装置的使用及热过滤和抽滤等基本操作；

(3) 巩固固体样品重结晶的提纯方法和原理.

【背景材料】

对甲苯磺酸 CAS 号：104-15-4，白色单斜叶片状或柱状结晶，有时可含有 1 分子或 4 分子结晶水. 无水物的熔点 106～107 ℃，沸点 140 ℃(2.67 kPa). 可燃，易溶于水，能微溶于醇和醚，难溶于苯和甲苯. 露置于空气中易吸湿潮解. 若吸湿后影响使用，可用离心机重新脱水或烘干. 易使棉织物、木材、纸张等碳水化合物脱水而炭化，碱熔时生成对甲酚. 本品具有中等毒性，对皮肤、眼睛和粘膜有刺激. 使用操作时避免与人体及衣物接触，若粘到人体或衣物应及时用水清洗. 在有机合成上常用对甲苯磺酸制造对甲苯磺酰胺、糖精、氯胺 T、对甲苯磺酰氯和对砜二氯酰胺等，其最大用途是用于生产对甲酚. 对甲苯磺酸作为重要的精细化工产品，在医药上用作合成强力霉素、潘生丁、萘普生、阿莫西林、头孢羟氨苄中间体的重要原料，也是合成乙氧基喹啉的重要原料；在农药合成中也被广泛使用，如制取三氯杀螨醇；也用做涂料、染料的中间体；在丙烯酸酯等酯类、纺织助剂、摄影胶片等生产中用做催化剂. 在范围很广的反应中，包括酯化、生成缩醛、脱水、烷基化、脱烷基、贝克曼重排、聚合和解聚反应，它像硫酸一样有效，但催化效果比硫酸好，因为它不会引起氧化或炭化等副反应，所以得到的产物纯度高、颜色浅. 在树脂、涂料、人造板、铸造、油漆行业被广泛用做固化剂，常用对甲苯磺酸和氧化锌制备对甲苯磺酸锌，后者在丙烯腈和丙烯酸甲酯或丙烯脂和伯二氯乙烯共聚过程中作为稳定剂. 对甲苯磺酸还可用于酚醛、环氧和氨基塑料、家具清洗、染料、粘合剂、合成抗糖尿病医药及电镀槽的防应力添加剂等方面. 另外还可以用来制造层压板、复铜板所用的引发剂，还可用于洗涤剂等.

Jaworsky 于 1865 年用硫酸磺化甲苯而首先制得对甲苯磺酸. 1869 年，Engel-hardt 等人发现，在磺化混合物中还存在邻位和间位异构体. 由于甲苯的磺化剂和磺化参数均能直接影响异构体的分布及副产物的生成量，而且异构体之间的性质十分相似，对甲苯磺酸又易于发生脱磺化反应，因此，工业上难于进行分离和精制. 目前，国产对甲苯磺酸含量低，游离硫酸高，且生产工艺落后，远远不能满足各方面的需求，所以必须积极研究和开发生产，以满足市场的需要. 用硫酸磺化甲苯，是采用最多且历史最长的工艺. 研究表明，磺化反应速度与甲苯浓度成正比，与硫酸含水量的平方成反比，所以需使用含水少的硫酸和纯度高的甲苯，但磺化反应是可逆反应，水的浓度随反应的进行而逐渐升高，产生大量的废酸. 工业生产中，一般采用分压蒸馏法来除掉磺化反应生成的水，使磺化反应进行完全. 采用浓硫酸时，提高反应温度有助于邻位异构体转化成对位异构体，而对间位异构体的浓度没有影响. 例如在 0 ℃时，磺化混合物中含有 53.5%的对位异构体，而在 100 ℃时，对位异构体的含量增加到 84%，间位异构体的含量则不发生变化. 在 140 ℃条件下的平衡组成是：对甲苯磺酸为(37.2±2.2)%，邻甲苯磺酸为(3.2±0.6)%，间甲苯磺酸为(59.6±2.5)%. 实践证明，较低的酸浓度有利于对位异构体与邻位异构体的比例，硫酸与甲苯的比例对产品中异构体的分布没有太大的影响. 在磺化过程中，还可能发生多磺化、氧化、生成砜和酸酐、脱烷基、重排及脱磺基等副反应. 在理论上，三氧化硫是有效的磺化剂，因为只是直接的加成而不用脱除反应生成的水，在适宜的条件下，产品几乎全部是对甲苯磺酸. 目前，用三氧化硫磺化甲苯法制备对甲苯磺酸在国外已很普遍，其优点是反应温度低、速度快，按化学计量投料，得到几乎是纯的对甲苯磺酸. 氯磺酸是一种液态的磺化剂，用它磺化甲苯时放出氯化氢气体. 由于磺化时不生成水，所以不需用较高的温度和分压法除水，其缺点是氯磺酸价格较贵，放出的氯化氢具有较强的腐蚀性. 浓硫酸、三氧化硫和氯磺酸这三种磺化剂磺化的共同点是都有对甲苯砜、邻甲苯磺酸和间甲苯磺酸等副产物形成，要得到高纯度产品必须进一步提纯. 浓硫酸或发烟硫酸是三种磺化剂中最弱的一种磺化剂，但由于硫酸价廉易得，所以工业生产常用此法. 从磺化速度上看，磺化剂的浓度越高越好，但浓度太高会引起多磺化、氧化和生成砜等副反应的发生，还能影响磺基进入苯环的位置. 因此，必须依据磺化剂的种类和浓度，选择适宜的磺化条件.

磺化反应在不同的条件下进行时，进攻苯环的亲电试剂是不同的，实验证明：甲苯在硝基苯、硝基甲烷、三氯氟甲烷、二氧六环、四氯化碳、二氧化硫等非质子溶剂中与三氧化硫反应，进攻试剂是三氧化硫. 在含水硫酸中进行磺化，反应试剂为 $H_3SO_4^+$. 在发烟硫酸中反应试剂为 $H_3S_2O_7^+$ 和 $H_2S_4O_{13}$. 因此，在不同条件下磺化，其反应机制是有些微小差别的. 对甲苯磺酸在加热下与稀硫酸或盐酸反应，可失去磺酸基，生成甲苯，这是甲苯磺化反应的逆反应. 磺化反应的可逆性在有机合成中十分有用，在合成时可通过磺化反应保护芳环上的某一位置，待进一步发生某一反应后，再通过稀硫酸或盐酸将磺酸基除去，即可得到所需的化合物. 例如：用甲苯制备邻氯甲苯时，利用磺化反应来保护对位.

$$C_6H_5{-}CH_3 \xrightarrow[\triangle]{H_2SO_4} H_3C{-}C_6H_4{-}SO_3H \xrightarrow[Fe]{Cl_2} H_3C{-}C_6H_3(Cl){-}SO_3H \xrightarrow[\triangle]{H^+} H_3C{-}C_6H_4{-}Cl$$

2,4,6-三硝基苯酚(俗称苦味酸)是一个很猛烈的炸药. 制备苦味酸若直接用苯酚硝化，因酚极易被硝酸氧化，产量很低. 间接生产法也利用了磺化反应的可逆性.

$$C_6H_5OH \xrightarrow{H_2SO_4} 2,4\text{-}(SO_3H)_2C_6H_3OH \xrightarrow{HNO_3} 2,4\text{-}(NO_2)_2C_6H_3OH$$

对甲苯磺酸是有机强酸，在水中溶解度很大，在有机分子中引入磺酸基后可增加其在水中的溶解度. 合成洗涤剂大都是烷基苯磺酸的钠盐，烷基是亲油部分，磺酸基是亲水部分，其合成路线如下：

$$C_6H_5-C_{12}H_{25} \xrightarrow[\triangle]{H_2SO_4} C_{12}H_{25}-C_6H_4-SO_3H \xrightarrow{NaOH} C_{12}H_{25}-C_6H_4-SO_3Na$$

【实验方法】

在加热条件下，由甲苯和浓硫酸制备对甲苯磺酸时，常使用过量的甲苯. 反应时不断蒸出甲苯-水的恒沸物，以利于正反应的进行. 苯环上带有活化基团时，逆反应较易进行，带有钝化基团时，逆反应较难进行. 甲苯比苯容易磺化，甲苯磺化主要得邻、对位产物. 高温有利于对位产物的生成. 磺化反应是可逆的，在高温下已生成的邻位产物也会逐渐转向于位能较低的对位产物.

主反应：

$$C_6H_5-CH_3 \xrightarrow{H_2SO_4} H_3C-C_6H_4-SO_3H + H_2O$$

副反应：

$$C_6H_5-CH_3 \xrightarrow{H_2SO_4} o\text{-}CH_3C_6H_4-SO_3H + H_2O$$

$$C_6H_5-CH_3 \xrightarrow{H_2SO_4} HO_3S-C_6H_3(CH_3)-SO_3H + H_2O$$

【实验操作】

1. 反应

为了提高反应收率，根据反应物和生成物的性质和特点，选择图 2-4 所示的回流分水实验装置. 在 50 mL 干燥的圆底烧瓶[1]内加入 25 mL 甲苯，一边摇动烧瓶，一边缓缓加入 5.5 mL浓硫酸[2]，投入几根上端封闭的毛细管，毛细管的长度应能使其斜靠在烧瓶颈内壁[3]或加入少许沸石，在室温下搅拌，用加热套小火加热 0.5h，再反应 1h，然后回流 0.5h 或至分水器中积存约 2 mL 水为止[4~5]，停止加热.

2. 分离

撤去热源，冷却反应物. 将反应物倒入小烧杯中，加入 1.5 mL 水，此时有晶体析出. 用玻璃棒慢慢搅动，反应物逐渐变成固体. 减压过滤，用玻璃塞挤压以除去甲苯和邻甲苯磺酸.

3. 纯化

在 50 mL 烧杯里，将 12 g 粗产物溶于约 6 mL 水里. 向此溶液中通入 HCl 气体，直到有晶体析出[6]，同时要防止“倒吸”. 析出的晶体减压抽滤[7]，晶体用少量浓 HCl 洗涤[8]，用玻璃塞挤压除去水分. 产品移入已贴上标签并经称量的表面皿中，经自然干燥或烘干（干燥温度 100～110 ℃）.

4. 表征

测定产物的熔点，对甲苯磺酸水合物，熔点 96 ℃. 对甲苯磺酸熔点约在 104～105 ℃. 采用 KBr 压片法，红外光谱的特征峰为：3 600～3 200 cm^{-1}，O—H 伸缩振动；1 308～1 370 cm^{-1}(s)，1 470～1 430 cm^{-1}(m)，CH_3 的 C—H 面内弯曲；1 342 cm^{-1} 附近宽而强的

SO_2(as)的吸收峰;1 160 cm^{-1}(s),800～860 cm^{-1}(vs),苯环的二个相邻氢原子的吸收峰.

实验指导

[1] 也可用 50 mL 干燥的锥形瓶,瓶内放有磁力搅拌替代.

[2] 磺化反应是一个放热反应,在加料时要缓慢,可采用滴加的方式进行.必要时可将烧瓶浸在冷水中冷却.

[3] 如果不用毛细管,不采用磁力加热搅拌装置,也可以用每隔 2～3 min 彻底地振荡、混匀反应混合物一次(因为反应物料浓硫酸与甲苯不能互溶,是二相体系,不能成为均匀单相体系).

[4] 甲苯(占 79.80%)与水(20.2%)组成二元共沸物,共沸点 85.0 ℃.易燃,燃点 536.11 ℃,闪点 4.44 ℃(闭杯),12.78 ℃(开杯).空气中爆炸极限为 1.27%～7%.空气中允许浓度为 500 mg·m^{-3}.

[5] 分水器用于将反应中生成的水从反应体系中移出.反应混合物沸腾时,由于甲苯-水形成二元恒沸物,其共沸点较低(85.0 ℃),故需不断地将所生成的水从反应体系中带出,形成冷凝液而滴入分水器中.由于甲苯的密度比水小,与水不互溶,液面分层界线很明显,甲苯浮在分水器上层.当分水器盛满液体后,冷凝液中的甲苯溢流回反应瓶,水则留在分水器中,为了不致使较多的甲苯滞留在分水器中,事先应在分水器中加入一定量的水,使其液面与溢出口之间的体积约为 2 mL 左右,并将液面标记.反应结束后,将分水器的旋塞打开,使水面降回原标记处.由分水器中放出的水量即为反应中生成的水量.

[6] 在氯化氢水溶液中进行重结晶操作,可以减少产品的损失,除去溶解度较大的甲苯二磺酸钠.加入活性炭可以脱除有色杂质,使产品外观洁白.

[7] 用玻璃搅拌棒摩擦器壁,可以加速在器壁上形成晶核,以促进晶体的成长速度,加快产物晶体的析出.

[8] 最终产物不能用水洗涤,只能用浓盐酸洗涤,以减少产物的损失.

【其他相关的制备方法】

对甲苯磺酸还可以通过对甲基苯磺酰氯水解而制得,也可以采用发烟硫酸、三氧化硫、氯磺酸等和甲苯反应来制备.氯磺酸的磺化能力比硫酸强,但比三氧化硫缓和,与甲苯等有机物在适宜条件下几乎可以定量反应.但氯磺酸的价格较贵,限制了其的广泛应用.实验室中常采用氯磺酸作为磺化剂.工业上广泛应用 SO_3 作为磺化剂.

【思考题】

1. 在浓硫酸作用下,甲苯的两个主要磺化产物是什么?哪一个是动力学控制的产物?哪一个是热力学控制的产物?为什么?

2. 试计算甲苯与浓硫酸的摩尔比?为什么要采取甲苯过量?计算反应产率时,应当以何物为基准?

3. 在本实验中,通过哪一步操作,可以除去邻甲苯磺酸?

4. 在本实验中,HCl 气体起什么作用?

5. 为什么不能用水洗涤产品?

实验七　苯甲醇和苯甲酸的制备

【主题词】

歧化反应　Cannizzaro 反应　苯甲醛　重结晶

【主要操作】

蒸馏　重结晶　过滤　萃取

【实验目的】

(1) 学习用 Cannizzaro 反应制备苯甲醇和苯甲酸的方法；
(2) 掌握萃取有机化合物的操作；
(3) 掌握重结晶纯化有机物的方法.

【背景材料】

康尼查罗(S Cannizzaro)1826 年出生于意大利西西里城一个警察局长之家，1919 年逝世. 中学时代的康尼查罗就被认为是很有才华的学生，无论文学、数学还是历史，各科成绩均很优秀. 1841 年，康尼查罗进入巴勒莫大学医学系学习. 他以求知欲和兴趣广泛而出众，由于具有杰出的才干和顽强的性格，能深刻地掌握和理解课堂上老师讲授的内容，因而深得教授们的赏识. 他不仅听医学方面的课程，还经常听文学和数学方面的课程. 19 岁便在那不勒斯的代表大会上作了关于辨别运动神经和感觉神经方面的报告，受到与会代表的鼓励和鞭策. 鼓励和鞭策促使他一方面要从生物学角度去研究，另一方面又要从化学方面去研究.

图 3-6　康尼查罗像

1845 年，康尼查罗前往比萨，并在著名实验家皮利亚的实验室当助手. 在皮利亚的影响下，他深深地迷上了化学这门学科. 后来，他到法国巴黎，在舍夫勒实验室从事研究. 1850 年，他发表了关于氨基氰的论文，第二年又发表了关于氨基氰受热后发生转化的论文. 不久，他回到了意大利的亚历山大工业学院进行科学研究. 有机合成的新发展，有机化学领域的一个一个新发现，引起了他对研究苯甲醛及其特征反应的极大兴趣. 他发现如果把苯甲醛与碳酸钾一起加热，苯甲醛特有的苦杏仁味很快消失了，产物与原来的苯甲醛完全不同，甚至气味也变得好闻了. 他对反应混合物进行定量分析，先把反应混合物分成一个个组分，然后再测定每种组分的含量. 几天后，他得到了出乎意外的结果：在反应过程中，碳酸钾的量没有改变，只起到催化剂的作用；进一步分析得知产物既有苯甲酸又有苯甲醇. 1853 年，康尼查罗公布了他的研究成果. 人们把这类反应称为 Cannizzaro 反应. 康尼查罗(图 3-6)不仅是意大利著名的化学家和政治领袖，还是一名教育家.

【实验方法】

像苯甲醛那样的不含有 α-H 的醛，不能发生醛醇缩合反应，但是在碱性溶液中可发生康尼查罗反应生成等摩尔数量的醇和酸. 反应中间体是由两个醛形成的酯，其中一个醛作为负氢接受体，而另一个醛作为负氢的给予体. 中间体酯易水解生成醇和相应的酸. 氢氧根进攻醛的亲核中心碳原子，生成中间体(1)，中间体(1)和另一分子醛的羰基反应生成中间体(2)，中间体(2)释放出一个氢氧根离子生成如下所示的酯；酯经过碱性水解生成苯甲醇和苯甲酸盐.

(1) (2) NaOH

苯甲醇微溶于水，易溶于乙醚，所以用乙醚萃取；水溶性的苯甲酸盐通过加入无机酸使其转化为苯甲酸而回收. 反应式为：

$$C_6H_5CHO \xrightarrow{\text{浓 NaOH}} C_6H_5CH_2OH + C_6H_5COONa$$

【实验操作】

1. 反应

在 100 mL 锥形瓶[1]中，放入 11 g NaOH 和 11 mL 的水[2]，振荡成溶液，冷却至室温. 在振荡下，分批加入 12. 6 mL 新蒸馏的苯甲醛，每次约加入 3 mL；每加一次，都应该塞紧瓶塞，用力振荡；若温度过高，可把锥形瓶放入冷水浴中冷却. 最后当反应物变成白色蜡状物时，塞紧瓶塞[3]，放置过夜[4].

2. 分离

反应物中加入 40～45 mL 水，微热，搅拌使之溶解. 冷却后倒入分液漏斗中，用 30 mL 乙醚分三次萃取苯甲醇. 保存萃取过的水溶液(含有苯甲酸钠)供下一步使用，千万不要倒掉！

3. 纯化

合并乙醚萃取液，用 5 mL 饱和亚硫酸氢钠溶液洗涤，然后依次用 10 mL 10%碳酸钠溶液和 10 mL 冷水洗涤. 分出乙醚层溶液，用无水硫酸镁或无水碳酸钾干燥. 将干燥过的乙醚溶液倒入 50 mL 蒸馏瓶中，用热水浴加热，蒸出乙醚(倒入指定的乙醚回收瓶中). 然后改用空气冷凝管，在石棉网上加热或用电热煲加热，蒸馏出苯甲醇，收集 200～208 ℃的馏分，产量在 4. 0～4. 5 g.

在不断搅拌下，将上步保存的含有苯甲酸钠的水溶液以细流的方式慢慢倒入 40 mL 浓盐酸、40 mL 水和 25 g 碎冰的混合物中. 有大量的白色固体析出，抽滤析出的苯甲酸，用少量的冷水洗涤，挤压除去水分. 取出产物，干燥，称重，计算收率. 粗苯甲酸可用水重结晶. 得到的苯甲酸测定其熔点.

实验指导

[1] 也可以用 100 mL 的圆底烧瓶或铁质的罐头盒来代替锥形瓶.

[2] 也可以改用 11.5 g KOH 和 10 mL 的水.

[3] 如果用玻璃磨口的塞子塞紧锥形瓶，则塞子的磨口部分要用生料带缠上，防止碱腐蚀，玻璃塞子取不下来.

[4] 也可用加热回流的方式进行本实验. 在 100 mL 圆底烧瓶内将 7.5 g NaOH 溶于 30 mL水中，稍冷后加入 10 mL 新蒸馏的苯甲醛，投入沸石，装上回流冷凝管，加热回流 1 h，间歇振荡. 当苯甲醛油层消失，反应物变成透明溶液时，表明反应已达到终点. 冷却，反应液用 40 mL 苯分三次进行萃取，合并苯的萃取液，加热蒸馏将苯蒸出. 以下的操作步骤与正文所采用的方法相同.

【其他相关的制备方法】

苯甲醇可以通过氯化苄和碳酸钠水解制备，也可以用甲苯在钴盐催化下与空气反应同时制备苯甲醇、苯甲醛和苯甲酸.

【思考题】

1. 为什么要用新蒸馏的苯甲醛？长期放置的苯甲醛含有什么杂质？若不除去对本实验有何影响？

2. 乙醚的萃取液为什么要用饱和亚硫酸氢钠溶液洗涤？萃取过的水溶液是否也需要用饱和亚硫酸氢钠溶液处理，为什么？

3. 还有哪些化合物能发生康尼查罗歧化反应？

实验八 格利雅反应制备 2-甲基-2-丁醇

【主题词】

格氏反应 蒸馏 亲核加成反应

【主要操作】

蒸馏 无水操作 萃取

【实验目的】

(1) 学习格氏试剂以及醇制备方法;

(2) 了解羰基亲核加成反应的应用与机理;

(3) 掌握无水操作实验技术.

【背景材料】

卤代烃能与金属锂、钠、镁、锌、铝、钾等金属作用,生成一类分子中含 C—M(M 代表金属)键的化合物.这类化合物称为有机金属化合物或金属有机化合物.由于金属的电负性一般比碳原子小,因此,C—M 键一般是极性键;金属原子带部分负电荷,而与之相连的碳原子带部分正电荷;C—M 键比较容易断裂,而显示活泼性.

有机金属化合物性质活泼,能与多种化合物发生反应.许多有机金属化合物可用做有机合成试剂,在有机合成中具有重要用途.近年来有机金属化合物在有机合成和有机化学工业中发挥着重要作用,已发展成为有机化学的一个重要分支.在有机金属化合物中,其中以卤代烃与金属镁反应生成的有机金属试剂因制备方便、价格低廉而最为著名.这种由卤代烃与金属镁反应生成的有机金属试剂称为格氏试剂(Grignard 试剂),它是以一位化学家的名字而命名的.这位化学家叫维克多·格利雅.他的家庭很富有,但他不爱读书,成为"没出息的花花公子".1892 年,在一次宴会上,他邀请一位姑娘跳舞.姑娘拒绝了他,并说她最讨厌他这样的花花公子.他受此羞辱,悔恨交加,终于猛醒过来,决心抛弃恶习,奋发上进.他离开了家,全心投入学习,补习功课两年后,终于考取了里昂大学化学系.他经过大学 7 年的刻苦学习,于 1901 年获得了博士学位,后来历任南希大学、里昂大学教授.1912 年,诺贝尔化学奖授予法国化学家维克多·格林尼亚.他发现了金属镁与许多卤代烃的醚溶液反应,生成了一类有机合成的中间体——有机金属镁化合物,即格氏试剂.

【实验方法】

在绝对无水乙醚(无水、无醇)的存在下,单卤代烃与金属镁发生反应,生成烷基卤化镁——格氏试剂.格氏试剂的化学性质非常活泼,能与含有活泼氢的化合物(水、醇、酚、羧酸等)、醛酮、酯和 CO_2 等发生反应.因此实验中制备格氏试剂以及格氏试剂参与的反应中所用的仪器必须是仔细干燥过的,所用的原料也要经过严格无水处理.仪器装置与大气相通的地方应连接氯化钙干燥管,以防止空气中的湿气和 CO_2 侵入.格氏试剂也能和空气中的氧气发生反应,水解生成相应的醇.由于格氏反应通常在乙醚溶液中进行,反应时乙醚的蒸气可以把格氏试剂与空气隔绝开来.如果要保存格氏试剂则要用惰性气体来保护.

格氏试剂与醛、酮反应,属于羰基亲核加成反应,生成相应的醇.包括两步反应,加成和水解,都是放热反应,所以,在实验中,必须注意控制加料速度和反应温度.

【实验操作】

1. 反应

按图 2-3 安装回流滴加装置,在干燥的 250 mL 三口烧瓶[1]中安装恒压滴液漏斗、回流冷凝管,冷凝管上口接一个装有无水氯化钙的干燥管.烧瓶内放入 3.5 g 洁净干燥的镁屑[2]和20 mL无水乙醚,滴液漏斗中放入 15 mL 无水乙醚和 20 mL 干燥的溴乙烷.从漏斗中放出5～7 mL混合液到烧瓶中.轻轻摇动烧瓶.如果 10 min 后还没有明显的反应迹象[3]可用手掌将烧瓶温热,或迅速投入一小粒碘引发反应.反应发生后,慢慢滴加混合液,保持反应物正常平稳地回流与沸腾.如果反应过于剧烈,则暂时停止滴加,并用冷水浴将烧瓶稍微冷却.溴乙烷混合液滴加完毕后,关闭滴液漏斗的旋塞.等反应缓和后,在水浴上加热,继续维持缓和的回流直到所有的镁全部反应完毕[4].将制好的乙基溴化镁溶液用冰水冷却,从滴液漏斗中缓缓滴加 10 mL 的无水丙酮[5]与 10 mL 无水乙醚混合液.随着丙酮的加入,会发生剧烈的反应并形成白色沉淀[6].加完丙酮混合液后,移去冰水浴,在室温下放置 15 min.在振荡与冷却下,由滴液漏斗小心滴加 6 mL 浓硫酸和 90 mL 水的混合溶液,以分解加成产物.反应很剧烈[7],首先生成白色絮状沉淀,然后随着硫酸的继续加入,沉淀又溶解.

2. 分离与纯化

将反应混合物倒入分液漏斗中,静止分层.放出下面水层(暂时保留).乙醚层用 15 mL 10%碳酸钠溶液洗涤.将分出的碱层与上面保留的水层合并,用 20 mL 乙醚分两次萃取,合并乙醚溶液并用无水碳酸钾干燥.将干燥过的乙醚溶液用蒸馏装置首先在热水浴上蒸出乙醚,倒入指定的回收瓶中;然后提高加热温度,继续蒸馏,收集 100～104 ℃的馏分[8]约 6 g.

实验指导

[1] 本实验也可采用机械搅拌装置在三口烧瓶中进行,搅拌可缩短反应时间.

[2] 镁屑表面如果附着一层氧化物,反应很难引发,必须预先将氧化物除去.除去的方法为将镁屑放在布氏漏斗上,用很稀的盐酸冲洗,同时用真空抽滤,使盐酸不至于和镁屑接触太久;然后依次用水、乙醇、乙醚洗涤,抽干.这样处理过的镁屑应立即使用.

[3] 镁屑与卤代烷反应时所放出的反应热量足以使乙醚沸腾.根据乙醚是否沸腾以及沸腾的情况可以判断反应是否发生以及是否剧烈;溴乙烷的沸点很低,如果沸腾太剧烈,来不及冷却会从冷凝管中逸出而损失掉,这时需用冷水冷却反应瓶.

[4] 格氏试剂与空气中的氧气、水分和CO_2都能发生反应，所以制备的乙基溴化镁溶液不宜久放，应紧接着做下一步的加成反应.

[5] 丙酮应该用无水碳酸钾干燥过.

[6] 若反应物中含杂质较多，白色的固体加成物不容易生成，混合物只变成有色的粘稠物质.

[7] 一开始应控制硫酸水溶液滴入的速度，防止反应太快以致乙醚来不及冷凝而损失，若反应太快也需用冷水冷却反应瓶.

[8] 2-甲基-2-丁醇与水能形成恒沸混合物，沸点 87.4 ℃，如果干燥不彻底，就会有相当量的液体在 95 ℃以下即被蒸出，这样就需要重新干燥和蒸馏.

【其他相关的制备方法】

2-甲基-2-丁醇还可以通过其他格氏试剂和羰基物质的反应来制备. 如通过甲基溴化镁与丁酮反应或丙酸乙酯与甲基溴化镁反应等方法来制备.

【思考题】

1. 写出本实验中要注意的问题如仪器、试剂和操作等方面.
2. 萃取水层为什么不用无水乙醚?
3. 用格氏试剂制备 2-甲基-2-丁醇还可以选择用其他什么原料，写出反应式并对几种不同的路线作一些比较.

实验九 1-溴丁烷的制备

【主题词】

溴代 亲核取代 蒸馏

【主要操作】

蒸馏 恒压滴加 回流

【实验目的】

(1) 学习溴丁烷的制备方法;

(2) 了解蒸馏技术在有机物合成中的应用;

(3) 掌握洗涤、分馏纯化液态有机物的方法.

【背景材料】

卤代烃是一类重要的有机合成中间体. 通过卤代烷的取代反应,能制备多种有用的化合物,如腈类、胺类、醚等. 在无水乙醚中,卤代烷与镁作用生成格氏试剂 RMgX,与锌作用生成 Reformastsky 试剂 RZnX. 格氏试剂和 Reformastsky 试剂与羰基化合物如醛、酮及二氧化碳作用,可制得醇、酸等;与金属 Na 可以发生 Wurtz 反应. 卤代烃中的卤原子不同,制备所用的方法也不同,如氯代烃可用醇和 $SOCl_2$ 或浓 HCl 在 $ZnCl_2$ 存在下制取,碘代烷可通过醇和 PI_3 或 $P+I_2$ 作用下制得,或用烷烃直接氯化. 如二氯甲烷、三氯甲烷和四氯化碳就是用甲烷和氯气反应后分离得到. 芳香族氯代和溴代物一般是用卤素(Cl_2 或 Br_2)在铁粉或三卤化铁催化下与芳香族化合物作用而制得. 芳香族氟代和碘代物则常通过重氮盐方法来制取. 制备溴代烃的原料,多为结构上对应的醇和 HBr 在浓硫酸作用下制得.

在有机化学的结构理论发展中,范特霍夫和勒贝尔提出的碳原子四价和轨道的四面体构型是值得大加赞赏的,进而联想到甲烷、四氯化碳和金刚石的结构,金刚石的单元结构和四氯化碳、甲烷的结构有类似性. 假如四氯化碳也能发生 Wuritz 反应,应该生成金刚石! 这个研究工作是由我国科学家钱逸泰教授完成的.

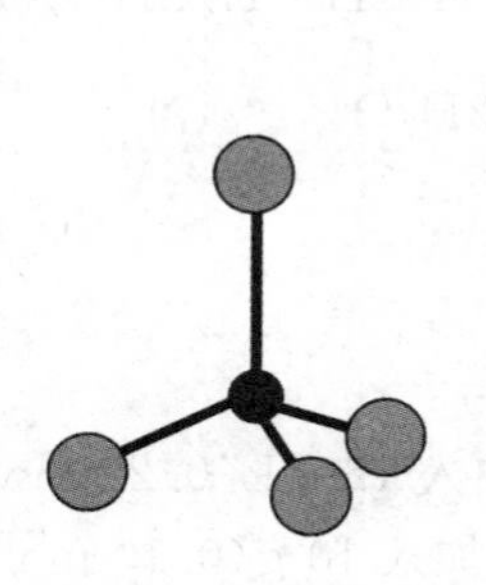

四氯化碳分子结构模型

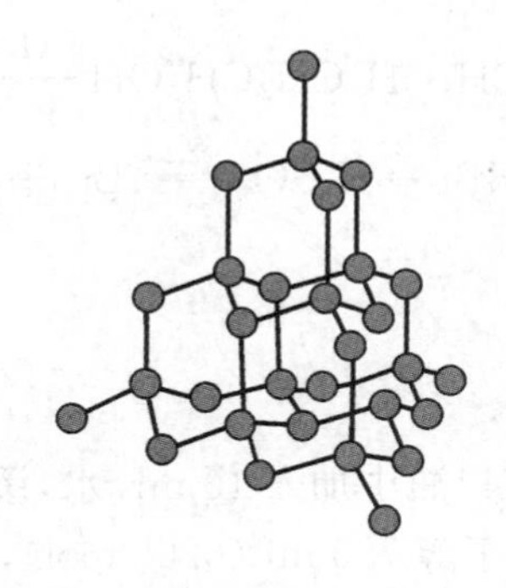

金刚石结构模型

实验室中最常用的溴代烷是1-溴丁烷.1-溴丁烷是一种重要的精细化工产品.作为中间体和原料,在医药、农药合成工业和其他精细有机合成中,具有广泛的用途.

【实验方法】

1-溴丁烷的制备是基础有机化学实验课的一个利用亲核取代原理进行合成的基本实验.一般的高等教育有机化学实验教科书中都有此实验.其合成是在加热的条件下,由醇和HBr作用,溴原子取代醇中的羟基,同时生成一分子水.

$$CH_3CH_2CH_2CH_2OH + HBr \xrightarrow{H_2SO_4} CH_3CH_2CH_2CH_2Br + H_2O$$

由于HBr在常温下是气体,加入和定量都不方便,因此,操作时常加入浓硫酸和NaBr代替HBr做溴代试剂.

$$NaBr + H_2SO_4 \Longrightarrow NaHSO_4 + HBr$$

由于正丁醇和HBr的反应是一个可逆反应,为了使反应平衡向右方移动,根据化学平衡移动的原理,可以采用增加其中一种反应物的浓度,或设法使产生的溴丁烷离开反应系统的方法.本实验中,在增加正丁醇用量的同时,通过蒸馏把反应中生成的低沸点的溴丁烷及时从反应混合物中蒸馏出来.

为了加速反应和提高产率,反应中还需加入过量的浓硫酸做催化剂,浓硫酸除了做反应物与NaBr作用制备HBr外,还可以使体系中的羟基质子化,变成易被亲核试剂HBr中溴负离子取代后而离去的基团,同时使生成物之一水能够充分质子化,使可逆反应的亲核试剂失活,阻止了水与生成的HBr作用而可逆反应生成醇.

溴丁烷的生成反应属SN2(即双分子亲核取代)机理,反应底物正丁醇的空间位阻小,进攻试剂Br^-的亲核能力较好,所以反应一般比较容易进行;溴丁烷沸点不高(101 ℃),与反应系统中的其他物料作用力小,因而容易蒸出.这两个特点就决定了制备溴丁烷可采用边反应边蒸馏的方式,将生成的溴丁烷从反应系统中及时蒸出,促使反应进行得更快更彻底.

副反应:

$$CH_3CH_2CH_2CH_2OH \xrightarrow{H_2SO_4} CH_3CH_2CH{=}CH_2 + 2H_2O$$

$$2CH_3CH_2CH_2CH_2OH \xrightarrow{H_2SO_4} (CH_3CH_2CH_2CH_2)_2O + 2H_2O$$

$$2HBr + H_2SO_4 \overset{\triangle}{=\!=\!=} Br_2 + SO_2 + 2H_2O$$

【实验操作】

1. 反应

在250 mL三口瓶中加入10 mL水,缓慢地加入12 mL(0.22 mol)浓硫酸,摇晃,并冷却至室温.加入正丁醇7.5 mL(0.08 mol),混合后加入10 g(0.10 mol)研细的溴化钠,充分振摇[1],再加入2～3粒沸石,装上回流冷凝管,一口接上口插有温度计的蒸馏头,蒸馏头接直形冷凝管、尾接管、接收器,在接收器中加少许冷水及5 mL饱和亚硫酸氢钠溶液[2,3],在尾接管的小支管处连接一根乳胶管,乳胶管通入下水道,用电热套小心加热反应体系,保持反应平稳地发生即可,到无油滴蒸出为止[4].馏出物为乳白色油状物,沉于瓶底.

2. 分离

将接收器中的液体倒入分液漏斗中,静置分层后,将下层的溴丁烷分出,放入干燥的小烧瓶中[5].将锥形瓶置于冷水浴中,逐滴向其中加入浓硫酸,不断振荡,直到溴丁烷变得澄清透明,而且瓶底有液层分出.用吸管仔细地吸出下面的硫酸层即可.

3. 纯化

在装有溴丁烷的30 mL蒸馏烧瓶中加入2~3粒沸石,装配分馏装置,用电热套小心加热反应体系,蒸馏溴丁烷,收集99~103 ℃的馏分.收集产物的接收器最好用冰水浴冷却.蒸馏结束后趁热倒出蒸馏烧瓶中的残余物[6].

4. 表征

测定溴丁烷的沸点,约在101.6 ℃;采用KBr涂片法,红外光谱的特征峰为:500~600 cm^{-1},C—Br伸缩振动;核磁共振氢谱的化学位移为:1.5~1.8 ppm,三重峰,3.34~3.66 ppm,四重峰.

实验指导

[1] 加NaBr时振摇,是防止NaBr结块,影响HBr的生成;溴化钠在加入前要用研钵研细;如在加料的过程中不摇动,将影响反应产率.

[2] 加热不均或过烈时,会有少量的溴分解出来,使蒸出的油层带棕黄色,加亚硫酸氢钠可除去此棕黄色;由于溴丁烷不溶于水,比重比水大,因此,将接液管末端浸入冰水混合物液面之下,以便溴丁烷一经蒸出,即封藏于水下.最好同时接收器外也用冰水混合物冷却.

[3] 接液管的支管连接橡皮管,通入下水道,以防止少量来不及冷凝的物质对空气产生污染.

[4] 溴丁烷是否完全蒸出,可以从以下几个方面来判断:

① 馏出液由浑浊变澄清;

② 三口瓶内油层(上层)消失;

③ 试管检验,即取几滴馏出液,加少量水振摇,如无油珠,表示已全部蒸出.

[5] 要避免将水带入分出的溴丁烷中,否则加硫酸处理时将产生较多的热量而使产物挥发损失.

[6] 蒸馏粗品溴丁烷后,残余物应趁热倒出后洗涤,以防止结块后难以洗涤.

【相关的制备方法】

1-溴丁烷也可以用溴素为溴化试剂,在硫磺的存在下,与正丁醇反应,制得溴丁烷.也有报道用固体酸代替浓硫酸做催化剂,催化溴化氢与正丁醇反应制备溴丁烷.

【思考题】

1. 本实验中硫酸的作用是什么?硫酸的浓度过大或过小有什么不好?
2. 反应后的粗产物中含有哪些杂质?是如何除去的?

实验十　苯乙酮的制备

【主题词】

羰基化合物　Friedel-Crafts 反应　芳香环亲电取代反应　蒸馏

【主要操作】

蒸馏　无水操作　滴加　气体捕集

【实验目的】

(1) 学习苯和乙酸酐的 Friedel-Crafts 反应；

(2) 学习 Friedel-Crafts 反应操作特征及应用；

(3) 了解芳香酮的一些性质和应用.

【背景材料】

山楂花有令人愉快的香味，多用于肥皂和香料产品的加香. 分析结果表明，它的主要成分为对甲氧基苯乙酮. 进一步研究表明，许多酮具有令人陶醉的香味，并作为基香，如苯乙酮、对甲氧基苯乙酮、二苯甲酮、Muscone、Musk ketone 和 Celeslolide 等. 苯乙酮在 1857 年就由 Friedel 制备出来. 在未发现 Friedel-Crafts 反应之前是通过蒸馏苯甲酸钙和乙酸钙的混合物而得到的. 二苯甲酮是白色固体，具有鹌草样的香韵，用作定香剂或作为药物和杀虫剂的中间体. 现在大多数的芳香酮是通过 Friedel-Crafts 反应来制备的. 例如：Celeslolide 的合成.

$$\xrightarrow[AlCl_3]{t\text{-}BuCl} \quad \xrightarrow[AlCl_3]{CH_3COCl} \quad \xrightarrow{HNO_3} \quad (O_2N)$$

要是 Theodor Zincke 当初能够研究总结他实验失败原因，如今的 Friedel-Crafts 反应则要变成 Zincke 反应了. 1869 年，Zincke 试着用氯化苄和 3－氯丙酸反应，用银为催化剂，苯为溶剂合成 3－苯基丙酸. 他选择的合成路线如下所示，他所用的反应实际上就是 Wurtz 反应的修正.

$$C_6H_5CH_2Cl + ClCH_2CH_2COOH \xrightarrow[benzene]{Ag} C_6H_5CH_2CH_2COOH$$

Zincke 观察到有大量的 HCl 气体产生，主要产物为二苯甲烷，而不是他所希望的 3－苯基丙酸.

$$C_6H_5CH_2Cl + C_6H_6 \xrightarrow{Ag} C_6H_5CH_2C_6H_5 + HCl\uparrow$$

大约四年后,法国一个名叫 Charles Friedel 的化学家在观察他的学生做 Wurtz 反应实验时,用 Zn 作催化剂,有大量的 HCl 气体生成,他让学生除去金属催化剂,反应仍然剧烈. 尽管没有记录他当时的思维过程,但 Friedel 认为此反应一定很有意义. 1877 年,Friedel 和他的同事美国化学家 Charles Mason Crafts 发表一篇论文,论述了该反应是一个重要的有机合成方法. 他们的发现是很简单的——使用金属氯化物而不是金属来催化有机氯化物和芳香烃的反应,还发现无水 $AlCl_3$ 催化剂最有效. 后来 Crafts 回到美国,任麻省理工学院的院长.

【实验方法】

利用 Friedel-Crafts 反应,使芳香烃与酸酐或酰氯在无水三氯化铝催化下,回流反应制备芳香酮. 实验中使用酸酐比酰氯操作简单且产率高,反应需要多于 1∶1(摩尔比)的三氯化铝作为催化剂. 因为三氯化铝与酸酐及生成的芳香酮形成配合物. 使用酰氯,则三氯化铝的投料量约为 1∶1.5,而如果使用酸酐的话,三氯化铝的投料量为 1∶(2～3). 反应过程中,芳香烃要过量,因为既要作为反应物又要作为溶剂使用,当然,也可以用另外的溶剂如二氯甲烷、硝基苯和二硫化碳等作为溶剂. 此反应为放热反应,必须将一种物料慢慢滴加到反应瓶中,反应完毕后,倒入冰水混合物中,以分解三氯化铝与芳香酮的配合物,然后分液,干燥有机层,蒸馏即得到产物. 反应式为:

$$C_6H_6 + H_3C-CO-O-CO-CH_3 \xrightarrow{AlCl_3} C_6H_5COCH_3 + CH_3COOH$$

【实验操作】

1. 反应

在装有回流冷凝管和滴液漏斗的 100 mL 三口烧瓶(所用的仪器必须完全干燥)中,加入 25 mL 无噻吩苯[1],20 g 无水三氯化铝(动作要迅速,防止吸水)[2]. 冷凝管上安装一个氯化钙干燥管,干燥管与一个 HCl 气体吸收系统连接(用 5%NaOH 水溶液为吸收剂,并注意防止倒吸),慢慢滴加 6 mL 醋酐,开始可以先滴加几滴醋酐,待反应发生后再继续滴加(要防止没有及时滴加醋酐,积累过多,一旦反应就会失去控制). 此反应为放热反应,应控制滴加速度,勿使反应过于激烈,以三口烧瓶温热为宜,边滴加醋酐边振荡三口烧瓶,约 15～20 min加完,待反应缓和后,用水浴加热回流,以使反应完全,直到不再有 HCl 气体逸出为止,约需 30 min.

2. 分离

将反应液冷却至室温,在搅拌下倒入盛有 50 mL 浓盐酸和 50 g 碎冰的烧杯中进行水解(在通风橱中或室外安全处进行). 若水解后有固体不溶物(铝盐)可以补加少量的盐酸使之溶解. 把混合液体转移到分液漏斗中,分出有机相. 水相用 50 mL 乙醚萃取两次. 萃取相和有机相合并,依次用等体积的 5%NaOH 水溶液和水各洗涤一次. 经无水硫酸镁干燥,先在水浴上蒸馏到 90～100 ℃停止,将直形冷凝管改为空气冷凝管继续蒸馏[3],收集 198～

202 ℃的馏分. 也可改为减压蒸馏. 产物为无色透明液体,质量为 4～5 g,产品可以通过测折光率或红外光谱来表征其结构.

实验指导

[1] 普通的苯可能含有少量的噻吩,除去噻吩的方法:用相当于苯体积 15%浓硫酸洗涤数次,直至酸层呈无色或浅黄色,然后再分别用水、10%碳酸钠水溶液洗涤,用无水氯化钙干燥过夜,过滤后进行分馏,收集 bp 80.1 ℃的馏分即为纯品.

[2] 无水三氯化铝易吸潮,应快速加入,否则会影响催化效果.

[3] 当蒸馏沸点超过 140 ℃时,需用空气冷凝管代替直形冷凝管蒸馏,以防止直形冷凝管的炸裂.

【相关制备方法】

苯乙酮的工业制备方法是用乙苯催化氧化,也可以用苯和乙酰氯在过量的氧化锌催化下制备,催化剂过滤洗涤后可套用 3 次.

【思考题】

1. 为什么要求所用的苯不含噻吩? 如何除去苯中的噻吩?
2. 使用和蒸馏乙醚时应注意哪些事项?
3. 反应完成后为什么在冰水中进行水解?

实验十一 阿司匹林的制备

【主题词】

水杨酸 乙酰化 阿司匹林

【主要操作】

减压过滤 重结晶 滴加

【实验目的】

(1) 掌握水杨酸的乙酰化反应的原理；
(2) 初步领会有机化学反应在制药等工业上的应用；
(3) 复习巩固产品的结晶、精制和抽滤等基本操作.

【背景材料】

1763 年，英国牛津的一位牧师首先用柳树皮煎剂治疗发烧病人，后来搞清楚了其中的有效成分即水杨酸. 该药虽然有很好的消毒、防腐作用，但由于有较强的腐蚀性和刺激性，限制了它的应用. 1899 年，德国拜尔药厂的化学家霍夫曼(F. Hoffmann)首先用水杨酸和醋酸酐合成了乙酰水杨酸即阿司匹林.

阿司匹林又名乙酰水杨酸、巴米尔，为白色结晶或结晶性粉末，无臭或微带醋酸臭，味微酸，易溶于乙醇，溶于氯仿和乙醚，微溶于水，性质不稳定，在潮湿空气中可缓缓分解成水杨酸和醋酸而略带酸臭味，故贮藏时应置于密闭、干燥处，以防分解. 本品具有较为温和的解热镇痛作用，有较强的抗炎、抗风湿等作用.

【实验方法】

酯化反应有很多种方法，其中常用的一种方法是通过醇与酸酐发生酸酐的醇解反应而制备酯，这种方法反应条件温和，收率较高. 在加热的条件下，水杨酸中的酚羟基与醋酐反应生成阿司匹林，同时生成一分子羧酸. 由于这个反应是一个可逆反应，根据化学平衡移动的原理，在反应中采用使反应物之一醋酐过量和加入催化剂浓硫酸的方法，可以提高产物阿司匹林的生成率. 阿司匹林的合成反应式如下：

$$C_6H_4(OH)COOH + (CH_3CO)_2O \longrightarrow C_6H_4(O\text{—}COCH_3)COOH + CH_3COOH$$

【实验操作】

1. 反应

在 500 mL 锥形瓶中加入水杨酸 10.0 g 和醋酐 25.0 mL，再用滴管加入浓硫酸约 1.5 mL，轻轻振荡使水杨酸溶解. 用电热套将锥形瓶缓慢加热至 85～95 ℃，并维持温度 10 min. 将锥形瓶冷却至室温，形成结晶，然后加入[1]去离子水 250 mL 并用玻璃棒轻轻搅拌；同时将该溶液放入冰浴中冷却. 待充分冷却后，阿司匹林结晶完全析出.

2. 分离

过滤反应混合物，滤渣用去离子水 30 mL 分 3 次快速洗涤、抽干，得到阿司匹林粗品[2]. 将粗品移至 150 mL 烧杯中，加入饱和碳酸氢钠水溶液 125 mL(分批少量加入，边加边搅拌)，搅拌到没有二氧化碳气体放出为止即无气泡和嘶嘶声. 若有不溶物可过滤除去并用少量纯化水洗涤. 将上述溶液分多次倒入盛有 17.5 mL 浓盐酸和 50 mL 去离子水的150 mL 烧杯中，边倒边搅拌，使阿司匹林从溶液中不断析出[3]. 将烧杯用冰浴冷却，阿司匹林完全析出后进行抽滤压干得粗品，放入 50 mL 锥形瓶中重结晶.

3. 提纯

向锥形瓶中加入少量热的乙酸乙酯(不超过 15 mL)，加热，使阿司匹林固体完全溶解. 冷却至室温，阿司匹林针状结晶渐渐析出，抽滤得阿司匹林纯品，称重，计算收率.

实验指导

[1] 第一次形成结晶后加水时，一定要等结晶充分形成后缓慢加入，并有放热现象.

[2] 第一次粗品是阿司匹林的聚合物，用碳酸氢钠和阿司匹林反应生成水溶性钠盐的性质，从而与聚合物分离.

[3] 加盐酸使阿司匹林析出，保证溶液成 pH=2 的酸性，会有晶体析出.

【其他相关的制备方法】

阿司匹林也可以通过乙酸、乙酰氯和水杨酸反应来制备.

【思考题】

1. 水杨酸与乙酸酐的反应过程中浓硫酸起什么作用？

2. 纯的乙酰水杨酸不会与三氯化铁溶液发生显色反应. 然而，在乙醇-水混合溶剂中经重结晶的乙酰水杨酸，有时反而会与三氯化铁溶液发生显色反应，这是为什么？

3. 水杨酸与乙酸酐反应结束后，如果不采用碳酸氢钠成盐、盐酸酸化的方法分离聚合物杂质，可否另外再拟一个分离的方案？

实验十二 7，7-二氯双环[4.1.0]庚烷的合成

【主题词】

烯烃反应 卡宾 三元环化合物 相转移催化

【主要操作】

萃取 洗涤 减压蒸馏

【实验目的】

(1) 学习用环己烯卡宾加成反应合成高张力三元环化合物的方法；

(2) 掌握相转移催化作用及其在有机合成上的应用；

(3) 了解有关自然界存在的具有生理功能的三元环化合物.

【背景材料】

由于小环、高张力的环烷烃具有不寻常高的燃烧热，孟山都研究人员开发了具有高张力烷烃化合物，可望作为喷气式战斗机的高能燃料. 把卡宾加成到含有双键的β-蒎烯上，就可以得到高张力的环状化合物.

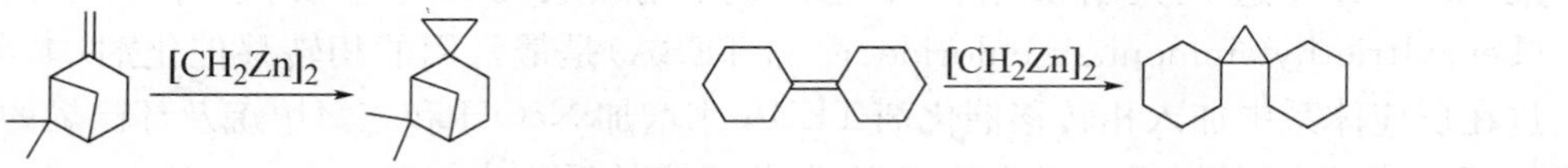

$[CH_2Zn]_2$ $[CH_2Zn]_2$

1961 年，W. R. Moore 合成了三环化合物[4.1.0.0]庚烷. 它具有两个环丙烷结构，相邻连接在环己烷上，张力很高. 假如合成它很价廉，它将是一个相当优越的高能喷气式飞机的燃料.

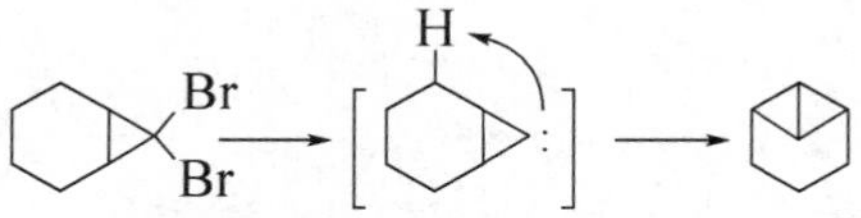

H Br Br

在本实验中，利用相转移催化技术，高产率地制备合成三环化合物[4.1.0.0]庚烷的起始物质 7，7-二氯庚烷，从而降低三环化合物合成的成本. 通过这一反应，让大家了解制备三元环状化合物的一种方法. 自然界中，六元环、五元环的化合物最多，而三元环的化合物较少，但也有一些结构奇特的三元环结构的化合物存在，如：

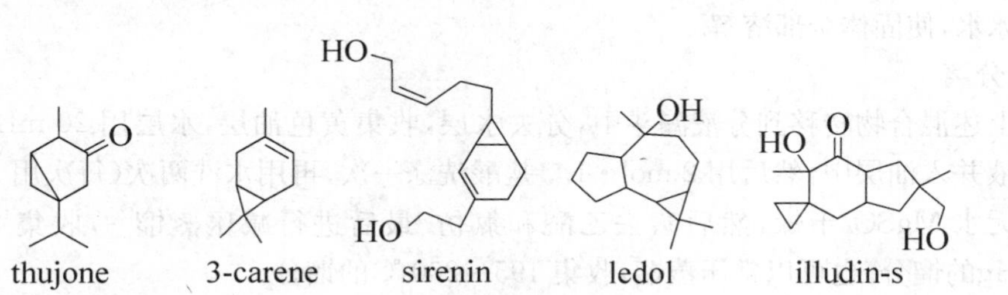

O HO HO OH HO O HO

thujone 3-carene sirenin ledol illudin-s

除虫菊酯是天然的可生物降解的杀虫剂，对人类无毒，最初是从菊科植物的花中得到的，分子结构中含有三元环，杀虫效果最好的是 decamethrin.

cinerin l　　decamethrin

【实验方法】

本实验将产生的高活性中间体——卡宾（：CCl_2）和环己烯反应. 不利的是制备卡宾用的 NaOH 溶液不溶于有机相，而与卡宾发生反应的环己烯是溶在三氯甲烷中的，环己烯及溶剂三氯甲烷几乎不溶于水相，因而 NaOH 和三氯甲烷及环己烯的接触机会就很少，导致反应速度很慢. 为了克服两相之间反应的困难，人们常在反应体系中加入相转移催化剂（phase transfer catalyst，简称 PTC）. 在非均相反应中，相转移催化剂能将反应物之一由一相转移到另一相，即相转移催化剂可以护送反应物通过两相界面，从而改善反应的条件，提高收率.

相转移催化剂不仅应用于亲核取代反应和消除反应，在加成反应、氧化反应和还原反应、缩合反应、环化反应、羰基化反应以及不对称合成反应中也已被广泛采用.

相转移催化剂还能促进乳液的生成，使有机相以环状束分散在水相中. 这个环状束叫胶束（micelles），这大大增加了两相之间的接触，从而加速了反应. 苄基三乙基氯化铵（benzyltriethylammonium chloride，简称 TEBA）是最常用的相转移催化剂. 本实验就是通过在反应体系中加入相转移催化剂 TEBA 来增加 NaOH 和三氯甲烷及环己烯的接触机会，从而加快反应速度，提高反应的产率. 环化反应的反应式如下：

$$\text{(cyclohexene)} + CHCl_3 \xrightarrow[\text{TEBA}]{5\%\text{NaOH}} \text{(7,7-dichlorobicyclo[4.1.0]heptane: Cl, Cl)}$$

【实验操作】

1. 反应

在 100 mL 三口瓶中加入 0.1 mol 环己烯、0.1 mol 三氯甲烷和约 1 g 相转移催化剂 TEBA[1]，边搅拌边从冷凝管上口慢慢加入 2.5 mol · L^{-1} NaOH 水溶液 20 mL[2]. 反应自行放热，并形成乳浊液. 保持反应混合物温度在 50～55 ℃下反应 2 h，然后冷却至室温，加入 40 mL 冰水，使固体全部溶解.

2. 分离

将上述混合物转移到分液漏斗中，分去水层，收集黄色油层，水层用 20 mL 乙醚萃取，将萃取液并入油层中，然后用 2 mol · L^{-1} 盐酸洗涤一次，再用水洗两次（每次用 20 mL 水）. 油层用无水 $MgSO_4$ 干燥，然后蒸去乙醚和氯仿. 最后进行减压蒸馏[3]，收集 80～82 ℃/16 mmHg的馏分. 也可以常压蒸馏，收集 195～200 ℃的馏分.

实验指导

[1] 相转移催化剂只需加1%左右即可,相转移催化剂一般价格较贵,使用过程中不要浪费.

[2] 加入相转移催化剂后,反应迅速发生,因此,为了控制反应速度,NaOH水溶液须从冷凝管上口慢慢加入.

[3] 第一次使用油泵进行减压蒸馏需在老师指导下进行.

【其他相关的制备方法】

7,7-二氯双环[4.1.0]庚烷还可以在其他相转移催化剂的作用下通过卡宾和环己烯反应来合成.

【思考题】

1. 写出环己烯和三氯甲烷在PTC作用下的反应机理.
2. 画出合成7,7-二氯庚烷的流程图.
3. 已知7,7-二氯庚烷在常压下的沸点是198 ℃,又知它在15 mmHg时,沸点为79~80 ℃,问在30 mmHg和60 mmHg时应收集怎样的馏分?
4. 查阅文献,总结卡宾的反应活性和应用.

实验十三 阳离子交换树脂催化乙酸乙酯的合成

【主题词】

强酸性 阳离子交换树脂 固体酸催化 酯化反应

【主要操作】

边滴加边回流边蒸馏 干燥 洗涤

【实验目的】

(1) 掌握固体酸催化制备乙酸乙酯的方法;

(2) 了解提高酯化等可逆反应收率的方法;

(3) 了解有关固体酸催化的知识.

【背景材料】

传统的合成乙酸乙酯的方法是以乙醇与乙酸在酸催化作用下直接酯化而来. 通常所用的催化剂是浓硫酸,该方法是目前工业化生产中最常用的方法,具有工艺简单、技术成熟、反应速度较快等优点. 但是由于浓硫酸具有脱水性以及强氧化性的特性,温度控制不好会引起副反应,对产品的后续处理以及产品的品质造成不利的影响;并且浓硫酸会对设备造成腐蚀,从而使该工艺在投产初期就要增加设备投入费和加快设备更新的速度. 因此,学者们将传统酯化反应的改进重点放在寻求优良催化剂方面,以克服使用浓硫酸的缺点. 研究主要集中在杂多酸、分子筛、阳离子交换树脂、固体超强酸等固体酸方面. 常用的固体酸有如下几种:

1. 杂多酸

杂多酸是一种高分子配合物,一般是由具有确定组成的含氧桥的多核高分子组成,其结构与分子筛的笼型结构类似,对多种有机反应表现出很好的催化活性. 杂多酸具有催化活性高、选择性良好,再生速度快的特点,对酯化作用催化效果十分显著.

2. 固体超强酸

固体超强酸通常是指比100%的硫酸酸性还强的固体酸. 它是一种新型的绿色工业催化材料,被广泛应用于酯化反应,是当前研究的一大热点. 在酯化反应中固体超强酸具有催化活性高、选择性好、不溶于反应体系、不腐蚀设备、不产生酸性废水等优点,是一种很有发展前景且对环境友好的绿色型催化剂,可取代传统的催化剂而广泛应用于有机合成生产中.

3. 有机(酸)盐和无机盐

在盐酸盐、硫酸盐等Lewis酸中,由于金属离子的外层轨道未饱和,其能与孤电子对相结合形成配位键形成酸中心,而用于酯化反应. 其反应机理为催化剂中的金属离子和羧酸的羧基氧发生络合,使得羰基碳的正电荷增加,这样更有利于醇分子中的羟基氧与之结合而发生酯化反应.

4. 强酸性阳离子交换树脂

强酸性阳离子交换树脂已经商业化,可以直接购买,具有强酸性但是没有腐蚀性,所以对生产设备要求低，环境污染少，副反应少．强酸性阳离子交换树脂还可以再生，因此可以多次使用，并且具有容易与反应体系分离等优点．常用强酸性阳离子交换树脂的种类及用途：

001×7　强酸性苯乙烯系阳离子交换树脂．主要用于硬水软化、脱盐水、纯水与高纯水制备、湿法冶金、稀有元素分离、抗生素提取等方面．

001×4　强酸性苯乙烯系阳离子交换树脂．主要用于高纯水制备及抗菌素提取等方面．

D001　强酸性苯乙烯系阳离子交换树脂．主要用于高速混库凝结水处理、高纯水处理、二级除盐混床、有机反应催化剂等．

D002　大孔强酸性苯乙烯系阳离子交换树脂．催化剂树脂，主要用于酸催化有机反应方面．

D－62　大孔强酸性苯乙烯系阳离子交换树脂．主要用于食品发酵行业（VC、味精）提高转化率及纯水处理等方面．

【实验方法】

乙醇和乙酸在酸催化条件下生成乙酸乙酯和水，本实验采用强酸性阳离子交换树脂 **D002** 作为催化剂，反应方程式如下：

$$CH_3\overset{\overset{O}{\|}}{C}OH + CH_3CH_2OH \xrightleftharpoons{\bullet\!-\!SO_3H} CH_3\overset{\overset{O}{\|}}{C}C_2H_5$$

该反应是可逆反应，为了提高反应收率，在实验中采用了固体酸催化、乙醇过量、边滴加边回流边蒸馏装置，保证反应更充分，始终乙醇过量且将反应物不断从体系中分离出来，多种措施促使反应向正反应方向移动．反应过程中温度的控制很重要，因为如果温度控制不好会发生如下副反应：

$$CH_3CH_2OH \xrightarrow[170\ ℃]{H^+} CH_2=CH_2$$

$$CH_3CH_2OH \xrightarrow[140\ ℃]{H^+} CH_3CH_2OCH_2CH_3$$

【实验操作】

1. 反应

在 250 mL 三口烧瓶中加入 3 mL 无水乙醇，加入 1.5 g 经活化处理过的强酸性阳离子交换树脂 D002[1]．配置 20 mL 无水乙醇和 14.3 mL 冰醋酸的混合液倒入恒压滴液漏斗中．按照图 2－7 安装边滴加边回流边蒸馏装置．先将恒压滴液漏斗中混合液滴 3～5 mL 到三口瓶中，用电热套加热至微沸，控制加热速度，使反应体系温度不超过 120 ℃．将恒压滴液漏斗中的混合液慢慢滴入三口瓶中，调节加料速度，使之和酯蒸出速度大致相等．滴加完毕后，继续加热 10 min，直到不再有液体馏出为止．反应结束将三口瓶中的树脂倒入指定回收瓶中[2]．

2. 分离

将饱和碳酸钠溶液很缓慢地加入馏出液中，直到无二氧化碳气体溢出为止[3]. 将混合液倒入分液漏斗中，静置后放出下面水层，用 pH 试纸检验酯层. 如果酯层仍显酸性，再用饱和碳酸钠溶液洗涤，直到酯层不再显酸性为止. 用等体积的饱和食盐水洗涤[4]，然后用等体积饱和氯化钙溶液洗涤两次. 将洗涤后的乙酸乙酯倒入干燥的小锥形瓶中，用无水硫酸钠干燥.

3. 纯化

用倾倒的方法把干燥过的乙酸乙酯倒入 50 mL 干燥的圆底烧瓶中，加入几粒沸石，安装普通蒸馏装置，收集 74 ℃～84 ℃的馏分. 称量并计算产率.

实验指导

[1] 强酸性阳离子交换树脂使用之前必须经过活化，活化方法：将一定量 D002 树脂用质量分数为 5%～7%的盐酸溶液浸泡 48 h 后抽滤取出，树脂用无水乙醇冲洗几遍，再用去离子水进行冲洗，至 pH 值为 6.0 左右，滤出树脂于 75 ℃烘干 24 h，备用.

[2] 强酸性阳离子交换树脂可以再生，方法：先用约 2 倍树脂体积的 2%～5%浓度的氢氧化钠溶液浸泡 4～8 h 后，用去离子水洗至中性. 然后用约 2 倍树脂体积的 2%～5%浓度的盐酸溶液浸泡 4～8 h 后，再用水洗约至 pH～6，树脂于 75 ℃烘干 24 h，备用.

[3] 饱和碳酸钠溶液要小量分批加入，期间要不断摇动接收器.

[4] 用饱和食盐水洗涤的目的是去除上一步洗涤过程溶液中溶有的少量碳酸钠，并且降低乙酸乙酯在水中溶解度，起到盐析作用.

【思考题】

1. 实验中采用了哪些方法提高酯化反应收率？
2. 蒸出的粗乙酸乙酯中主要含有哪些杂质？怎么去除？

实验十四　喹啉的制备

【主题词】

Skraup 合成　周环反应　喹啉

【主要操作】

水蒸气蒸馏　减压蒸馏

【实验目的】

(1) 掌握用 Skraup 合成法制备喹啉的原理和方法；
(2) 掌握水蒸气蒸馏等基本操作.

【背景材料】

喹啉为无色液体，是芳香类化合物，呈弱碱性(20 ℃，pK_a 4.85)，能溶于酸而成盐. 能与醇、醚及二硫化碳混溶，易溶于热水，难溶于高冷水. 具吸湿性，遇明火、高热可燃. 与氧化剂可发生反应. 受热分解放出有毒的氧化氮烟气. 燃烧产生分解产物有一氧化碳、二氧化碳、氧化氮.

喹啉可用作有机合成试剂、碱性缩合剂、分析试剂、也用于钒酸盐及砷酸盐的分离制备，还可用做于酸、溶剂、防腐剂等. 医药行业用于制作烟酸类及 8-羟基喹啉药物，印染行业用于制取青蓝色素和感光色素，橡胶行业用于制促进剂等.

喹啉可从煤焦油的洗油或萘油中提取，也可通过 Friedländer-Pfitzinger 合成法、Combes 合成法、Camps 合成法、Niementowski 合成法和周环化反应制备. 合成喹啉最有代表性的方法是 Skraup 合成，又称 Skraup 反应，其发现已经有一百多年的历史，以捷克化学家 Zdenko Hans Skraup(1850—1910) 的名字命名. 反应的主要过程为 α、β-不饱和羰基化合物与苯胺发生缩合，生成相应的喹啉化合物. 经典的 Skraup 合成是以苯胺、甘油、硫酸和氧化剂(如硝基苯)一起加热，经环化脱氢而生成喹啉. 一般来说，只有当反应进行得激烈时，才能获得较好的产率；不过另一方面，反应过于猛烈则会使反应难以控制，因此通常需要加入硫酸亚铁等缓和剂使反应顺利进行.

【实验方法】

首先是甘油受到硫酸的作用失水生成丙烯醛，其次丙烯醛与苯胺发生麦克尔加成，并烯醇化、在酸催化下发生失水作用、关环生成二氢喹啉，最后二氢喹啉受到氧化剂的氧化作用，芳构化为喹啉.

$$\mathrm{H_2C(OH)-CH(OH)-CH_2(OH)} \xrightarrow[-\mathrm{H_2O}]{\text{浓硫酸}} \mathrm{H_2C(OH)-C(OH)=CH(OH)} \rightleftharpoons \mathrm{H_2C=C(OH)-C(H)=O}$$

NH_2 + H_2C C—C O OHH → [N H O H ⇌ N H OH H]

$\xrightarrow{-H_2O}$ N H $\xrightarrow[\text{硝基苯}]{-H_2}$ N

【实验操作】

1. 反应

在500 mL圆底烧瓶中依次加入研磨成粉状的4 g硫酸亚铁[1]、29.9 mL无水甘油[2]、9.3 mL苯胺以及6.7 mL硝基苯，充分混合后，在不断振摇下缓慢滴入18 mL浓硫酸[3]并于冷水浴中冷却. 装上回流冷凝管，用加热套小火加热. 当有小气泡产生并开始微沸时，立即撤去热源[4]. 反应大量放热，待反应趋于缓和后，再用小火加热，保持反应物缓和地沸腾2.5～3 h.

2. 分离纯化

待反应物冷却后，加入适量的水，充分摇匀，进行水蒸气蒸馏，除去未反应的硝基苯，直至馏出液不显浑浊为止. 瓶中残留物冷却后，缓慢滴加30%氢氧化钠溶液，中和反应液中的硫酸并使溶液呈强碱性，再次进行水蒸气蒸馏，蒸出喹啉及未反应的苯胺，直至馏出液变清为止. 馏出液冷却条件下用浓硫酸酸化呈强酸性，待油状物全部溶解后，于冰水浴中冷却至5 ℃左右，不断振摇下缓慢滴加亚硝酸钠溶液(3 g亚硝酸钠+10 mL水)，直至反应液使淀粉-碘化钾试纸立即变蓝为止[5]. 将混合物加热至无气体放出，冷却后用30%氢氧化钠溶液碱化呈强碱性，第三次进行水蒸气蒸馏. 馏出液冷却后倒入分液漏斗，分层，水层用50 mL乙醚萃取2次，合并油层及乙醚萃取液，无水硫酸钠干燥. 热水浴蒸出乙醚后，改用电热套直接加热收集234 ℃～238 ℃馏分，计算产率[6].

实验指导

[1] 硫酸亚铁的作用是防止反应物之间的迅速氧化，减缓反应的剧烈程度.

[2] 甘油含水量不应超过0.5%，否则产率下降.

[3] 加料顺序不能颠倒，如先加浓硫酸后加硫酸亚铁，则反应往往很剧烈.

[4] 反应为放热反应，微沸说明反映开始，不应再加热，防止冲料.

[5] 由于重氮化反应在接近完成时，反应进行很慢，故应在加入亚硝酸钠溶液3 min后再检测是否有亚硝酸存在.

[6] 产率计算以苯胺为基准，且不考虑硝基苯部分转化为苯胺的量.

【思考题】

1. 硫酸亚铁的用途？
2. 第一次水蒸气蒸馏是在酸性还是碱性条件下？为什么？
3. 第一次水蒸气蒸馏的馏出液中，有没有苯胺和喹啉？为什么？
4. 第二次水蒸气蒸馏是在酸性还是碱性条件下？为什么？
5. 本实验是利用重氮化反应和重氮盐的特性来除去喹啉中的苯胺的，能否写出反应式？

实验十五　甲基橙的制备

【主题词】

重氮化反应　偶合反应

【主要操作】

盐析　抽滤　重结晶

【实验目的】

(1) 掌握芳胺的重氮化反应原理及操作方法;

(2) 掌握芳胺的偶合反应原理及操作方法.

【背景材料】

指示剂是化学试剂中的一类. 在一定介质条件下,其颜色能发生变化,能产生浑浊、沉淀以及有荧光现象等. 常用它检验溶液的酸碱性;滴定分析中用来指示滴定终点;环境检测中检验有害物. 一般分为酸碱指示剂、氧化还原指示剂、金属指示剂、吸附指示剂等.

甲基橙化学名为4-((4-(二甲氨基)苯基)偶氮基)苯磺酸钠盐,又名对二甲基氨基偶氮苯磺酸钠、金莲橙D,是常用的一种酸碱滴定指示剂,同时也是强还原剂(Ti^{3+}、Cr^{2+})和强氧化剂(氯、溴)的消色指示剂,细胞浆质指示剂,组织学对比染色剂、花粉管染色. 其pH值变色范围为3.1(红)~4.4(黄),用于测定多数矿酸、强碱和水的碱度. 可与靛蓝二磺酸钠或溴甲酚绿组成混合指示剂,以缩短变色域和提高变色的锐灵性. 甲基橙指示剂的缺点是黄红色泽较难辨认,现在已被广泛指示剂所代替,如酚酞. 甲基橙也是一种偶氮染料,可用于印染纺织品,用于生物染色等.

甲基橙溶于水(1份溶于500份水中),溶液呈金黄色,几乎不溶于乙醇. 最大吸收波长505 nm. 有毒.

甲基橙在中性或碱性溶液中是以磺酸钠盐的形式存在,在酸性溶液中转化为磺酸,这样酸性的磺酸基就与分子内的碱性二甲氨基形成对二甲氨基苯基偶氮苯磺酸的内盐型式(成对醌结构),成为一个含有对位醌式结构的共轭体系,所以颜色随之改变.

变色反应过程:

$$NaO_3S-C_6H_4-N=N-C_6H_4-N(CH_3)_2 \underset{OH^-}{\overset{H^+}{\rightleftharpoons}} {}^-O_3S-C_6H_4-N(H)-N=C_6H_4=\overset{+}{N}(CH_3)_2$$

黄色　　　　　　　　红色

【实验方法】

对氨基苯磺酸重氮盐与N,N-二甲基苯胺的醋酸盐,在弱酸性条件下耦合得到酸式甲基橙,后在碱性条件下转变为钠盐,即甲基橙.

$$HO_3S-C_6H_4-NH_2 \xrightarrow[-H_2O]{NaOH} NaO_3S-C_6H_4-nh_2 \xrightarrow[HCl]{NaNO_2} [NaO_3S-C_6H_4-N^+\equiv N]Cl^- \xrightarrow[CH_3COOH]{C_6H_5N(CH_3)_2}$$

$$[HO_3S-C_6H_4-N=N-C_6H_4-N^+H(CH_3)_2]\ OAc^- \xrightarrow{NaOH} NaO_2S-C_6H_4-N=N-C_6H_4-N(CH_3)_2$$

【实验操作】

1. 反应

在单颈瓶中加入磁力搅拌子，加入 10 mL 5%NaOH 溶液、2.1 g 对氨基苯磺酸，搅拌下加热溶解[1]，. 加入亚硝酸钠水溶液(0.8 g 亚硝酸钠和 6 mL 水)，将得到的混合物放置于冰盐浴中冷却至 0 ℃～5 ℃. 保持温度在 5 ℃以下，不断搅拌并缓慢滴加稀盐酸(3 mL 浓盐酸与 10 mL 水)[2]. 滴加完毕，继续搅拌 3～5 min 后用淀粉-碘化钾试纸检测[3]，然后在冰盐浴中继续搅拌 10～15 min 以保证反应完全.

在烧杯中加入 1.2 g *N*,*N*-二甲基苯胺和 1 mL 冰醋酸，摇晃使其混合完全后，将其缓慢加入到上述冷却的重氮盐溶液中. 加完后继续搅拌 10 min，在缓慢加入 25 mL 5% NaOH 溶液至反应液变为橙色[4]，有沉淀析出[5].

2. 分离纯化

将反应物，在 90 ℃～100 ℃加热 5 min，缓慢冷却至室温后，再置于冰水浴中冷却，使其洗出完全，抽滤，依次用少量冷水、冷乙醇和冷乙醚洗涤，压干. 所得粗品按 25 mL/g 加入热水，并加入少量 NaOH(0.1～0.2 g)进行重结晶. 抽滤，滤饼次用少量冷水、冷乙醇和冷乙醚洗涤，压干，得橙色片状结晶. 烘干，计算产率.

实验指导

[1] 加热温度不宜太高，温热即可.

[2] 整个滴加过程都要保持温度在 5 ℃以下.

[3] 重氮化反应在接近完成时，反应进行很慢，故应在加入亚硝酸钠溶液 3 min 后再检测是否有亚硝酸存在. 如试纸不显蓝色，需补加亚硝酸钠水溶液.

[4] 此时反应液呈碱性.

[5] 若反应物中有未反应的 *N*,*N*-二甲基苯胺醋酸盐，加入氢氧化钠后，会有难溶于水的 *N*,*N*-二甲基苯胺析出，影响产物纯度. 湿的甲基橙光照后颜色变深，所以粗品一般为紫红色.

【思考题】

1. 甲基橙可作为酸碱指示剂的原因?
2. 重氮化反应亚硝酸钠和盐酸可以同时加入吗?

第四章　选做实验

实验一　柠檬酸三乙酯的制备

【主题词】

酯化反应　带水剂　脱色剂

【主要操作】

回流　脱色　减压蒸馏

【实验目的】

（1）了解柠檬酸三乙酯的制备方法；

（2）了解回流操作、脱色技术在酯化反应中的应用；

（3）掌握洗涤、纯化液态有机物的方法.

【背景材料】

柠檬酸酯类物质是一类无毒、无味的物质，它们的主要用途是用做增塑剂. 由于其无毒，所以是目前应用广泛的有毒的苯二甲酸酯类增塑剂（DOP）的最佳替代品，还广泛用于食品行业、医药及保健品中作为添加剂、抗氧化剂、增香剂和去臭剂等. 因为它能溶于大多数的有机溶剂，与醋酸纤维素、乙基纤维素、氯乙烯-醋酸乙烯共聚物、聚乙烯醇缩丁醛、聚醋酸乙烯酯、氯化橡胶等许多纤维素及树脂有良好的相溶性，又由于其基本无味，可用于较敏感的乳制品包装、饮料瓶塞、瓶装食品的密封圈等；从安全角度考虑，更适合做软性儿童玩具. 聚氯乙烯等经其增塑后，低温扰曲性能好，熔封对热稳定，不变色. 柠檬酸酯类还具有较强的耐油性，耐光性和抗霉性，广泛用于化妆品、包装、医疗器具、儿童玩具及烟草工业中.

在柠檬酸酯类物质中，使用最广泛的是柠檬酸三乙酯. 由于具有结构简单、溶解力强、耐油性、抗霉性等优点，因而其被广泛地用做增塑剂、食品添加剂、抗氧化剂、增香剂等. 柠檬酸三乙酯的制备多通过柠檬酸和无水乙醇在强酸如硫酸催化下制得.

【实验方法】

柠檬酸三乙酯的制备是基础有机化学实验中酯化反应的应用实验. 其合成方法是在回

流条件下，由无水柠檬酸和无水乙醇在酸催化下进行酯化反应，柠檬酸中的三个羧基被三个乙氧基取代，同时生成三分子水．反应式如下：

$$\begin{array}{c}CH_2COOH\\|\\HO—C—COOH\\|\\CH_2COOH\end{array} + 3CH_3CH_2OH \xrightleftharpoons{H_2SO_4} \begin{array}{c}CH_2COOCH_2CH_3\\|\\HO—C—COOCH_2CH_3\\|\\CH_2COOCH_2CH_3\end{array} + 3H_2O$$

由于酯化反应是一个可逆反应，为了使反应平衡向右移动，根据化学平衡移动的原理，可以采用增加其中一种反应物的浓度，或设法使生成物之一离开反应系统的方法．本实验中，在增加乙醇用量的同时，利用乙醇和生成的水形成共沸物的性质，直接利用反应物乙醇作为带水剂，通过蒸馏把反应中生成的低沸点的水不断从反应混合物中蒸馏出来．由于柠檬酸是三元酸，通过酯化除了生成三元酸酯外，还可能生成一元、二元酸酯．为了尽量少地产生酯化不完全生成的一元、二元酸酯，须在较高温度下使反应进行得比较彻底，因此，反应须在回流温度下进行．另外，为了提高反应的速度和收率，反应中还需加入少量的酸做催化剂，本实验中采用的是浓硫酸．

副反应：

$$\begin{array}{c}CH_2COOH\\|\\HO—C—COOH\\|\\CH_2COOH\end{array} + 2CH_3CH_2OH \xrightleftharpoons{H_2SO_4} \begin{array}{c}CH_2COOCH_2CH_3\\|\\HO—C—COOH\\|\\CH_2COOCH_2CH_3\end{array} + 2H_2O$$

$$\begin{array}{c}CH_2COOH\\|\\HO—C—COOH\\|\\CH_2COOH\end{array} + CH_3CH_2OH \xrightleftharpoons{H_2SO_4} \begin{array}{c}CH_2COOCH_2CH_3\\|\\HO—C—COOH\\|\\CH_2COOH\end{array} + H_2O$$

【实验操作】

1. 反应

在三口烧瓶中先加入 38.4 g (0.2 mol)柠檬酸、55.2 g(1.2 mol)无水乙醇[1]以及作为催化剂的 2%硫酸[2]．在三口瓶的一口装上分水器，分水器上接球形冷凝管，一口插入搅拌器，一口接温度计(没入反应体系)．在搅拌下加热反应混合物至回流，使物料在 80 ℃左右剧烈沸腾状态下反应，利用酒精和水形成共沸物的性质，将反应中生成的水与酒精在 0.5 h 内共沸蒸出 100 mL[3]，同时向反应体系中补充相同体积的酒精，再加热至沸腾并将生成的水与酒精在 0.5 h 内共沸出 100 mL，然后再向反应体系中补充相同体积的酒精[4]，不断循环上面的步骤．用酒精密度计检测共沸物中乙醇的含量，反应开始阶段测得乙醇的含量为 92%左右．随着反应的不断进行，生成的水量越来越少，共沸物中乙醇的含量不断提高，当乙醇的含量达到 98%以上时，证明反应接近终点；当测得的乙醇的含量不变时，停止加热，结束反应．

2. 分离

停止加热，稍冷，将回流操作改为蒸馏操作，撤去温度计，在该口接上插有温度计的蒸馏头,蒸馏头接直形冷凝管、尾接管、接收器,加热,将反应体系中多余的酒精全部蒸出[5].停止加热,冷却后向反应瓶中加入5%的碳酸钠溶液[6],将混合液转移到分液漏斗中,振荡,静置,将下层的柠檬酸三乙酯分出,弃去水层,将柠檬酸三乙酯倒入分液漏斗中,加入蒸馏水洗涤酯层,将下层的柠檬酸三乙酯仔细分出,放入干燥的50 mL三口瓶中[7].

3. 纯化

向装有柠檬酸三乙酯的50 mL三口瓶中加入1%活性炭,装配减压蒸馏装置,用电热套加热反应体系,在外温120 ℃下减压蒸馏15 min以除去少量的水分和脱色[8],准备抽滤装置,趁热抽滤,即得无色透明的柠檬酸三乙酯.

4. 表征

测定柠檬酸三乙酯的折射率,用阿贝折光仪测得折光率(25 ℃)为1.444 4～1.444 9;测定相对密度(25 ℃)为1.135～1.137;采用KBr涂片法,1 750 cm^{-1},C═O的特征吸收峰,在1 056 cm^{-1},C—O对称性伸缩振动峰.

实验指导

[1] 柠檬酸和乙醇的最佳摩尔配比为1∶6.

[2] 为硫酸与柠檬酸的质量比.

[3] 共沸物蒸出的速度为每秒钟1～2滴.

[4] 保证反应体系中的酒精始终过量.

[5] 在100 ℃左右没有液体被蒸出.

[6] 碱的浓度不能过大,也不能用强碱,以防止生成的柠檬酸三乙酯在碱性条件下水解.

[7] 三口瓶要干燥,防止带入过多的水分.

[8] 在高温条件下脱色效果较好.

【其他相关的制备方法】

柠檬酸三乙酯也可以通过柠檬酸和乙醇在对甲苯磺酸做催化剂和用苯做带水剂的条件下回流制备.也有报道用载Sn离子交换树脂酸代替浓硫酸做催化剂,用苯做带水剂来制备柠檬酸三乙酯.

【思考题】

1. 本实验是根据什么原理来提高柠檬酸三乙酯的产率的?
2. 为什么要从反应混合液中尽可能蒸出乙醇以后,再加入稀碱进行洗涤?
3. 酯的制备有哪些方法? 简述各种方法的优缺点.

实验二　对二甲氨基苯甲酸乙酯的合成

【主题词】

氧化　酯化　催化剂　重结晶

【主要操作】

回流　重结晶　减压过滤

【实验目的】

(1) 了解对二甲氨基苯甲醛氧化和对二甲氨基苯甲酸酯化反应的原理和方法；

(2) 掌握回流、真空泵等装置的使用及热过滤和抽滤等基本操作；

(3) 巩固固体样品重结晶的提纯方法和原理.

【背景材料】

对二甲氨基苯甲酸乙酯是一种性能优良的增感剂，它们常与硫杂蒽酮类光引发剂、苯乙酮类光引发剂联合使用，既能促进光引发作用，又可有效地消除氧对光引发聚合的干扰作用. 在国外，此类产品已批量生产，大量投入使用，国内有关的研制报道尚少见. 据文献报道，无机酸及其盐类、有机酸及其盐类、特殊无机酸酯(如钛、锆、铝酸酯等)、金属氧化物、固体超强酸、杂多酸及其盐类、酸性阳离子交换树脂、稀土催化剂、分子筛催化剂等均可作为羧酸酯合成催化剂. 对二甲氨基苯甲酸乙酯可采用两步反应合成：首先合成对二甲氨基苯甲酸，再由对二甲氨基苯甲酸与乙醇反应合成对二甲氨基苯甲酸乙酯.

【实验方法】

对二甲氨基苯甲酸乙酯通过对二甲氨基苯甲酸与乙醇发生酯化反应而制得. 对二甲氨基苯甲酸不太容易买到，因此，在实验中都是实验者自己合成. 合成对二甲氨基苯甲酸的方法较多，如对溴 *N*，*N* 二甲苯胺与正丁基锂反应制得有机金属锂试剂，有机金属锂试剂再与二氧化碳加成后水解. 该方法要使用价格昂贵的正丁基锂，因此，现已不太常用. 可以通过对氨基苯甲酸与硫酸二甲酯发生甲基化反应来制得；也可以通过对硝基 *N*，*N* 二甲苯胺与甲醛和氢气作用而制得；还可以通过将对二甲氨基苯甲醛用硝酸银的碱性溶液氧化成对二甲氨基苯甲酸. 本实验就是将对二甲氨基苯甲醛用硝酸银的碱性溶液氧化成对二甲氨基苯甲酸的方法. 先在硝酸银的 NaOH 溶液的作用下，将对二甲氨基苯甲醛氧化成对二甲氨基苯甲酸钠，然后酸化即制得对二甲氨基苯甲酸，制得的粗品还可以用乙醇重结晶，得到纯净的对二甲氨基苯甲酸. 然后对二甲氨基苯甲酸与乙醇在对甲苯磺酸的催化下发生酯化反应，得到的粗酯用乙醇-水重结晶即得纯净的对二甲氨基苯甲酸乙酯. 在对二甲氨基苯甲酸乙酯的合成上，传统的硫酸催化活性虽然高、价廉易得，但选择性差，副反应多，易使有机物碳化，产品质量不好，腐蚀性强，同时产生大量废液污染环境. 在此选择对甲苯磺酸做催化剂. 对甲苯磺酸是一种强有机酸，无氧化性，无碳化作用，作为酯化反应的催化剂时具有活性高、选择性好、操作方便、不腐蚀设备、污染较小等显著优点.反应式如下：

$$p\text{-}(CH_3)_2N\text{-}C_6H_4\text{-}CHO \xrightarrow[\text{②}HCl/H_2O]{\text{①}AgNO_3/NaOH/H_2O} p\text{-}(CH_3)_2N\text{-}C_6H_4\text{-}COOH \xrightarrow[C_2H_5OH]{H_3C\text{-}C_6H_4\text{-}SO_3H} p\text{-}(CH_3)_2N\text{-}C_6H_4\text{-}COOEt$$

【实验操作】

一、对二甲氨基苯甲酸的制备

1. 反应

在 500 mL 三口烧瓶中加入 7%NaOH 溶液 100 mL、12 g 对二甲氨基苯甲醛、25.6 g $AgNO_3$，加装搅拌棒、球形冷凝管和 100 ℃温度计后，开始接通冷凝水、搅拌器，控温 60 ℃，加热反应 24 h.

2. 分离

将烧瓶取出冷却至室温，过滤.滤饼用稀 HNO_3 洗涤处理后，过滤，滤液加热蒸发，回收 $AgNO_3$ 固体，回收率 99%；滤液用浓盐酸调节 pH 为 6～7，有大量淡黄色沉淀析出，抽滤，并以蒸馏水洗涤沉淀物.

3. 纯化

沉淀物加 95%乙醇重结晶，得 3 mm 左右长度的粗大结晶.过滤结晶，105 ℃烘干，即得对二甲氨基苯甲酸，收率可达 80%左右，熔点约为 241 ℃.

二、对二甲氨基苯甲酸乙酯的合成

1. 反应

在 100 mL 三口烧瓶中，加入 1.0 g 对二甲氨基苯甲酸和 25 mL 95%的乙醇[1]，旋转摇动烧瓶使大部分固体溶解；将烧瓶置于冰浴中冷却，加入对甲苯磺酸 0.6 g，搅拌，搅匀后移去冰浴，将反应瓶置于加热器上加热回流 2 h[2～3].

2. 分离

趁热将反应物转入烧杯中并冷却至室温，分批加入 10 %碳酸钠溶液中和至无明显气体释放[4]，溶液 pH 为 7 左右，产生少量固体沉淀；将溶液倾出，加入分液漏斗中，用少量乙醚[5]洗涤固体后并入分液漏斗，向漏斗中加入 40 mL 乙醚，振摇后分出醚层；加少量无水硫酸镁干燥后，在水浴上蒸去乙醚和大部分乙醇，至残余油状物约 5 mL，冷却，析出固体.

3. 纯化及表征

粗固体用乙醇-水重结晶，过滤，在空气中晾干.测定熔点，文献值为 66～68 ℃[6].IR 谱（KBr 压片，cm^{-1}）：2 970.70(s)，2 899.00(s)，CH_3 的 C—H 伸缩；1 705.83(s)，C ═O 的伸缩振动；1 603.41(s)，1 531.72(s)，1 439.45(s)，1 372.97(s)，1 291.04(s)，C(O)—O 的伸缩振动；1 188.62(vs)，1 111.81(vs)，942.82(vs)，819.91(vs)，芳环两个相邻氢原子.

实验指导

[1] 对二甲氨基苯甲酸与乙醇在对甲苯磺酸催化下进行的酯化反应，是一个可逆反应.

为了提高对二甲氨基苯甲酸乙酯的产量，采用将反应物之一乙醇过量投料，即对二甲氨基苯甲酸∶乙醇＝1∶8(摩尔比)，因为乙醇的价格比对二甲氨基苯甲酸便宜得多.

[2] 乙醇与对甲苯磺酸的混合，一定要搅拌均匀，否则会影响对甲苯磺酸的催化效果.

[3] 加热温度过高，会增加副产物乙醚的生成量，使主产物乙酸的产量下降.

[4] 用10%碳酸钠溶液中和酸性物质，不要加入过多的碱液，否则会给后续处理引入过多的杂质.

[5] 乙醚，极易挥发，易燃，燃点179.4℃，是一级易燃品. 实验场地不要有明火存在，注意通风. 空气中爆炸极限为1.85%～36.05%. 空气中允许最大浓度为500 $mg \cdot m^{-3}$. 乙醚蒸气的密度大于空气，易聚集在实验室的下方空间，不易很快通过窗户自然扩散到室外，所以需将其蒸气直接导出室外.

[6] 产品对二甲氨基苯甲酸乙酯由于是自然风干，干燥不完全还含有一定量的溶剂水和乙醇，因此出现熔点偏低的现象.

【其他相关的制备方法】

除了本实验使用的方法外，对二甲氨基苯甲酸的合成还有几种方法：① 对溴 *N*，*N* 二甲苯胺与正丁基锂反应制得的有机金属锂试剂与二氧化碳发生加成；② 对氨基苯甲酸与硫酸二甲酯发生甲基化反应；③ 对硝基 *N*，*N* 二甲苯胺与甲醛和氢气反应；④ 对溴 *N*，*N* 二甲苯胺与金属钠和二氧化碳发生反应.

【思考题】

1. 在本实验中，对甲苯磺酸起什么作用？可用什么来代替？
2. 为什么要用过量的乙醇？
3. 产物蒸馏前干燥不彻底会造成什么问题？

实验三　肥皂的制备

【主题词】

肥皂　皂化反应　盐析

【主要操作】

搅拌　真空过滤

【实验目的】

(1) 了解肥皂的制备原理和制备方法;
(2) 掌握盐析的原理和方法;
(3) 了解表面活性剂的作用机理.

【背景材料】

植物的油和动物的脂肪都是由脂肪酸及甘油所形成的一种酯的混合物. 结构式如下所示. 其中 R 表示烃基,可以是饱和的或不饱和的. 脂肪酸的组成随着它们的来源不同而有区别.

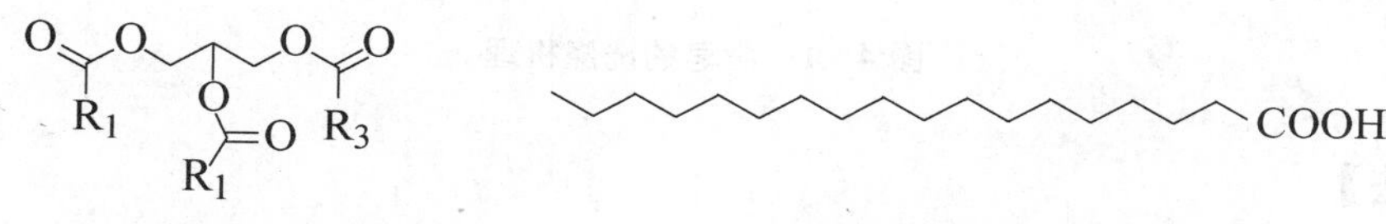

甘油酯的通式　　　　硬脂酸的结构式

存在于牛油中的脂肪主要由硬脂酸酯组成,能被强碱性的 NaOH 水解,生成硬脂酸和甘油. 这一反应称为皂化反应. 脂肪酸的钠盐称为肥皂. 人类把它用做清洁及洗涤已经有好几个世纪了. 由于它的原始制作者不清楚,这个发明已不属于任何一个人. 然而,历史告诉我们,甚至在古代的庞贝城就发现了肥皂的加工厂. 直到 19 世纪,肥皂还是唯一人工生产的洗涤用品. 20 世纪初,肥皂对水质的硬度及酸碱度敏感的缺点首先在纺织工业中引起反响. 终于在 1917 年,德国化学家 Gunther 成功合成了烷基苯磺酸盐表面活性剂,才兴起表面活性剂工业,从而使肥皂的使用范围及产量相对减少. 但就目前而言,肥皂的产量仍高于其他的表面活性剂. 在日常生活中占有不可动摇的地位. 肥皂具有清洁作用是由于它的羧酸钠端是亲水的,它被吸引到水分子的周围;而烃基端是疏水的,它趋向油或污垢的环境. 正是由于具有两亲的结构,在水溶液中会形成不同程度的聚合体胶束(Celle),如图 4-1 所示. 当油滴被肥皂分子这样包围着时,通过搅动,自动从衣服等织物上脱离下来,便容易地溶解到水中. 肥皂的这种洗涤能力可由溶解肥皂所产生的泡沫的量来反映.

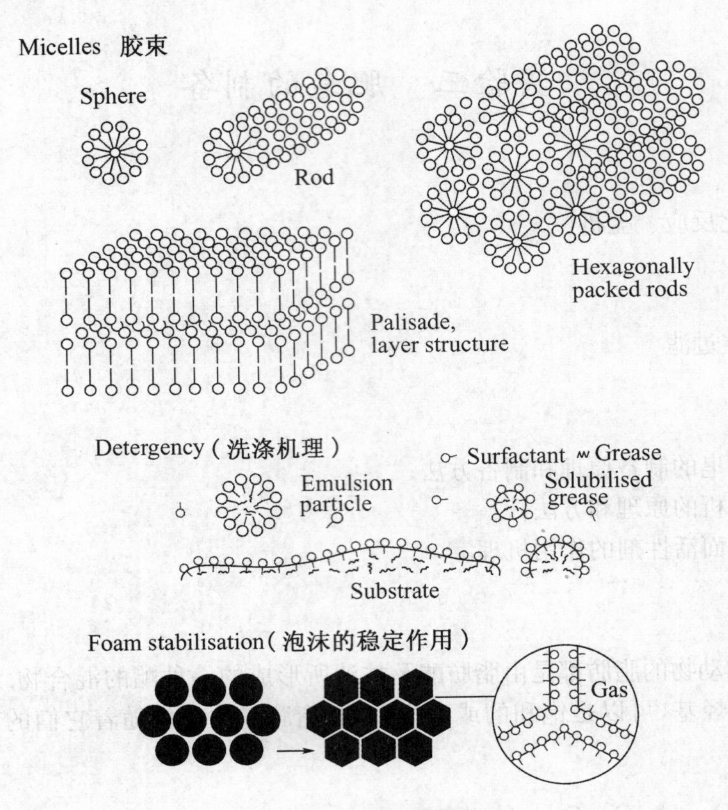

图 4-1 肥皂的洗涤机理

【实验方法】

脂肪或油脂和强碱在一定温度下水解产生一种脂肪酸钠盐和甘油混合物，把氯化钠加入到反应的混合物中，通过盐析作用，把产生的脂肪酸钠分离出来. 皂化反应的反应式如下：

$$\begin{array}{l} CH_2-O-\overset{\overset{O}{\|}}{C}-R \\ | \\ CH-O-\overset{\overset{O}{\|}}{C}-R \\ | \\ CH_2-O-\overset{\overset{O}{\|}}{C}-R \end{array} + NaOH \xrightarrow{\triangle} \begin{array}{l} CH_2-OH \\ | \\ CH-OH \\ | \\ CH_2-OH \end{array} + RCOONa$$

在实际操作中，还加入10%左右的椰子油、花生油或蓖麻子油等其他油脂. 这样制成的肥皂，具有良好的起泡性能，在水中不软化. 但需要记住，此时的皂化所需要的 NaOH 的用量也随之改变. 皂化值是指水解 1 g 脂肪所必需的 NaOH 的毫克数，它可以用滴定分析方法测定. 在肥皂生产中，还加入各种香精，以制备不同的香皂，满足消费者的需要.

【实验操作】

在一个小烧杯中加入 5 mL 植物油(橄榄油),5 mL 30%的氢氧化钠溶液和 3 mL 乙醇[1],并将小烧杯置于一个盛有水的大烧杯中,加热大烧杯,同时搅拌小烧杯中的溶液. 20 min 后,取出小烧杯,直接加热,至溶液变成奶油般的糊状物,向其中加入 5 mL 热的饱和氯化钠溶液并搅拌[2],这步操作称作"盐析"[3]. 静置,冷却,将混合物上层的固体取出并用水洗净. 将所得固体放到水中,充分振荡,观察其现象是否与普通肥皂的现象相同[4]. 用氢氧化钾代替氢氧化钠重复以上实验,使脂肪皂化,并比较两种肥皂的去污效果.

实验指导

[1] 油脂不溶于碱,只能随着溶液中皂化反应的发生而逐渐乳化,反应很慢. 实验时,为了加速皂化的进程,一般都用酒精溶液. 酒精既能溶解碱,又能溶解油脂,是油脂和 NaOH 的共同溶剂,能使反应物融为均一的液体,使皂化反应在均匀的系统中进行并且加快.

[2] NaCl 的用量要适中. 用量少时,盐析不充分;用量太多时,NaCl 混入肥皂中,影响肥皂的固化.

[3] 检验皂化是否完全时,也可用玻璃棒取出几滴试样放在试管里,加 4～5 mL 水,把试管浸在热水浴中或放在火焰上加热,并不断振荡. 如果混合物完全溶解,没有油滴分出,表示皂化反应已完全. 如果皂化不完全,液面上有油脂分出,这时要把碱液跟油脂的混合物再加热几分钟,再检验,直到皂化完全为止.

[4] 滤出的固体物质,加入填充剂,经过过滤、干燥、成型等一系列加工就成肥皂. 制肥皂时常用的填料有松香、香料等,松香能起增加肥皂泡沫的作用. 限于实验室条件,可不要求学生在制得的肥皂中加入填充物.

【其他相关的制备方法】

肥皂还可以通过其他植物油与氢氧化钠或氢氧化钾通过皂化反应而制得.

【思考题】

1. 肥皂在酸性溶液中能充分地发挥其作用吗?
2. 写出甘油酯碱性水解的反应机理.
3. 肥皂在海水、山区中的水以及自来水中洗涤效果有区别吗?

实验四　N，N-二乙基-间-甲基苯甲酰胺的合成

【主题词】

氧化　酰氯化　胺化

【主要操作】

回流　蒸馏　萃取　柱层析

【主要目的】

（1）掌握以间甲苯甲酸为原料制备 N，N-二乙基-间-甲基苯甲酰胺的方法；

（2）熟悉用柱层析分离有机化合物的方法；

（3）了解驱虫剂的作用原理.

【背景材料】

几乎没有人听到饥饿的蚊子的尖声哀泣不毛骨悚然的.蚊子除了骚扰我们的日常生活外,这些嗜血如命的小虫子还会传播疾病如痢疾、黄热等.尽管有许多方法阻碍蚊子滋生,但大多都付诸东流.蚊子在热的碱池子里或在高浓度的盐酸罐中都能繁殖,因而,我们不可能、当然从生态平衡来看也不能使蚊子从地球上消失.但可以让蚊子不接近我们,其中最好的方法是使用 Deet.这在美国和加拿大较为普及.对于蚊虫对刺激的反应以及驱虫剂的作用方式,人们进行了广泛的研究.大气中由于活的哺乳动物或其他来源所排出的 CO_2,使热空气中 CO_2 的浓度增加,从而引起蚊子注意到附近可能有一个寄主,于是蚊子开始飞动,直到与由哺乳动物产生的暖湿气流相遇.然后蚊子逆流而上,一直飞向这股气流的发源地.如果它一旦飞离这股气流,它通常会在该气流中转向.

深入的研究表明,驱虫剂并不是使蚊虫感到厌恶的物质而将其赶走.显然,驱虫剂是阻塞触发上感受器部位的一种化合物.阻塞反应在数千分之一秒内即可发生.由于蚊虫不再探测到暖湿气流源,迫使它偏离寄主.相比之下,蚊子一旦离开高浓度驱虫剂的附近区域,非阻塞反应至少要在 1 秒钟才能发生.因此,当我们在皮肤上使用驱虫剂后,蚊子刚要飞落在我们身上之前就会飞离开去.

驱虫剂也可以制成通常的喷雾剂加以喷洒.在此种情况下,驱虫剂显然阻塞了蚊子的二氧化碳的气体感受器部位,从而阻扰了蚊虫对可能的寄主所排出的二氧化碳浓度增加的警觉.作为驱虫剂,这些化合物仅有的共同性质是它们的分子量及其分子形状.那些好的驱虫剂,其相对分子量为 150～250.巨大的球形分子阻塞感受器比扁平分子更有效.N，N-二乙基-间-甲基苯甲酰胺即为常用的驱虫剂.

【实验方法】

本实验我们将以间-二甲苯为起始原料,利用氧化、酰氯化和胺化合成 N，N-二乙基-间-甲基苯甲酰胺.芳环的侧链氧化一般在 Co(Ⅲ)存在下用 O_2 氧化,也可以用空气的氧气

作为氧化剂，但这些氧化所需的操作条件在普通实验室中均较难实现，因此，本实验选用硝酸做氧化剂，在反应混合物回流的温度下进行反应(间-二甲苯的沸点为 139 ℃). 反应后，除间-甲苯甲酸外，还有少量间-苯二甲酸生成. 但可以利用它们在乙醚中溶解度的不同，将副产物间-苯二甲酸除去.

$$\text{m-}H_3C\text{-}C_6H_4\text{-}CH_3 \xrightarrow{HNO_3} \text{m-}H_3C\text{-}C_6H_4\text{-}COOH \xrightarrow{SOCl_2} \text{m-}H_3C\text{-}C_6H_4\text{-}COCl \xrightarrow{NH(C_2H_5)_2} \text{m-}CH_3\text{-}C_6H_4\text{-}C(=O)N(C_2H_5)_2$$

接下来是羧酸与二乙胺反应制备最终产物，但由于羧酸的活性较小，因此，常将羧酸制成活性大的酰氯. 酰氯化最常用的试剂是 $SOCl_2$ 和 PCl_3 及 PCl_5，它们与羧酸作用，都可以得到相应的酰氯.

$$R\text{—}COOH \xrightarrow{SOCl_2} RCOCl + SO_2 + HCl$$
$$R\text{—}COOH \xrightarrow{PCl_3} RCOCl + H_3PO_3$$
$$R\text{—}COOH \xrightarrow{PCl_5} RCOCl + POCl_3$$

使用这三种酰化试剂各有优缺点，可以相互补充. 酰氯的提纯一般通过蒸馏的方法，因此，要求产物的沸点与过量的试剂氯化亚砜或与副产物亚磷酸及三氯氧磷的沸点或分解点要有一定的差距，以便通过蒸馏的方法分离. 最方便的方法是用氯化亚砜，反应在室温或稍热即可，产物除酰氯外，其余都是气体，易除去，只要把过量的氯化亚砜分离出来，产物往往不需蒸馏即可应用，而且纯度好，产率高. 最后是酰胺化，得到的酰氯都是容易分解的，而二乙胺又很容易吸水. 因此，在实验时不仅要在实验前处理好各种试剂，而且在实验操作时也要避免空气中的水进入反应系统.

【实验操作】

1. 间-甲苯甲酸的合成

在 500 mL 三口瓶中(装有搅拌器、油水分离器、滴液漏斗)加入 1.63 mol 的间-二甲苯，加热回流，体系温度约为 130～140 ℃，在连续搅拌下，通过滴液漏斗滴加 80 mL 70% HNO_3 溶液，加入时间约 3 h. 随着 HNO_3 溶液的滴入，反应不断进行，生成的水不断由分水器除去，反应 3 h 即硝酸加完后，停止反应. 溶液呈棕红色. 将上述反应混合物倒入分液漏斗中，加入 3 mol · L^{-1} 的 NaOH 溶液约 30 mL，振荡分层，放出下层透明的红色碱溶液，在上层溶液(较黄)中再加入氢氧化钠溶液 30 mL，分出碱层，如此反复五次，后几次为了分离容易，可加入饱和 NaCl 溶液数毫升[1]. 合并所有碱溶液，加入 HCl 溶液至溶液为酸性，产生沉淀. 过滤、干燥，得黄色固体，这就是间-甲苯甲酸的粗品. 将此固体溶于 50 mL 乙醚中，滤去不溶的白色固体，该白色固体为间-苯二甲酸[2]. 将滤液蒸馏除去溶剂乙醚，干燥，称重，即得纯的间-甲苯甲酸. 约为 16 g，测定其熔点，间-甲苯甲酸的熔点为 105～107 ℃.

2. 间-甲苯甲酰氯的合成

在盛有 5.6 g 间-甲苯甲酸的 500 mL 三口瓶中加入 6.2 mL 氯化亚砜，并加入两片沸石，加热反应混合物至不再放出 HCl 气体为止. 得到的液体(约 20～30 mL)就是间-甲苯甲酰氯. 停止反应，冷却后即得粗品，粗品不需纯化，即可接着进行下一步实验.

3. *N*，*N*-二乙基-间-甲基苯甲酰胺的合成

在上面盛有间-甲苯甲酰氯的三口瓶中加入 90 mL 无水乙醚，然后在滴液漏斗中加入 13.7 mL 二乙胺及 27.3 mL 无水乙醚，并装上干燥管，将乙二胺的乙醚溶液逐滴滴入反应瓶中，滴加速度应控制使瓶中所生成的大量白雾不升到三颈瓶的颈部，以防止堵塞滴液漏斗.

4. 分离和提纯

加完后，将反应混合物转移到 250 mL 分滴漏斗中. 反应瓶用 30 mL15%NaOH 洗涤，并将此溶液也加入到分液漏斗中，分出水层，用乙醚萃取水层，分层除水(如不分层，加入 50 mL乙醚于分液漏斗中萃取). 乙醚层用 30 mL 15%NaOH 洗涤，接着用 30 mL 10%HCl 洗涤，最后用 50 mL 水洗，无水硫酸钠干燥. 水浴蒸去乙醚后即得到粗产品. 粗产物可以用减压蒸馏进行纯化. 收集 158～160 ℃/20 mmHg 的馏分，约 4.5 g 左右. 粗产品的纯化亦可以用柱层析法进行. 将 30 g 三氧化铝用石油醚浸泡后装入层析柱，将粗品溶于少量石油醚中，小心加入柱中，用石油醚淋洗，淋洗下来的第一个化合物就是产品. 减压蒸去石油醚，得到透明的棕黄色油状物. 称重，计算产率，并做 IR 及 NMR 表征结构.

实验指导

[1] 反复用氢氧化钠洗涤是为了将溶在间-二甲苯的间-甲苯甲酸变成钠盐溶于水相从而与间-二甲苯分离.

[2] 利用间-甲苯甲酸和间-苯二甲酸在乙醚中的溶解度不同来分离.

【思考题】

1. 乙二胺的碱性比 DMF 强还是弱？为什么？
2. 提出从 2-乙氧基苯甲酸合成 *N*，*N*-二乙基-2-乙氧基苯甲酰胺的合成途径.
3. 试总结由丙酸制备丙酰氯的方法及各种方法的优缺点.

实验五 Wittig 反应合成反-1,2-二苯乙烯

【主题词】

季磷盐 乙酰化 磷叶立德 Wittig 反应

【主要操作】

回流 减压蒸馏 恒压滴液

【实验目的】

(1) 掌握 Wittig 试剂的制备原理和方法；
(2) 了解减压蒸馏技术的应用；
(3) 了解荧光增白剂的制备知识.

【背景材料】

季磷盐用强碱处理(一般常用正丁基锂、苯基锂的醚溶液,氨基钠的氨溶液,氢化钠的四氢呋喃溶液,醇锂的醇溶液等),即生成魏悌希(Wittig)试剂. Wittig 试剂主要以鎓盐的形式存在,内鎓盐也称叶立德(ylide). 因而 Wittig 试剂亦称磷内鎓盐或磷叶立德. 磷叶立德的性质很活泼,可以与羰基物质如醛或酮加成,结果羰基的氧转移到磷上,亚甲基碳即置换了羰基的氧,形成一个双键. 这个反应叫做魏悌希(Wittig)反应. Wittig 反应是一个很有价值的合成方法,在烯烃、脂环烃、芳烃、萜类化合物、杂环化合物以及一些天然产物(前列腺素、昆虫性外激素)等的合成中,获得了很大的发展.

$$(C_6H_5)_3P + RCH_2Cl \longrightarrow (C_6H_5)_3P^+CH_2RCl^-$$

$$(C_6H_5)_3P^+CH_2R + C_6H_5Li \longrightarrow [(C_6H_5)_3P^+CH^-R \rightleftharpoons (C_6H_5)_3P{=}CHR]$$

$$(C_6H_5)_3P{=}CHR + \;>C{=}O \longrightarrow \;>C{=}CHR + (C_6H_5)_3P{=}O$$

虽然该反应有很多优点,但仍存在一些不足,如三苯基磷价格昂贵,有剧毒,正丁基锂或苯基锂除了价格昂贵外,性质很活泼,很容易与空气中的水、二氧化碳等物质发生反应,尤其易水解,因此,反应用的试剂和仪器需经严格干燥,从而制约了工业上的广泛使用. 对此,改进的方法是使用亚磷酸酯与卤化物反应,发生阿尔布卓夫(Arbuzov)重排,生成的膦酸酯在醇钠存在下即可与醛酮反应生成双键. 这在荧光增白剂的生产中获得了广泛的应用.

【实验方法】

本实验就是以亚磷酸三乙酯和氯苄为起始原料,通过阿尔布卓夫(Arbuzov)重排,生成膦酸酯,生成的膦酸酯再与苯甲醛反应生成反-1,2-二苯乙烯. 反应式如下：

$$C_6H_5CH_2Cl + P(OC_2H_5)_3 \longrightarrow C_6H_5CH_2PO(OC_2H_5)_2$$

$$C_6H_5CH_2PO(OC_2H_5)_2 + C_6H_5CHO \longrightarrow C_6H_5CH{=}CHC_6H_5$$

【实验操作】

1. 苄基膦酸二乙酯的制备

将 3.0 g(0.018 mol)亚磷酸三乙酯和 1.9 g(0.015 mol)氯苄加至 25 mL 圆底烧瓶中，回流加热 2 h. 然后减压蒸馏，收集沸程为 155～156 ℃/1 866 Pa[1]的产物.

2. 反-1,2-二苯乙烯的制备

在 10 mL 锥形瓶中，加入 3 mL 无水乙醇和 0.15 g 金属钠[2]，使反应完全. 得乙醇钠溶液备用. 在 50 mL 装有温度计、滴液漏斗、冷凝管和搅拌器三口瓶中加入 1.37 g(0.006 mol)苄基膦酸二乙酯和已制备好的乙醇钠溶液，再加入 7 mL 二甲基甲酰胺，在搅拌下滴入 0.64 g(0.006 mol)溶于二甲基甲酰胺中的苯甲醛溶液，控制滴加速度，使反应温度维持在 30～40 ℃之间，必要时可加以冷却. 加毕，于室温下搅拌 0.5 h.

3. 分离

在反应混合物中加入适量的水，使固体产物析出，冷却后，过滤. 用水洗涤所得固体，干燥后即得粗产物.

4. 纯化

粗产物可用乙醇进行重结晶，可得较纯的反-1,2-二苯乙烯. 纯品的熔点为 124 ℃，测定所得产物的熔点、红外光谱，并与标准谱图对比，解析谱图中主要吸收带的归属.

实验指导

[1] 根据图 2-11 所示沸点-压力的经验计算图，当真空度不同时，需收集的物质的沸程也不同.

[2] 金属钠极易与水反应，而且生成的乙醇钠也极易水解，因此，反应中的试剂和仪器需经严格干燥.

【相关制备方法】

反-1,2-二苯乙烯还可以通过二苯乙炔与氨基钠在-78 ℃下反应来制备.

【思考题】

1. 总结在分子中引入双键的方法.
2. 已知某物质在 0.3 mmHg 时沸点是 100 ℃，又知它在 1 mmHg 时，沸点为 125 ℃，求该物质在常压和 30 mmHg 时的沸点.

实验六　乙酸正丁酯的制备

【主题词】

乙酸正丁酯　酰化　共沸蒸馏

【主要操作】

回流　共沸蒸馏　萃取

【实验目的】

(1) 学习醇酸脱水成酯的合成反应和机理；

(2) 学习共沸蒸馏原理，了解常见的共沸体系；

(3) 掌握和巩固学习回流、共沸蒸馏、萃取、分液、干燥等基本操作.

【背景材料】

乙酸正丁酯，英文名：butyl acetate，是一种无色透明的可燃性液体，可用做食用香料，也可做清漆、人造革、塑料等的溶剂. 乙酸正丁酯具有比乙酸戊酯略小的水果香味，它可与醇、酮、酯和大多数常用的有机溶剂互溶. 天然的乙酸正丁酯主要存在于苹果、香蕉、樱桃、葡萄等植物中，易挥发，难溶于水，能溶解油脂莘脑、树胶、松香等，有麻醉作用，有刺激性.

乙酸正丁酯是优良的有机溶剂，对乙酸纤维素、乙基纤维素、氯化橡胶、聚苯乙烯、甲基丙烯酸树脂及许多天然橡胶如烤胶、马尼拉胶、达马树脂等均有良好的溶解性能. 广泛应用于硝酸纤维清漆中. 在人造革、织物及塑料加工过程中也用做溶剂，在各种石油加工和制药过程中用做萃取剂. 也用于香料复配及杏、香蕉、梨、菠萝等各种香味剂的成分.

【实验方法】

路易斯酸可以催化 Friedel-Crafts 反应、羟醛缩合和酯化等不同的有机合成反应，并有很好的收率和选择性. 路易斯酸还具有稳定性好、催化活性高、不腐蚀设备等优点.

使用结晶三氯化铁代替浓硫酸，可以有效催化乙酸与正丁醇反应以制备乙酸正丁酯. 本实验为可逆反应，要使反应向右进行，需要采取的手段：① 增加某种反应物的投料量；② 不断将某种生成物取走，本实验利用共沸蒸馏的方法将体系中生成的水带出，再利用分水器将水与体系分离，使反应向生成物方向进行. 实验体系中有正丁醇-水共沸物，共沸点 93 ℃；乙酸正丁酯-水共拂物，共沸点 90.7 ℃，在反应进行的不同阶段，利用不同的共沸物可把水带出体系，经冷凝分出水后，醇、酯再回到反应体系. 反应式如下：

$$CH_3COOH + HOCH_2CH_2CH_2CH_3 \xrightarrow{FeCl_3} CH_3COOCH_2CH_2CH_2CH_3 + H_2O$$

【实验操作】

1. 反应

按图 2-4 安装回流分水装置. 在 100 mL 圆底烧瓶中[1]，加入 15 mL (0.164 mol) 正丁醇，12 mL 冰醋酸(0.210 mol) 和 2.0 g 三氯化铁[2]，混匀，加几颗沸石. 接上回流冷凝管和分水器. 在分水器中预先加少量水至低于支管口(约为 2 cm)，便于上层酯中的醇回流至烧瓶中继续参与反应，用笔标记分水器的水面，加热至回流，控制回流速度 1～2 d/s[3]. 反应一段时间后，从分水器中放出水分，并保持分水器中水层液面在原来的高度. 大约45 min后，不再有水生成 (即液面不再上升)，即表示完成反应. 停止加热，记录分出的水量.

2. 分离

将分水器分出的酯层和反应液一起倒入分液漏斗中，用 10 mL 水洗涤，并分去下层水层；有机相继续用 10 mL 10%碳酸钠洗涤至中性[4]，上层有机相再用 10 mL 的水洗涤除去溶于酯中的少量无机盐，最后将有机层倒入小锥形瓶中，用无水硫酸镁干燥[5].

3. 纯化

将干燥后的乙酸正丁酯滤入 50 mL 烧瓶中，常压蒸馏，收集 124～126 ℃的馏分，称量并计算产率.

实验指导

[1] 在加入反应物之前，仪器必须干燥.

[2] 冰醋酸在低温时凝结成冰状固体(熔点 16.6 ℃). 取用时可温水浴加热使其熔化后量取. 注意不要触及皮肤，防止烫伤.

[3] 根据分出的总水量(注意扣去预先加到分水器的水量)，可以粗略地估计酯化反应完成的纯度.

[4] 用 10% 碳酸钠溶液洗涤时，因为有 CO_2 气体放出，所以要注意放气，同时洗涤时摇动不要太厉害，否则会使溶液乳化不易分层.

[5] 本实验不能用无水氯化钙干燥.

【相关制备方法】

合成乙酸正丁酯传统的方法是以浓硫酸做催化剂，由乙酸与正丁醇直接酯化来合成. 该方法存在腐蚀设备、副产品多、后处理繁琐、容易污染环境、产率低等缺点. 近年来人们不断探索新型催化剂来代替硫酸. 国内外研究较多的催化剂主要包括无机盐、杂多酸、阳离子交换树脂、固体超强酸、磺酸类和负载型催化剂等，使乙酸正丁酯的制备更加绿色、高效.

【思考题】

1. 制备乙酸正丁酯时，加入三氯化铁的目的是什么?
2. 如何判断反应终点?
3. 为什么要用碳酸钠溶液洗涤产物?

实验七 己二酸的制备

【主题词】

氧化 环己醇 己二酸

【主要操作】

浓缩 过滤 重结晶

【实验目的】

(1) 学习用环己醇氧化制备己二酸的原理和方法；
(2) 进一步掌握重结晶、减压过滤等操作.

【背景材料】

己二酸，又名1,6-己二酸，是一种重要的有机二元酸，白色晶体，熔点153.0～153.1℃. 主要用于制造尼龙66纤维和尼龙66树脂、聚氨酯泡沫塑料. 在有机合成工业中，为己二腈、己二胺的基础原料，同时还可用于生产润滑剂、增塑剂己二酸二辛酯，也可用于医药等方面，用途十分广泛.

$$n\,HOOC(CH_2)_4COOH + n\,H_2N(CH_2)_6NH_2 \xrightarrow[\text{加热}]{-2n\,H_2O} [-CO(CH_2)_4CO-NH(CH_2)_6NH-]_n$$

1,6-己二酸 1,6-己二胺 尼龙-6,6

己二酸的世界工业产量每年可达几百万吨，常用的制造方法是利用硝酸把环己醇或环己酮氧化，若制备少量己二酸，则可用高锰酸钾或重铬酸钾把环己醇氧化. 1937年，美国杜邦公司用硝酸氧化环己醇(由苯酚加氢制得)，首先实现了己二酸的工业化生产.

$$\text{环己醇(OH)} \xrightarrow{[O]} \text{环己酮(O)} \xrightarrow{[O]} HOOC(CH_2)_4COOH$$

进入20世纪60年代，工业上逐步改用环己烷氧化法，即先由环己烷制中间产物环己酮和环己醇混合物(即酮醇油，又称KA油)，然后再进行KA油的硝酸或空气氧化.

硝酸氧化KA油法一般用过量的浓度为50%～60%的硝酸经两级反应器串联进行. 反应使用的催化剂为铜-钒系(铜0.1%～0.5%、钒0.1%～0.2%)，温度60～80℃，压力0.1 MPa～0.4 MPa. 收率为理论值的92%～96%. KA油氧化产物蒸馏出硝酸后，再经过两级结晶精制，便可获得高纯度己二酸.

但工业上利用硝酸制造己二酸时会释放副产品N_2O，N_2O是环境污染物并被怀疑能引致温室效应和破坏臭氧层，又能导致酸雨及化学烟雾的形成. 估计每年因制造己二酸而排放的氮氧化物高达40万吨，占全世界因人类活动而产生的N_2O排放量的8%. 即使在实验室制备己二酸，所用的氧化剂亦含有有毒的金属物质，必须安全处理这些化学废料.

空气氧化法是以醋酸铜和醋酸锰为催化剂，醋酸为溶剂，用空气直接氧化 KA 油. 一般采用两级反应器串联：第一级反应温度 160～175 ℃，压力 0.7 MPa(表压)，反应时间约 3 h；第二级反应温度 80 ℃，压力 0.7 MPa(表压)，反应时间约 3 h. 氧化产物经两级结晶精制，回收的溶剂经处理后可循环使用. 该法的选择性与硝酸法相当，无硝酸法的强腐蚀问题，但反应时间为硝酸法的四倍，故采用尚少. 美国科学设计公司将上述两步合为一步，并实现了工业化生产.

【实验方法】

在氧化剂硝酸存在下，环己醇被氧化为环己酮，并进一步氧化或己二酸.

$$\text{环己醇(OH)} + HNO_3 \longrightarrow HOOC\text{-}(CH_2)_4\text{-}COOH + NO + H_2O$$

$$2NO + O_2 = 2NO_2$$

【实验操作】

1. 反应

选择图 2-3 回流滴加装置，在 100 mL 三口烧瓶中，加入 18 mL 50%的硝酸[1]及少许钒酸铵(约 0.03 g[2])，并在冷凝管上接一气体吸收装置，用稀 NaOH 吸收反应过程中产生的二氧化氮气体[3]. 滴液漏斗中加入 6 mL 的环己醇.

三口烧瓶用水浴预热到 50 ℃左右，移去水浴，先滴入 5～6 滴环己醇[4]，至反应开始放出二氧化氮气体，然后慢慢加入其余部分的环己醇，调节滴加速度，使瓶内温度维持在 50～60 ℃之间. 温度过高时，用冷水浴冷却，温度过低时，则用热水浴加热，滴加完毕约需 15 min. 加完后继续搅拌，并用 80～90 ℃的热水浴加热 10 min，至几乎无棕红色气体放出为止.

2. 分离

将此热溶液倒入 100 mL 的烧杯中，冷却后析出己二酸，抽滤，用 15 mL 冷水洗涤两次，干燥，得粗产物己二酸.

3. 纯化

粗制的己二酸可以在水中重结晶而提纯.

4. 表征

纯己二酸为白色棱状晶体，mp 为 153 ℃.

实验指导

[1] 环己醇和浓硝酸切不可用同一量筒量取，两者相遇发生剧烈反应，甚至发生意外.

[2] 钒酸铵不可多加，否则，产品发黄.

[3] 实验产生的二氧化氮气体有毒，所以装置要求密封不漏气，并要做好尾气吸收.

[4] 本实验为强烈放热反应，所以滴加环己醇的速度不宜过快，以免反应过剧，引起爆炸. 一般可在环己醇中加 1 mL 水，一是减少环己醇因粘稠带来的损失，二是避免反应过剧.

【相关制备方法】

由环己醇制备己二酸属于有机反应的氧化反应，可以选择其他氧化剂，如高锰酸钾等.另外，有文献报道醋酸钴为催化剂，氧气氧化环己烷一步合成己二酸的方法.

【思考题】

1. 实验中为什么严格控制氧化反应的温度?
2. 实验中为什么在加入环己醇之前应预先加热反应液？实验开始时加料速度较慢，待反应开始后反而可适当加快加料速度?

实验八　环己酮肟和己内酰胺的制备

【主题词】

肟化　贝克曼重排　减压蒸馏

【主要操作】

减压过滤　减压蒸馏

【实验目的】

（1）掌握酮肟化方法和原理；

（2）掌握实验室以 Beckmann 重排反应来制备酰胺方法和原理；

（3）掌握和巩固低温操作、干燥、减压蒸馏等基本操作.

【背景材料】

贝克曼重排反应(Beckmann rearrangement)是一个由酸催化的重排反应.反应物肟在酸的催化作用下重排为酰胺.若起始物为环肟，产物则为内酰胺.此反应是由德国化学家恩斯特・奥托・贝克曼发现并由此得名.贝克曼重排反应的典型应用实例是环己酮肟在硫酸作用下重排生成己内酰胺.

己内酰胺(Caprolactam，简称 CPL)是 6-氨基己酸(ε-氨基己酸)的内酰胺，也可看做己酸的环状酰胺.己内酰胺主要用做制取尼龙 6 的单体.己内酰胺是白色鳞片状固体，熔点 69.3 ℃.绝大部分用于生产聚己内酰胺.后者约 90%用于生产合成纤维，即卡普隆(见聚酰胺纤维)，10%用做塑料，少量用于生产赖氨酸.己内酰胺也可直接用于纺丝或直接经浇铸成型做 MC 尼龙(见聚酰胺).

【实验方法】

醛、酮类化合物能与羟胺反应生成肟.肟是一类具有一定熔点的结晶型化合物，易于分离和提纯.常常利用醛、酮所生成的肟来鉴别它们.环己酮和羟胺反应生成制备环己酮肟，该反应主要影响因素是反应温度和反应体系 pH.肟化反应是一个可逆的放热反应，因此反应温度不能过高.在反应中加入醋酸钠可以形成缓冲体系，当 pH 为 5 左右，肟化反应速率最快.

乙酸、盐酸、硫酸或多磷酸等可以被用来催化贝克曼重排反应，生成相应的取代酰胺.环己酮与羟胺反应制备环己酮肟，继续在硫酸催化下生成己内酰胺，反应式如下所示：

O　　　$+NH_2OH \longrightarrow$　　N—OH　　$\xrightarrow{H^+}$　　O　NH

【实验操作】

1. 环己酮肟的制备

250 mL 的磨口锥形瓶中加入 14 g 的盐酸羟胺和 20 g 结晶状的醋酸钠，加入 30 mL 水使之完全溶解. 水浴加热到 35～40℃[1]，分批加入 14 mL 的环己酮，剧烈振荡，即有固体析出[2]，冷却过滤，用少量冷水洗涤，在 50～60 ℃烘干，得到白色晶体，熔点为 89～90 ℃.

2. 环己酮肟重排制备己内酰

在小烧杯加入 6 mL 冷水，在冷水浴冷却下小心地慢慢加入 8 mL 浓硫酸，配成 70%的硫酸溶液. 在一小烧杯中加入 7 g 干燥的环己酮肟，用 7 mL 70%的硫酸溶解后，转入滴液漏斗，烧杯用 1.5 mL 70%硫酸洗涤后并入滴液漏斗. 在 250 mL 烧杯中加入 4.5 mL 70%硫酸，用木夹夹住烧杯，用小火加热至 130～135 ℃[3]，缓缓搅拌，保持 130～135 ℃，边搅拌边滴加环己酮肟溶液，滴完后继续搅拌 5～10 min. 反应液冷却至 80℃以下，再用冰盐浴冷却至 0～5 ℃. 在冷却下，边搅拌边小心地通过滴液漏斗滴加浓氨水(约 25 mL)至pH=8[4]. 滴加过程中控制温度不超过 20 ℃. 用少量水(不超过 10 mL)溶解固体. 反应液倒入分液漏斗，用氯仿萃取三次，每次 10 mL. 合并氯仿层用无水硫酸镁干燥后，常压蒸馏除去氯仿. 残液进行减压蒸馏[5]，收集 127～133 ℃/7 mmHg 馏分，馏出物很快固化成无色晶体.

实验指导

[1] 产物在酸中易水解，故反应时温度不宜过高.

[2] 若反应中环己酮肟呈白色小球状，则表示还未完全反应，应继续振摇.

[3] 重排反应很激烈，并要保持温度在 130～135 ℃，滴加过程中必须一直加热. 温度均不可太高，以免副反应增加.

[4] 用氨水中和时会大量放热，开始滴加氨水时尤其要放慢滴加速度，否则温度太高，将导致酰胺水解.

[5] 己内酰胺为低熔点固体，减压蒸馏过程中极易固化析出，堵塞管道，可采用空气冷凝管，并用电吹风在外壁加热等方法，防止固体析出.

【相关制备方法】

随着合成纤维工业发展，对己内酰胺需要量增加，又有不少新生产方法问世. 先后出现了甲苯法(又称斯尼亚法)、光亚硝化法(又称 PNC 法)、己内酯法(又称 UCC 法)、环己烷硝化法和环己酮硝化法. 新近正在开发的环己酮氨化氧化法，由于生产过程中无需采用羟胺进行环己酮肟化，且流程简单，已引起人们的关注.

【思考题】

1. 制备环己酮肟时，加入醋酸钠的目的是什么？
2. 环己酮与羟胺反应类型是什么？弱酸在反应中如何起到催化作用？
3. 酸性过强对肟化反应有什么负面影响？
4. 如果用氨水中和时，反应温度过高，将发生什么反应？

实验九　乙酰乙酸乙酯的制备

【主题词】

Claisen 酯缩合　减压蒸馏

【主要操作】

无水操作　减压蒸馏

【实验目的】

（1）了解 Claisen 酯缩合反应的机理和应用；

（2）熟悉在酯缩合反应中金属钠的应用和操作；

（3）掌握减压蒸馏操作实验技术.

【背景材料】

Claisen 酯缩合反应是德国化学家克莱森(R. L. Claisen，1851—1830)在 1887 年发现在乙醇钠存在下，两分子的乙酸乙酯释放出乙醇缩合产生乙酰乙酸乙酯的反应.

克莱森生于德国科隆，曾在波恩大学凯库勒(Kekule，推测苯的结构式)指导下学习，后来在魏勒(Wohler，首次人工合成尿素，这是人们在实验室里第一次由无机物制得的有机物)实验室学习过一段时间. 他在波恩大学取得博士学位后成为凯库勒的助手. 克莱森后来去过英国大约逗留 4 年，1886 年回到德国慕尼黑(Munich)在阿道夫・冯・贝耶尔(Adolf Von Baeyer，由于合成靛蓝，对有机染料和芳香族化合物的研究做出重要贡献，获得 1905 年诺贝尔化学奖)的指导下工作. 他还在柏林大学与费希尔(Emil Fischer，1902 年因对糖类和嘌呤的研究荣获诺贝尔化学奖)一起工作过.

克莱森是个很巧的和富于创造力的化学家，他的成就还包括羰基化合物的酰化、烯丙基重排(Claisen 重排)、肉桂酸的制备、吡唑的合成和异噁唑衍生物的合成等.

【实验方法】

含 α-活泼氢的酯在强碱性试剂(如 Na、$NaNH_2$、NaH、三苯甲基钠或格氏试剂)存在下，能与另一分子酯发生 Claisen 酯缩合反应，生成 β-羰基羧酸酯. 乙酰乙酸乙酯就是通过这一反应制备的.

$$\underset{92.5\%}{CH_3\overset{O}{\overset{\|}{C}}CH_2\overset{O}{\overset{\|}{C}}OC_2H_5} \xrightleftharpoons{H^+ \text{ or } OH^+} \underset{7.5\%}{CH_3\overset{OH}{\overset{|}{C}}{=}CH\overset{O}{\overset{\|}{C}}OC_2H_5}$$

乙酰乙酸乙酯与其烯醇式是互变异构(或动态异构)现象的一个典型例子，它们是酮式和烯醇式平衡的混合物，在室温时含 92.5%的酮式和 7.5%的烯醇式. 单个异构体具有不同的性质并能分离为纯态，但在微量酸碱催化下，迅速转化为二者的平衡混合物.

通常以酯和金属钠为原料,并以过量的酯作为溶剂,但真正的催化剂是钠与乙酸乙酯中残留的少量乙醇作用产生的乙醇钠. 随着反应的进行,醇不断生成,反应就可以不断进行下去,直到金属钠消耗完. 但是作为原料的酯中若含醇量过高又会影响到产品的产率,故一般要求酯中含醇量在1%～3%.

反应式:

$$2CH_3COOC_2H_5 \xrightarrow[\text{② } H^+]{\text{① } C_2H_5ONa} CH_3\overset{\overset{\displaystyle O}{\|}}{C}CH_2\overset{\overset{\displaystyle O}{\|}}{C}OC_2H_5$$

【实验操作】

1. 反应

将0.9 g清除掉表面氧化膜的金属钠放入一个装有回流冷凝管的50 mL圆底烧瓶中[1],立即加入5 mL干燥的二甲苯. 将混合物加热至金属钠全部熔融,停止加热,拆下烧瓶,用磨口玻璃塞塞紧圆底烧瓶,包在毛巾中用力振荡得细粒状钠珠[2].

待二甲苯冷却至室温后,将二甲苯倾去[3],并立即加入9 mL精制过的乙酸乙酯[4],迅速装上带有氯化钙干燥管的回流冷凝管. 反应立即开始,控制加热速度,使反应液处于微沸状态,直至钠珠完全反应[5]. 反应结束后整个体系为棕红色透明溶液,有时也可能夹带少量黄白色沉淀[6].

待反应液稍冷后,将圆底烧瓶取下,然后一边振荡一边不断加入50%的醋酸溶液,直至反应液呈弱酸性(pH～5).

2. 分离纯化

将反应液移入分液漏斗中,加入等体积的饱和食盐水,用力振荡后静置分层,分出酯层放入干燥的锥形瓶中. 水层用8 mL二甲苯萃取,合并有机相用无水硫酸钠干燥. 先在沸水浴上蒸去未反应的乙酸乙酯,然后将剩余液移入50 mL圆底烧瓶中,用如图4-2的减压蒸馏装置进行减压蒸馏[7]. 减压蒸馏时须缓慢加热,待残留的低沸点物质蒸出后,再升高温度,收集乙酰乙酸乙酯.

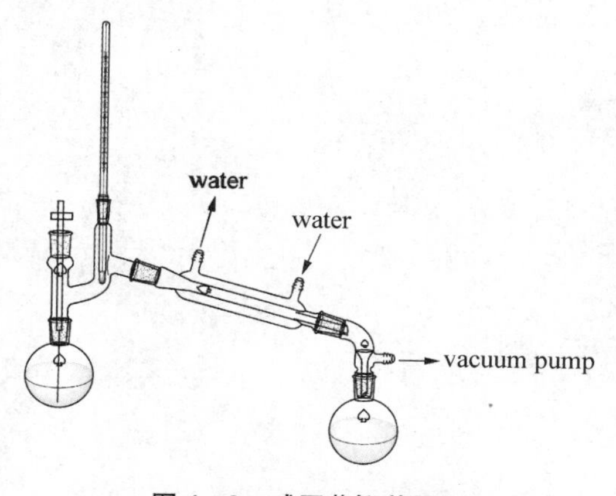

图4-2　减压蒸馏装置图

实验指导

[1] 实验所用仪器必须干燥,严格无水.金属钠遇水即燃烧爆炸,使用时应严格防止钠接触水或皮肤.钠的称量和切块要快,以免被氧化或者被空气中的水汽侵蚀.多余的钠片应及时放入装有溶剂的瓶中.

[2] 摇钠是本实验的关键步骤,因为钠珠大小决定反应的快慢.钠珠越细越好,如果结块应重新熔融再摇.切勿对着人摇,也勿靠近实验台,以防意外.

[3] 二甲苯要倒入指定回收瓶中,千万不要直接倒入下水道.

[4] 普通乙酸乙酯要用饱和氯化钙溶液充分洗涤,然后干燥,蒸馏收集 76 ℃～78 ℃的馏分.分析纯以上的乙酸乙酯可以直接使用.

[5] 一般要求金属钠完全消耗掉,如果有极少量的未反应的钠不影响进一步的操作.

[6] 这种黄色固体是饱和析出的乙酰乙酸乙酯钠盐.

[7] 某些沸点较高的有机化合物在加热还未达到沸点时,往往发生分解或氧化的现象,所以不能用常压蒸馏.利用减压蒸馏便可以避免这种现象的发生.因为当蒸馏系统内的压力减少时其沸点便相应地降低.许多有机化合物,当压力降低到 1.3～2.0 kPa 时,比其常压下的沸点要降低 80 ℃～100 ℃.因此,减压蒸馏对于分离或提纯沸点较高或性质不太稳定的液态有机物具有特别重要的意义.乙酸乙酸乙酯常压蒸馏很容易分解,产物为脱氢醋酸,影响产率.

【思考题】

1. 什么可以作为 Claisen 酯缩合反应中的催化剂？本实验为什么可以用金属钠代替？为什么计算产率时要以金属钠为基准？
2. 加入饱和氯化钠溶液的目的是什么？
3. 如何实验证明常温下得到的乙酰乙酸乙酯是两种互变异构体的平衡混合物？

实验十　硝苯地平的制备

【主题词】

Hantzsch 合成　薄层色谱法

【主要操作】

点板　重结晶　抽滤

【实验目的】

(1) 掌握用 Hantzsch 合成法制备硝苯地平的原理和方法；

(2) 掌握用薄层色谱法监测反应的基本操作.

【背景材料】

硝苯地平(mp. 172～174 ℃)又名硝苯吡啶，为黄色无臭无味结晶粉末，无吸湿性，遇光不稳定. 极易溶于丙酮、氯仿、二氯甲烷，溶于乙酸乙酯，微溶于乙醇、甲醇，在水中几乎不溶. 化学名为 1,4-二氢-2,6-二甲基-4-(2-硝基苯基)-3,5-吡啶二羧酸二甲酯，药物商品名有心痛定、利心平、拜新同等.

硝苯地平为 1,4-二氢吡啶类化合物，这类化合物最早出现于 1882 年，当时，Hantzsch 在合成取代吡啶化合物时将此类化合物作为中间体. 20 世纪 60 年代后期发现 1,4-二氢吡啶具有抑制 Ca^{2+} 内流作用，故开发成一类新结构类型的钙通道阻滞剂. 硝苯地平于 1975 年上市，是该类第一个上市的药物，用于预防和治疗冠心病心绞痛，特别是变异型心绞痛和冠状动脉痉挛所致心绞痛. 对呼吸功能没有不良影响，故适用于患有呼吸道阻塞性疾病的心绞痛患者，其疗效优于 β 受体拮抗剂. 还适用于各种类型的高血压，对顽固性、重度高血压也有较好疗效. 由于能降低后负荷，对顽固性充血性心力衰竭亦有良好疗效，宜于长期服用.

【实验方法】

硝苯地平结构中含有一个对称二氢吡啶衍生物部分. 所以以邻硝基苯甲醛为原料和两分子乙酰乙酸甲酯及过量氨水在甲醇或乙醇中回流即可得到.

$$\text{(CHO, NO}_2\text{-benzene)} + 2CH_3COCH_2CO_2CH_3 + NH_4OH \xrightarrow[\text{or } C_2H_5OH]{CH_3OH} \text{(product: } NO_2\text{-phenyl, two } CO_2CH_3\text{, } H_3C\text{, } CH_3\text{, NH)}$$

【实验操作】

1. 反应

在 50 mL 单颈瓶中加入磁力搅拌子，随后加入 5 g 邻硝基苯甲醛、7.6 g 乙酰乙酸甲酯、20 mL 乙醇和 4 mL 氨水. 装上回流冷凝管，于恒温水浴中搅拌下加热至回流[1]. 用薄层色谱法(TLC)监测反应，3～3.5 h 后原料点(邻硝基苯甲醛)基本消失[2]，停止加热.

2. 分离纯化

将反应液快速倒入烧杯中，让其于冰水浴中冷却，有黄色固体析出[3]. 抽滤，少量冷水洗涤，得粗产品. 将所得粗产品用乙醇重结晶，得淡黄色结晶粉末，干燥，称重，计算产率.

实验指导

[1] 回流微沸即可，且保持温度稳定.

[2] 展开剂为乙酸乙酯-石油醚($v:v=1:1$)，主产物点(新点)R_f 约为 0.45.

[3] 如果产物为粘稠状，可将混合物至于超声清洗器中超声 10～20 min.

【思考题】

1. 用薄层色谱法(TLC)点板跟踪反应的原理？展开剂如何选择？
2. 试写出 Hantzsch 合成法制备硝苯地平的反应机理.

第五章　设计性、开放性实验

实验一　微波辐射合成肉桂酸

【主题词】

肉桂酸　微波辐射　Perkin 反应　水蒸气蒸馏

【主要操作】

水蒸气蒸馏　微波加热　无水操作　脱色

【实验目的】

(1) 掌握苯甲醛和乙酸酐发生 Perkin 反应制备肉桂酸的反应原理和方法；
(2) 了解微波辐射反应的操作及应用；
(3) 掌握水蒸气蒸馏的操作和应用.

【背景材料】

肉桂酸又名桂皮酸，是一种重要的有机合成中间体，广泛用于医药、香料、农药、塑料和感光树脂等精细化工生产. 在医药方面，可用于局部麻醉剂、杀菌剂、抗癌、抗炎、抗传染、血管扩张剂、止血药、止痛药、低血糖药和冠心病用药的制备过程中；在精细工业品方面，肉桂酸主要用做香料，是羧酸类香料，有良好的保香作用，主要用于配制樱桃、杏、蜂蜜等香料，也可用于配制香皂和日用化妆品用香精，由于其沸点较分子质量相近的其他有机物高，因此常被作为香料中的定香剂使用；在农药行业，肉桂酸可用于植物生长促进剂、长效杀菌剂、果蔬保鲜防腐剂和除草剂的制备过程中. 可见，肉桂酸及其衍生物具有广泛的用途.

肉桂酸的制备一般都是通过苯甲醛和乙酸酐在无水醋酸钾或无水碳酸钾催化下发生 Perkin 反应，然后通过水蒸气蒸馏将生成的肉桂酸蒸出. 但在无水醋酸钾的催化下，反应时间较长，苯甲醛转化率低，水蒸气蒸馏的时间长，产率较低；用无水碳酸钾做催化剂，反应时间虽有所缩短，但水蒸气蒸馏的时间仍较长，产率仍较低，一般都低于 60%.

近年来，微波辐射技术在有机合成上应用日益广泛. 通过微波辐射，反应物从分子内迅速升温，反应速率可提高几倍、几十倍甚至上千倍，同时由于微波为强电磁波，产生的微波等离子中常存在热力学得不到的高能态原子、分子和离子，因而可使一些热力学上不可能和难以发生的反应得以进行. 利用微波技术进行的有机合成反应与传统加热方法相比具有以下特点：

① 加快反应速度，一般反应在几分钟内即可完成；② 提高反应产率，一般微波辐射反应，反应产率能大幅提高；③ 微波辐射下不引起产物的改变，微波辐射可以加快反应速度，提高转化率但并不改变产物的成分. 微波辐射是否改变反应机理还有待于进一步研究和探讨. 本实验采用微波辐射法合成肉桂酸，以解决传统加热方法收率较低、反应时间较长的问题，同时，由于采用新合成方法，学生做实验的兴趣更浓，激发和培养了自身的创新意识和动手能力.

【实验方法】

利用 Perkin 缩合反应，使苯甲醛和酸酐在无水碳酸钾催化下，微波辐射反应制备肉桂酸. 实验中酸酐既作为反应物又作为溶剂，因此，酸酐要过量. 反应过程中有气体产生，需用排水集气法收集气体. 反应完毕，要向反应体系中倒入水，通过水蒸气蒸馏，将生成的油状物蒸出，然后向油状物中加入氢氧化钠，将肉桂酸变成钠盐，将钠盐脱色后酸化，冷却，抽滤得到产物. 产物若不纯，还可用 30％的乙醇重结晶.

$$C_6H_5CHO + (CH_3CO)_2O \xrightarrow[\text{微波}]{K_2CO_3} C_6H_5CH{=}CHCOOH$$

【实验操作】

1. 反应

在图 2－8 所示的微波合成仪[1~3]的 100 mL 圆底烧瓶中加入 7 g 无水碳酸钾、5 mL 苯甲醛和 14 mL 醋酸酐，瓶口安装气体收集装置[4]. 将反应装置放入微波炉中先预热 3～4 min，此时出现大量气泡，要及时把气体排出，采用排水法收集反应中排出的气体. 然后正式微波加热 3～5 min[5]，加热 1～2 min 后溶液颜色变为淡黄色，继续加热，瓶底开始出现黄色，泡沫状物迅速增多[6]，5 min 后停止加热，反应混合物冷却固化. 冷却至室温后加入 40 mL 水，用玻璃棒或不锈钢刮刀轻轻捣碎瓶中的固体并搅拌浸泡反应混合物 10 min，然后按照图 2－16 安装水蒸气蒸馏装置，用加热套加热蒸馏至无油状物馏出为止.

2. 分离

待溶液冷却至室温后加入 40 mL 10％NaOH 溶液，使生成的肉桂酸形成钠盐而溶解，加热溶液至煮沸，此时溶液呈黄色，稍冷加入少量活性炭脱色，趁热减压过滤. 待滤液冷却至室温，边搅拌边用吸管小心滴入 20 mL 浓 HCl 和 20 mL 水的混合液，不断有大量白色固体析出，滴完后用试纸检验溶液是否显酸性. 待体系冷却至室温后减压过滤，抽滤析出的晶体，并用少量冷水洗涤，在 100 ℃以下干燥、称重. 重量为 4.5～5.5 g.

3. 纯化

粗产物若颜色稍黄或纯度不够，可用 30％的乙醇水溶液来进行重结晶. 纯净的肉桂酸为白色晶体，可以通过测熔点、做红外光谱图来表征其结构，熔点为 132～134 ℃[7].

实验指导

[1] 请勿将金属制品（包括金、银）放入微波场中加热，否则可能引起打火.

[2] 操作炉门应小心，防止微波泄漏. 若在实验过程中想打开炉门，请先暂停实验再开

启炉门.

[3] 实验过程中请密切观察实验现象，发生意外情况请及时切断电源！

[4] 聚四氟乙烯薄膜在此实验中，全部发生熔化，因此，要在玻璃仪器中进行. 排水取气装置中，烧杯中的水能吸收辐射的能量，但未达到沸腾，保证了微波腔内温度低于 100 ℃，避免烧坏微波发射管.

[5] 微波辐射下，反应瓶内反应物已达 170 ℃，保证反应完成.

[6] 反应过程中有大量气体产生，需及时将气体排出.

[7] 虽然理论上肉桂酸存在顺反异构体，但 Perkin 反应只得到反式肉桂酸，因为顺式肉桂酸不稳定(熔点 68 ℃)，在较高的反应温度下很容易转变为热力学更稳定的反式异构体.

【相关制备方法】

肉桂酸的制备还可以通过肉桂醇的氧化等方法来制备，肉桂醇氧化的方法来制备肉桂酸的同时也得到肉桂醛，因此，需将生成的肉桂酸和肉桂醛进行分离或进一步反应，使肉桂醛转化成肉桂酸.

【思考题】

1. 总结微波辐射反应的优点和缺点.
2. 结合理论知识，制备反式烯烃的方法有哪些？
3. 哪种有机物的蒸馏可采用水蒸气蒸馏？用水蒸气蒸馏分离有机物时应注意哪些问题？

实验二　超声合成苯甲酸

【主题词】

苯甲酸　超声波　氧化反应　重结晶

【主要操作】

超声辐射　重结晶　减压过滤　脱色

【实验目的】

(1) 掌握苯甲醇氧化制备苯甲酸的反应；
(2) 了解超声辐射反应的操作及应用；
(3) 掌握重结晶和脱色的操作和应用.

【背景材料】

芳烃的直接官能化反应提供了一条从廉价原料合成高附加值产品的简捷路线，其中芳烃的氧化反应是近年来研究较多的反应之一. 苯甲酸就可以通过芳烃的氧化来制备. 苯甲酸是一种重要的精细化工产品，广泛应用于医药、食品、染料、香料等行业，尤其在饮料行业中的应用更为普遍. 此外，还可用做汽车防冻液的缓冲剂、印染工业中的媒染剂、蚊香、中草药的防腐防霉剂. 可见，苯甲酸及其衍生物具有广泛的用途.

目前苯甲酸工业生产方法主要有甲苯液相空气氧化法. 已报道的常见氧化反应的催化体系有含钒的杂多酸为催化剂，以强酸(无水三氯化铝、氢氟酸等)为介质，使 C—H 键活化以及以各种过渡金属(如 Pd、Cu 等)作为催化剂. 以上的氧化体系要求用过硫酸盐为氧化剂，或者要以超强酸为介质，该方法操作复杂，反应时间长，收率低，限制了在工业生产中的应用. 另外还有三氯甲苯水解法和邻苯二甲酸酐脱羧法. 以甲苯氯化水解制得的产品不宜用于食品工业上，以邻苯二甲酸酐脱羧法制得的苯甲酸不易精制，成本高，只在用量不大的药物制造中采用.

醇的氧化反应在有机合成中起着很重要的作用，而且随着羰基化合物作为有机中间体在制造业及实验室的大量应用，探索其氧化方法越来越受到人们的重视. 这一反应一般是以重金属盐如重铬酸钾、吡啶铬酸盐及过氧酸等作为氧化剂来实现的. 苯甲酸也可以通过苯甲醇的氧化来制备. 但在通常的实验方法中，通过苯甲醇的氧化来制备苯甲酸需要加热到较高温度，反应时间也较长，能耗大，转化率也不高.

超声波技术在近年来的有机合成中受到了人们的广泛关注，因为超声波对许多反应具有明显的促进作用. 有些反应在一般条件下很难发生或需要催化剂存在下方可进行，而在超声波辐射下可在较温和的条件下进行，因此，超声波辐射在有机合成分析中已得到广泛发展与应用，而逐渐形成了一门新兴分支学科——声化学，它的研究范围涉及各种化学反应，诸如取代、加成、氧化、还原、成环、开环、聚合、缩合及酰基化和金属有机反应等. 超声波促进化学反应的机理还不十分清楚，一般认为并非是声场与反应物在分子水平上直接作用的简单结果. 用于声化学反应的超声波一般能量较低，甚至不足以激发分子的转动，故并不能将化学键断裂而引起化学反应. 在声化学反应中起关键作用的是空穴效应. 超声波是机械波，作用于液体内部会形成肉眼难于观察到的微小气泡和空穴，使液体中会出现一些微区，在极短时间里它形成高温高压的高能环境，引起分子热离解、离子化及产生自由基等，从而导致化学反应. 本实验采用室温下不用超声波和用超声辐射两种方法由苯甲醇合成苯甲酸，比较两种不同的实验结果，激发学生勇于采用新合成方法的创新意识和培养动手能力，增强学生做实验的兴趣.

【实验方法】

利用氧化反应，使苯甲醇和氧化剂高锰酸钾反应，采用常温和超声辐射两种方法制备苯甲酸. 通过比较两种实验结果，使学生更好理解现代合成方法的优越性. 实验中由于生成的苯甲酸易升华，因此，要在瓶口装上回流冷凝管. 反应中先将生成的苯甲酸与 NaOH 生成钠盐使苯甲酸溶解而分离. 然后用盐酸酸化钠盐，冷却，抽滤得到产物. 产物若不纯，还可用水重结晶. 反应路线如下：

$$C_6H_5CH_2OH + KMnO_4 \longrightarrow C_6H_5COOK + KOH + MnO_2 + H_2O$$

$$C_6H_5COOK + HCl \longrightarrow C_6H_5COOH + KCl$$

【实验操作】

1. 超声合成苯甲酸

在 500 mL 圆底烧瓶中加入 4 mL 苯甲醇和 200 mL 水及 12 g 高锰酸钾，瓶口装球形冷凝管[1]，将反应装置放入置于图 2－9 所示的超声波清洗槽中央距离清洗槽底部 2～3 cm 处，启动超声声源进行辐射反应，约 30 min 反应体系中的油状物全部消失后关闭超声声源，停止反应.

2. 非超声合成苯甲酸

在 500 mL 圆底烧瓶中加入 4 mL 苯甲醇和 200 mL 水及 12 g 高锰酸钾，并加入两片沸石，瓶口装球形冷凝管[2]，加热反应混合物，在 100 ℃[3]左右搅拌反应约 6 h[4]，至反应体系中的油状物基本消失[5,6]，停止加热.

3. 分离

向上面反应后的反应瓶中分别加入 10 %的 NaOH 水溶液 25 mL，让生成的苯甲酸完全溶解，过滤，固体再用 10 mL 10%的 NaOH 水溶液洗涤 1 次，滤液合并，如果有颜色加入少量亚硫酸钠溶液使其褪色，搅拌下向滤液中加入 20 mL 浓盐酸，使溶液显酸性，此时有大量白色固体苯甲酸析出，过滤，得白色固体，干燥、称重. 超声合成中得到的苯甲酸的重量为 4～4. 5 g，非超声合成中得到的苯甲酸的重量为 3～3. 5 g.

4. 纯化

粗产物若不够纯，可用水进行重结晶. 产物为白色晶体，产品可以通过测熔点、做红外光谱图来表征其结构,熔点为 122～123 ℃.

实验指导

[1] 在室温下反应仍需在瓶口装球形冷凝管是防止苯甲酸在反应过程中升华而造成损失.

[2] 在 100 ℃下反应,苯甲酸的升华现象较严重,因此,为了减少苯甲酸的升华,冷凝管中冷凝水的流速要稍快.

[3] 在没有超声波的条件下,室温下高锰酸钾很难将苯甲醇氧化成苯甲酸,只有加热到较高温度下反应才能进行.

[4] 在没有超声波的条件下,在 100 ℃下反应也必须进行较长时间,否则反应产率很低.

[5] 反应体系中的油状物为苯甲醇.

[6] 在没有超声波的条件下,在 100 ℃下反应很长时间,反应体系中的油状物仍不能完全消失.

【相关制备方法】

苯甲酸的制备还可以通过甲苯液相空气氧化法、三氯甲苯水解法和邻苯二甲酸酐脱羧等方法来制备.

【思考题】

1. 通过实验,总结超声波合成有机化合物的优点.
2. 除了通过苯甲醇氧化合成的方法外,还有哪些方法也能合成苯甲酸?比较各种合成方法的优缺点.
3. 使用超声波清洗器时要注意哪些问题?

实验三　硝基苯还原制备苯胺

【主题词】

苯胺　硝基苯　苔锡　还原

【主要操作】

还原　水蒸气蒸馏　水浴加热　萃取　简单蒸馏

【实验目的】

1. 掌握硝基苯还原制备苯胺的原理和实验方法；
2. 了解空气冷凝管的使用，巩固水蒸气蒸馏的操作；
3. 了解通过测红外光谱来鉴定化合物的方法和应用.

【背景材料】

苯胺，又名氨基苯、阿尼林油，纯净时为无色透明油状液体，在空气中氧的作用和光照或高温时极易被氧化，氧化时颜色变化过程为：无色—黄色—红棕色—黑色；熔点为－6.2 ℃，沸点为184.4 ℃；室温下苯胺微溶于水，但随温度升高而增大，在较高温度时能与水互溶，能溶于大多数有机溶剂，如苯、乙醇等；苯胺有弱碱性，能溶于稀酸中，能腐蚀铜和金；遇明火、高热或氧化剂能引起燃烧. 苯胺是一种重要的有机化工产品及中间体，广泛应用于染料、医药、农药、炸药、香料、胶片、药品、塑料、橡胶等行业，可做炸药中的稳定剂、汽油中的防爆剂以及作为溶剂等，如染料中用于制造酸性墨水兰G、酸性嫩黄、靛蓝、金光红酚青红、油溶黑等；在农药中用于生产杀虫剂、除草剂等；苯胺又是生产聚氨酯泡沫塑料的主要原料，尤其可作为合成MDI(4.4-二苯基甲烷二异氰酸酯)的主要原料. 近年来随着这些行业的迅猛发展，中国的苯胺生产和需求出现井喷势头. 在1997年初，中国每年苯胺产量不过10万吨左右. 至2004年实际规模已达35万吨左右，而2005年与2006年总规模将分别达50万～60万吨及80万～100万吨. 因此，研究和改进苯胺的生产工艺具有非常重要的意义.

【实验方法】

苯胺是结构最简单的芳胺. 芳胺的制备一般以芳香族化合物为原料，将氨基导入芳环上. 氨基属于很活泼的基团，一般不能用直接的方法将氨基(—NH_2)导入苯环上，而是通过间接的方法来引入的. 通过硝化反应，将硝基引入芳环，再将引入的硝基还原变成氨基是制备芳胺的最常用的方法. 将芳香硝基化合物还原制备芳胺的还原剂主要是金属的强酸性溶液. 实验室常用金属锡的浓盐酸溶液来还原简单的硝基化合物. 苯胺就是通过硝基苯在金属锡的浓盐酸的还原下制备得到的. 硝基苯在金属锡的浓盐酸还原下先生成苯胺盐酸盐，生成的苯胺盐酸盐与氯化锡反应生成苯胺的锡合物，锡合物在碱性条件下分解释放出苯胺. 反应路线如下：

$$C_6H_5NO_2 + Sn + HCl \longrightarrow C_6H_5NH_2 \cdot HCl + SnCl_4 + H_2O$$

$$C_6H_5NH_2 \cdot HCl + SnCl_4 \longrightarrow [C_6H_5NH_2 \cdot HCl]_2 SnCl_4$$

$$[C_6H_5NH_2 \cdot HCl]_2 SnCl_4 + NaOH \longrightarrow C_6H_5NH_2 + Na_2SnO_3 + NaCl + H_2O$$

【实验操作】

1. 反应

将苔锡[1] 24 g (0.2 mol)和硝基苯 10.5 mL(12.3 g,0.1 mol)放入 500 mL 长颈圆底烧瓶中,装上空气冷凝管,管的下端插进液体约 0.5 cm. 从空气冷凝管的上端加进 10 mL 浓盐酸,充分混合均匀,片刻后反应开始,同时伴有急骤放热,如果太剧烈,则用冷水浴冷却. 然后分三批将 45 mL 浓盐酸加入圆底烧瓶中[2]. 在整个反应过程中,应保持反应激烈地进行,并不断摇动[3]. 当盐酸加完后,将烧瓶置于水浴上加热 0.5 h[4~6].

2. 分离与纯化

在上面热的溶液中加入 20 mL 水,按图 2-16 安装水蒸气蒸馏装置,用加热套加热蒸馏直至馏出液清亮时为止. 稍冷后逐渐加入 40 mL 溶有 30 g 氢氧化钠的水溶液至呈强碱性,再加热进行水蒸气蒸馏,此时蒸出的为苯胺,至流出液不显浑浊为止. 馏出液用食盐饱和[7],用分液漏斗分出有机层. 水层每次用 15 mL 乙醚萃取三次,萃取液与有机层合并,用粒状氢氧化钠干燥[8],滤去氢氧化钠,水浴加热蒸去乙醚,再继续加热,收集 180～185 ℃的馏分,苯胺[9]产量约 8 g. 制备的苯胺通过测熔点、做红外光谱图来表征其结构,沸点文献值为 184.13 ℃,折光率 n_D^{20} 1.586 3. 本实验约需 8 h.

实验指导

[1] 苔锡的制法是将锡放在瓷坩埚中熔融,自高处慢慢滴入冷水中即成.

[2] 本实验是一个放热反应,盐酸不宜一次加得过多,否则反应过于激烈,反应液有冲出冷凝管的危险,故要缓慢加入并及时振摇与搅拌.

[3] 反应物内的硝基苯与盐酸互不相溶,而这两种液体与固体苔锡接触机会很少,因此充分振摇反应物,是使还原作用顺利进行的操作关键.

[4] 硝基苯为黄色油状物,如果回流液中黄色油状物消失,而转变成乳白色油珠,表示反应已完全.

[5] 反应物变黑时,即表明反应基本完成,欲检验,可吸入反应液滴入盐酸中振摇,若完全溶解表示反应已完成.

[6] 反应完后,圆底烧瓶上粘附的黑褐色物质用 1∶1 盐酸水溶液温热除去.

[7] 在 20 ℃时每 100 gH_2O 中可溶解 3.4 g 苯胺,在苯胺中加粗盐为盐析.

[8] 本实验用粒状 NaOH 干燥,原因是 $CaCl_2$ 与苯胺能形成分子化合物.

[9] 苯胺有毒，操作时应小心，若不慎触及皮肤，先用大量水冲洗，再用肥皂和温水洗涤.

【其他相关的制备方法】

用铁还原硝基苯制备苯胺，也可以用硝基苯气相催化加氢制备苯胺.

【思考题】

1. 本实验为何选择水蒸气蒸馏法把苯胺从反应混合物中蒸馏出来？在水蒸气蒸馏完毕时，先灭火焰，再打开 T 形管下端的弹簧夹，这样做行吗？为什么？

2. 如果最后制得的苯胺中混有硝基苯该怎样提纯？

3. 苯胺的红外光谱和核磁共振谱如下图，试找出苯胺各基团的红外特征峰和核磁共振谱中各种类型质子的信号.

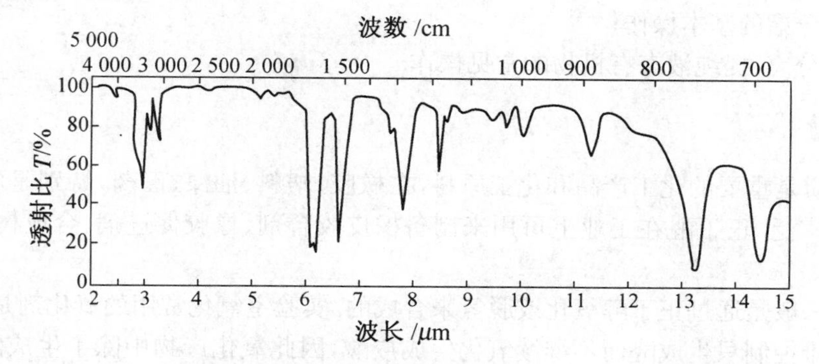

图 5-1　苯胺的红外光谱

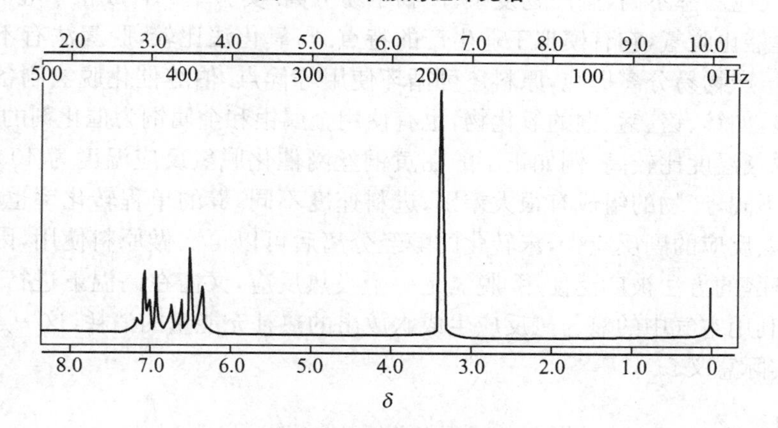

图 5-2　苯胺的核磁共振谱

实验四 正丁醇催化脱氢制备正丁醛

【主题词】

脱氢 催化 分馏

【主要操作】

催化脱氢 分馏 分液

【实验目的】

1. 了解醇催化脱氢制备醛的原理和方法；
2. 掌握分馏的基本操作；
3. 掌握分离、提纯液态有机物的常见操作.

【背景材料】

醛类物质是重要的化工产品和化工原料，在橡胶、塑料、油漆、医药，特别是农药和饲料等方面用途广泛. 正丁醛在工业上可用来制备橡皮胶合剂、橡胶促进剂、合成树脂、制造丁酸等.

正丁醛一般是通过正丁醇氧化或脱氢来合成的. 实验室氧化常用的氧化剂是重铬酸钾. 由于氧化很难控制只生成醛而不继续氧化生成羧酸，因此氧化产物中除了生成醛外还会生成羧酸，导致反应产率不高，副产物复杂，产物不易分离. 实验室中合成正丁醛的另一常用的方法是正丁醇催化脱氢，它有模拟工业生产的特点. 与氧化法比较，脱氢法有不会生成羧酸因而副产物少，产物易分离提纯，原料还可循环使用等优点. 伯醇催化脱氢制备醛常用的催化剂种类较多，如锌、铬、锰、铜的氧化物，也有使用金属银和金属铜为催化剂的. 催化脱氢反应的缺点是脱氢温度比较高，例如正丁醇在黄铜丝网催化脱氢反应温度为 400～500 ℃. 另外，反应温度不同，产物的组成有很大差别；进料速度不同，醇的单程转化率也有很大差别. 但是，由于脱氢反应的副反应少，未转化的醇经分离后可以再次做原料使用，因而通过伯醇催化脱氢制备醛的方法被广泛使用. 脱氢是一个吸热反应，又需在高温下进行，因此可通入适量的空气，利用空气中的氧与氢反应生成水放出的热补充能量的消耗，这一点对工业生产更有重要的实际意义.

【实验方法】

用黄铜丝网做催化剂，由于反应需在高温下进行，因此采用热电偶加热. 当反应温度升高至 400～500 ℃时，将正丁醇滴入反应器中，汽化成正丁醇蒸气，在催化剂表面催化脱氢生成正丁醛，生成的正丁醛和没有反应的正丁醇以气体的形式溢出，经冷凝管一次冷凝至第一个接收器(三口瓶)中. 由于在 450 ℃的反应温度下，而正丁醇和正丁醛的沸点相对较低，所以，一次冷凝并不能使正丁醛和没有反应的正丁醇的蒸气全部冷凝，所以设第二次冷凝，产生的氢气排出室外. 正丁醇加完后，停止加热. 将两个接收器中的脱氢冷凝液合并. 由于正丁醛(b. p. 76 ℃)和正丁醇(b. p. 117.3 ℃)的沸点相差较小,且正丁醛与正丁醇可形成恒沸物,因此需用分馏装置才能将二者分离.第一个馏分即为正丁醛,中间馏分即正丁醛与正丁醇的混合物以及最后的馏分即未反应的正丁醇可作为原料重新使用.另外,脱氢是一个吸热反应,又在高温下进行,为了减少能耗,可在反应体系中通入适当的空气,利用空气中的氧与氢反应生成水放出的能量补充能量的消耗.反应式如下:

$$CH_3CH_2CH_2CH_2OH \xrightarrow[450\ ℃]{Cu} CH_3CH_2CH_2CHO + H_2$$

$$CH_3CH_2CH_2CH_2OH + \frac{1}{2}O_2 \xrightarrow[450\ ℃]{Cu} CH_3CH_2CH_2CHO + H_2O$$

【实验操作】

1. 反应

按图 5-3 安装好反应装置,选用的管式炉炉膛是∅5 mm×250 mm,反应管选用∅30 mm×300 mm 的硬质玻璃管吹制的或不锈钢管焊制的.热电偶测温点在反应管的外面炉膛的中间位置.将黄铜网紧紧地卷成和反应管内径相当的卷[1],塞入反应管中作为催化剂.整套装置应该严密不漏气.在正式操作前,应进行仔细检查.

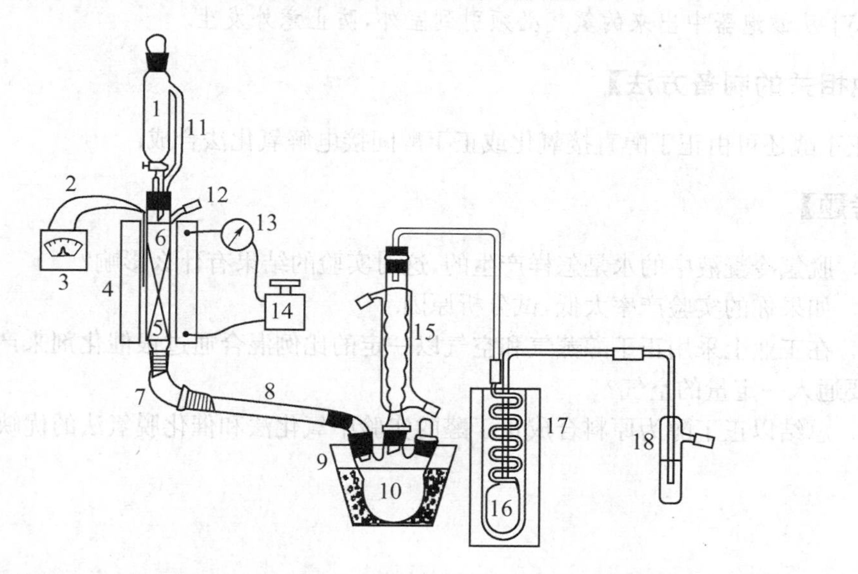

1—滴液漏斗 2—热电偶 3—高温表 4—管式炉 5—铜网 6—反应管 7—弯管 8—空气冷凝管 9—冰水浴槽 10—三口烧瓶 11—平衡管 12—接空气管 13—电流计 14—调压器 15—冷凝管 16—深冷瓶 17—深冷浴瓶 18—鼓泡器

图 5-3 丁醇催化脱氢反应装置

在滴液漏斗中加入 50 mL 正丁醇,用调压器调节电流,使炉膛温度稳定在 450 ℃左右[2, 3],控制正丁醇的滴入速度[4],保持反应温度为 450 ℃±10 ℃,加料时间约 40 min.产生的氢气须及时排出室外[5].当反应正常进行时,第一个接收器中有白色烟雾,同时观察到鼓泡器中有气泡产生.正丁醛和未反应的正丁醇从冷凝管中冷凝下来,主要收集于第一个接收器中.未冷凝的正丁醛和正丁醇经深冷后收集于第二个收集器中.

2. 分离

正丁醇加完后，停止加热. 将两个接收器中的脱氢冷凝液合并. 若冷凝液中有水，用分液漏斗分去水层，用无水硫酸镁干燥.

3. 纯化

按图 2-5 安装分馏装置，将脱氢液进行分馏，收集 70～78 ℃(正丁醛)、79～110 ℃(中间馏分为正丁醛与正丁醇的混合物)、111～125 ℃(正丁醇)的馏分. 中间馏分和丁醇馏分可以做脱氢原料重新使用.

实验指导

[1] 也可用银丝网卷做催化剂. 铜网和银网使用时间久了会有积碳，使用一段时间后，只要将它们取出用刷子刷去积碳后就可以继续使用.

[2] 黄铜丝网为催化剂，反应温度以 430 ℃为宜，因本反应装置的测温点在反应管的外部，因此控制在 450 ℃.

[3] 本反应为吸热反应，用调压器调整加热电流，保证反应温度稳定在 450 ℃±10 ℃.

[4] 要得到正丁醇的高转化率和正丁醛的高选择性，必须控制好反应温度和正丁醇的滴加速度，二者要兼顾. 增加反应温度，正丁醇的转化率增加，醛的选择性略有降低；温度高于 500 ℃，裂解现象明显；减慢正丁醇的滴加速度，正丁醇转化率增加，正丁醛的选择性略有下降.

[5] 从鼓泡器中出来的氢气必须引到室外，防止意外发生.

【其他相关的制备方法】

正丁醛还可由正丁醇直接氧化或正丁醇间接电解氧化法合成.

【思考题】

1. 脱氢冷凝液中的水是怎样产生的，这对实验的结果有什么影响?
2. 如果你的实验产率太低，试分析原因.
3. 在工业上采用正丁醇蒸气和空气以一定的比例混合通过银催化剂来产生正丁醛，为什么要通入一定量的空气?
4. 总结以正丁醇为原料合成正丁醛的实验中氧化法和催化脱氢法的优缺点.

实验五　氢化肉桂酸的制备(常压催化氢化反应)

【主题词】

氢化　肉桂酸　瑞尼镍

【主要操作】

催化氢化　过滤　蒸馏　结晶

【实验目的】

(1) 了解催化氢化的原理和方法;

(2) 掌握瑞尼镍的制备方法;

(3) 掌握常压下催化氢化的操作方法和应用.

【背景材料】

氢化肉桂酸(Hydro Cinnamaic acid)又名氢化桂皮酸、3-苯基丙酸,白色棱状结晶,熔点 48.5 ℃,沸点 280 ℃,易溶于热水、醇、苯、氯仿、醚、冰醋酸,微溶于冷水,能随水蒸气挥发.氢化肉桂酸是一种重要的有机化工产品及中间体,广泛用于医药、香料、胶片等行业.氢化肉桂酸本身就是一种香料,具有很好的保香作用,通常作为配香原料,可使主香料的香气更加清香逸发.氢化肉桂酸与醇反应生成的各种酯也可用做定香剂,用于饮料、冷饮、糖果、酒类等食品.氢化肉桂酸还可用于合成治疗冠心病药物和作为局部麻醉剂、杀菌剂、止血药.

氢化肉桂酸一般是通过肉桂酸催化氢化制得的.催化氢化是气态氢在催化剂存在下,与有机化合物进行加成或还原反应,从而生成新的有机化合物的方法.催化氢化具有反应快、产率高、物耗低(只耗氢气,而催化剂可连续使用或再生)、反应物单纯、无废水、无废气、无废渣等污染问题等特点,尤其是对于有些反应如碳碳不饱和键的加氢,应用其他方法比较复杂和困难,而应用催化氢化反应,则可以方便地达到目的;对醛酮、硝基及亚硝基化合物也能起还原作用,生成相应的醇和胺,不需要任何还原剂和特殊溶剂.催化氢化分为常压和加压两类.常压催化氢化和低压催化氢化适用于双键、叁键、硝基、羰基等基团的还原;高压催化氢化用于芳环、羧酸衍生物等难还原的基团的还原.催化氢化反应是向体积缩小的方向进行的,所以增加压力对加氢是有利的.但是压力增高就要采用压力设备,从而导致投资大,操作复杂,技术要求高.选用适当的催化剂,可以降低工作压力,甚至在常压下即可进行.

催化氢化的关键是催化剂.它们大致分为两类:① 低压氢化催化剂,主要是高活性的瑞尼镍、铂、钯和铑,低压氢化可在 1～4 个大气压和较低的温度下进行;② 高压氢化催化剂,主要是一般活性的瑞尼镍和亚铬酸铜等.高压氢化通常在 100～300 个大气压和较高的温度下进行,需要非常特殊的装置.镍催化剂应用最广泛,有瑞尼镍、硼化镍等.催化剂的性能指标主要是活性和选择性.活性意味着反应速度,选择性是指催化反应的专一性.活性高、选择性佳的催化剂主要取决于催化剂组分、制作和反应的条件.一般来讲,活性高的催化剂选择性就差些,容易中毒,寿命短,因此往往要求活性稍低些,以保证催化剂稳定和好的选择性.

最常用的催化加氢催化剂有 Pd/C、Pd/$BaSO_4$ 以及瑞尼镍(Ranney Ni). 瑞尼镍以价廉易得而著称,它的制备是将约束力 1∶1 的铝镍合金分批投入到氢氧化钠溶液中,氢氧化钠只和合金中的铝反应,生成铝酸钠而溶解在碱液中,残留的镍即呈多孔的蜂窝状,所以又称骨架镍. 制备条件不同,又使瑞尼镍的性能有所差别,因此,瑞尼镍又有 W1～W6 的代号之分. 其中 W6 活性最高,可以与 Pt 媲美. 瑞尼镍的另一个需要注意的性质是它在干燥状态下在空气中会自燃,所以制备和保存均应在溶液中,而不能暴露在空气中.

催化氢化普遍被认可的反应机制为:分子状态的氢被催化剂表面吸附而呈原子状态,烯烃以立体障碍小的一面被催化剂吸附,被催化剂表面活性中心活化后,与氢反应而形成的中间体进一步与活化了的氢反应而成饱和烃,同时从催化剂表面脱离. 因此,在一般较温和的条件下,两个氢原子加在不饱和键的同一侧. 在催化剂的作用下,氢分子加成到有机化合物的不饱和基团上的反应从易到难的顺序大致为:酰氯、硝基、炔、醛、烯、酮、腈、多核芳香环、酯和取代酰胺、苯环. 各种不饱和基团对于催化氢化的活性次序与催化剂的品种和反应条件有关. 催化氢化适用于大规模和连续化生产,在工业上有重要用途.

催化氢化装置:主要包括氢化用的圆底烧瓶、气压计、贮气管和平衡瓶. 贮气管的体积一般在 100 mL 到 2 L 之间,可根据反应的规模大小选择合适的贮气量. 在平衡瓶里所装的液体通常是水或汞. 在反应过程中,氢气的压力大小可以通过平衡瓶的高度来调节. 反应结束后,再通过平衡瓶来测量参加反应的氢气的体积. 气压计可以保证在反应前后,氢气都在相同的压力下(一般为 1 atm)进行体积测量.

【实验方法】

过渡金属铂、钯、铑、钌、镍等制成的不同形式的催化剂广泛用于碳碳双键的催化氢化反应. 不同的催化剂活性不同,其活性顺序如下:Pt＞Pd＞Rh＞Ru≫瑞尼镍(金属表面积相等). 实验室里经常使用瑞尼镍做催化剂,因为它价格便宜,制备方法简便,表面积大同时催化活性也较好. 本实验采用自制的瑞尼镍催化剂将肉桂酸在常压下氢化成氢化肉桂酸. 反应式如下:

$$NiAl_2 + 6NaOH \longrightarrow Ni + 2Na_3AlO_3 + 3H_2$$

$$C_6H_5CH{=}CHCOOH \xrightarrow{Ni} C_6H_5CH_2CH_2COOH$$

【实验操作】

1. 瑞尼镍(Ranney Ni)的制备

在 500 mL 圆底烧杯中放置 2 g 镍铝合金(含镍 40%～50%),加入 20 mL 水,将 3.2 g 固体氢氧化钠投入其中,稍加振摇,待反应开始后即停止振摇,任其自行反应. 此时反应有强烈的放热,产生大量泡沫. 待反应平稳后继续在室温放置 10 min,再移至 70 ℃水浴中保温反应 0.5 h. 撤去水浴,静置,使镍沉于底部,小心倾去上层清液,用清水洗数次,至洗出液的 pH 为 7～8 为止,再用 95% 乙醇洗涤三次,每次用量为 10 mL. 最后用 15 mL 乙醇覆盖备用[1].

用不锈钢刮刀挑取少许催化剂到滤纸上,溶剂挥发后催化剂会发火自燃,表明活性良好，否则需重新制备[2].

2. 肉桂酸的常压催化氢化

(1) 安装仪器装置

肉桂酸的常压催化氢化装置由氢化瓶、量气管、平衡瓶、氢气源、磁力搅拌器和三通旋塞(A)、两通旋塞(B)组成. 氢化瓶用 100 mL 的三口烧瓶，量气管可用 25 mL 的碱式滴定管替代. 各仪器间用乳胶管连接，要确保整个系统不漏气[3]，装置如图 5-4 所示.

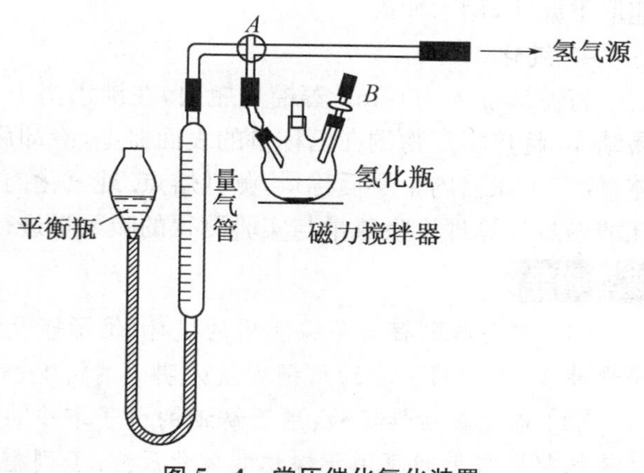

图 5-4 常压催化氢化装置

在氢化瓶中放入磁搅拌子，加入 1 g 肉桂酸，15 mL 95% 乙醇，温热振摇使其溶解，然后加入自制的瑞尼镍催化剂(连同乙醇一起倒入)，用 1～2 mL 乙醇冲洗粘附在瓶壁上的催化剂，塞紧瓶口的磨口塞.

(2) 排出装置系统中的空气，充入氧气

氢化开始前，打开两通旋塞 B，旋转三通旋塞 A 成 ┤，使量气管只与氢化瓶相通，提高平衡瓶，使量气管中充满水，排出量气管内的空气，关闭 B. 然后旋转 A 成┴，使量气管只与氢气源(钢瓶)相通[4]，降低平衡瓶的位置，氢气即充入量气管中. 调节平衡瓶的水平面和量气管的水平都与 200 mL 刻度线相平时，完全关闭 A，将平衡瓶放回高位[5]. 将两通旋塞 B 打开并与水泵连接，抽出氢化瓶中的空气，关闭 B，旋转 A 成 ┤，使量气管只和氢化瓶相通，这时量气管内的氢气自动充入氢化瓶，完全关闭 A，打开 B，用水泵抽气，将氢化瓶内氢气连同瓶中的残留空气一起抽出. 系统内再充氢气，抽气，即重复一次排除系统内空气的操作[6]. 关闭 B，旋转 A 成 ┴，使量气管与氢气源连通，降低平衡瓶使量气管充满氢气. 旋转 A 成 ┤，使氢化瓶与量气管相通，降低平衡瓶的位置，使平衡瓶中的水平面与量气管中的水平面相平，记下所对应刻度线的读数，然后把平衡瓶放回高位.

(3) 催化氢化

启动磁力搅拌器，搅动氢化瓶中的催化剂使之与液面上的氢气接触，氢化反应开始，这时可观察到量气管中水平面逐渐升高. 到 5 min 时，降低平衡瓶的位置，使其中水平面与量气管中水平面相平，记下读数. 将平衡瓶放回高位，两次读数间的差值即为这 5 min 内的吸氢量(mL). 此后每 5 min 记录一次，直到连续三个 5 min，每次吸氢量不足 0.5 mL 时，可以认为催化剂吸氢已达饱和. 关掉磁力搅拌器，计算催化剂吸氢的总量[7,8]. 在整个反应过程中，当量气管快要被水充满时(即氢气耗尽时)，可在一次记录之后旋转 A 成┴，使量气管与氢气源连通. 降低平衡瓶使量气管充满氢气，关闭氢气源，再使平衡瓶中的水平面与量气管中的水平面相平，记下刻度. 旋转 A 成 ┤ 使量气管与氢化瓶相通，将平衡瓶放回高位，重新开始氢化反应.

3. 分离

氢化反应结束后，完全关闭旋塞 A，打开旋塞 B，抽掉氢化瓶内的残余氢气，取下氢化瓶，反应混合液用布氏漏斗进行抽滤. 由于瑞尼镍粒子很细，抽滤时可用两张滤纸[9]. 催化剂可用少许乙醇洗涤，注意不要将催化剂抽干，否则会导致催化剂自燃，万一催化剂着火，可迅速取下漏斗，用水冲灭.

4. 纯化

将滤液加入 100 mL 蒸馏烧瓶内，在沸水浴上进行蒸馏，尽量把乙醇蒸出，否则产物不易结晶. 趁热将产物倒在已称量的表面皿上，冷却后即可得白色或略带绿色的氢化肉桂酸晶体，放在干燥器内干燥后称量，测其熔点. 纯氢化肉桂酸为无色晶体，熔点 48.6 ℃. 按投入肉桂酸的量计算理论吸氢量与实验测得的吸氢量进行比较.

实验指导

[1] 制备和贮存瑞尼镍所用的烧杯、锥形瓶及氢化反应瓶等必须洗涤干净，然后用去离子水冲洗. 本实验应在通风橱内及无明火的情况下进行.

[2] 催化剂活性实验：用不锈钢的勺子取少许固体催化剂置于滤纸上，乙醇挥发后，瑞尼镍能起火自燃即可用于肉桂酸氢化反应. 否则需重新制备催化剂. 催化剂能自燃是必要条件，但不能说明催化剂的活性就一定很好. 催化剂的活性主要还是通过氢化反应中吸氢的速度来判断.

[3] 氢化装置系统要求严密、不漏气. 因为氢气泄漏会引起燃烧爆炸事故.

[4] 使用氢气钢瓶，必须在教师指导下使用. 也可用多个球胆或枕头式氢气袋.

[5] 反应过程中，平衡瓶内的水平面可略高出量气管内的水平面.

[6] 氢化反应前必须反复多次排除系统内的空气，自始至终严格控制空气进入系统内.

[7] 氢化反应吸氢量记录格式如下：

时　间 (min)	时间间隔 (min)	量气管刻度 (mL)	间隔吸氢量 (mL)	总吸氢量 (mL)

本实验记录了反应时间和氢气用量，可以绘制时间-吸氢体积曲线图. 此外，也可比较氢气的实际用量和理论用量.

[8] 瑞尼镍是多孔、表面积很大的蜂窝状细小固体，催化过程中，表面吸附着较多氢，故新制备的催化剂第一次使用时，实际吸氢量会略大于理论吸氢量.

[9] 使用过的瑞尼镍过滤后快速放入指定的催化剂回收瓶.

【其他相关的制备方法】

氢化肉桂酸还可以通过其他催化剂如 Pd/C、Pd/$BaSO_4$ 催化肉桂酸而制得.

【思考题】

1. 制备瑞尼镍时需注意哪些问题?
2. 试列出计算加氢反应氢气理论用量的方程式.
3. 肉桂酸的催化氢化反应是几相反应? 哪些因素对氢化反应有显著的影响?

实验六　1，3-环己二酮的高压合成

【主题词】

催化氢化　高压釜　瑞尼镍

【主要操作】

催化加氢　高压反应　过滤　结晶

【实验目的】

(1) 通过1，3-环己二酮的合成，掌握高压加氢的实验操作；
(2)了解高压釜的使用原理及方法；
(3) 巩固瑞尼镍的制备方法的知识.

【背景材料】

1，3-环己二酮为棱状晶体，易溶于水、乙醇、丙酮、氯仿中，微溶于乙醚、二硫化碳、苯等有机物质中，常用做合成农药和医药的中间体. 1，3-环己二酮为具有活性亚甲基的化合物，易与卤代烃发生烃基化反应，生成环己二酮的甲基化产物，除自身的优良特性外，也是重要的有机合成中间体，它在萜类和甾体类等天然产物的合成中具有重要的应用，已经被广泛用做天然产物全合成的良好单体.

在化学和化工领域内，高压技术应用得非常广泛. 实际上大部分反应并不需要在很高的压力下进行，许多反应仅需在稍高出常压的低压或中压下就能够完成. 习惯上把这个压力范围的反应也编入高压技术中讨论，而且还是其中重要部分，这不仅是出于在中低压进行的反应数量较多，还由于它们是高压技术的基础. 熟悉了它们，掌握高压甚至超高压技术也就不困难了. 实现这类反应须在一个耐压的反应器中进行，这类耐压的反应器叫压热器(釜)，俗称高压釜. “高压”在这里是表示超出常压的意思，它包括一个很宽的压力范围，并不是严格的定义.

有机化合物在催化剂存在下与氢气发生的反应称为催化氢化. 催化氢化可以使烯键、炔键直接加氢，也可以使许多不饱和官能团得到还原，还可实现官能团间的转化，所有这些反应都是在一定的条件下进行的，如一定的压力、温度、溶剂、催化剂种类及其用量等.

由于某些物质能使催化剂活性降低或失效，因此准备加氢的化合物应具有一定的纯度，所使用的溶剂能使原料和产物都能溶解，而不与它们发生反应. 催化反应中催化剂用量有一定的要求，有时增加催化剂用量可使反应加快，但在一般情况下只能用少量催化剂，否则会使反应无法控制. 升高温度或增加压力都能加快氢化速度，但在较高温度下有时对反应物不利，并会降低反应的选择性，所以，一般用加压来实现氢化反应. 加压不仅可加快反应，有时还会提高反应的选择性和产率. 此外，加压下反应一般可以不用贵金属催化剂，而用瑞尼镍或铜、铬的氧化物等.

【实验方法】

瑞尼镍因价格便宜,制备方法简便而成为实验室和工业中常用的氢化催化剂. 由于苯环结构非常稳定,因此,使苯环加氢生成环己烷比较困难;但当苯环上有吸电子基时,加氢反应要变得稍微容易些. 因此,将间苯二酚与碱作用生成单钠盐,在高温、高压下使间苯二酚单钠盐发生加氢反应. 由于需在高温、高压下反应,因此,需将间苯二酚单钠盐置于高压釜中,用瑞尼镍做催化剂进行高压加氢,氢化产物经酸化后即得到 1, 3 -环己二酮. 反应路线如下:

间苯二酚 (OH, OH) $\xrightarrow{NaOH}$ (OH, ONa) $\xrightarrow{Ni/H_2}$ (O, ONa) $\xrightarrow{H^+}$ 1,3-环己二酮 (O, O)

【实验操作】

1. 瑞尼镍的制备

在装有搅拌器、冷凝器的 250 mL 三口烧瓶中,加入 100 mL 蒸馏水,10 g 氢氧化钠,搅拌使之溶解. 加热至 90～95 ℃,将 8 g 镍铝合金分批加入瓶内. 每次加少量镍铝合金,小心冲料[1],然后继续搅拌 1 h. 静置使镍沉降,倾去上层液体,残留物用蒸馏水洗,每次60 mL,洗至 pH 为 7～8,再用 95 %乙醇洗三次,每次 30 mL,洗涤过程中镍催化剂始终要用水或乙醇盖没. 所得催化剂约 4 g,贮于 30 mL 乙醇中,放在冰箱内备用[2].

2. 氢化及酸化

将间苯二酚 22 g(0.2 mol)溶解于氢氧化钠 9.6 g(0.24 mol)和 34 mL 水配成的碱性溶液中,然后将混合物装入 0.1 L 高压釜中,并加入 4 g 瑞尼镍. 关闭高压釜后,通入氢气至压力为 5 kg/cm^2. 放气[3],排除空气,如此反复 3 次,然后通入氢气至压力为 70 kg/cm^2. 若 5 min内压力不再下降,启动搅拌,加热使温度维持在 50 ℃[4]. 待压力降至 60 kg/cm^2 时,再补充氢气至压力为 70 kg/cm^2,如此反复,至压力维持在 70 kg/cm^2 不再变化为止.

3. 分离

冷却后,放去余气,开釜,吸出物料,减压过滤滤去催化剂,用少量水洗,滤液移入 250 mL圆底烧瓶中,加 6.8 mL 浓盐酸中和滤液,冷却至 0 ℃,有大量晶体析出,滤出结晶,即 1, 3 -环己二酮粗品.

4. 纯化

1, 3 -环己二酮粗品用 20 mL 的热苯重结晶,滤去杂质,滤液冷却后即得白色 1, 3 -环己二酮晶体,放在干燥器内干燥后称量,测其熔点. 1,3 -环己二酮的熔点为 103～105 ℃.

实验指导

[1] 瑞尼镍的制备过程是个放热反应,放出大量的热,且有氢气产生,所以加料时应注意速度,防止反应混合物溢出.

[2] 瑞尼镍应在制备后一至两天内使用,否则活性降低.

[3] 在催化加氢过程中要时刻监测高压釜是否漏气.

[4] 在向高压釜通气和放气时要慢慢开启阀门.

【其他相关的制备方法】

1，3-环己二酮还可以由丁酮和氰基甲酸酯或硝基甲酸酯反应，然后碱性水解除去酯基制得，该方法一般能得到较高的收率，也是目前工业化通常采用的方法；还可以通过丙酸乙酯与乙酰乙酸乙酯反应制得，但所用的乙酰乙酸乙酯成本较高；还可以通过1，3-苯二酚酯的Birch还原. 上述三种方法中，第三种方法能得到高收率的环己二酮，但工业化有难度，主要是由于二酚酯原料不易得到，而且工艺难度大，成本较高.

【思考题】

1. 由间苯二酚制备1，3-环己二酮时，催化加氢所用氢气压力和反应温度的选择有什么要求？为什么？
2. 根据反应物用量和反应釜容积估算出氢气压力可能降低的数量.
3. 1，3-环己二酮分子中羰基在红外光谱的吸收峰在什么位置？说明原因.

实验七 2-氨基-1,3-噻唑-5-羧酸甲酯的合成

【主题词】

酯缩合 环合反应 中和

【主要操作】

分馏 萃取 过滤

【实验目的】

(1) 了解2-氨基-1,3-噻唑-5-羧酸甲酯的制备方法;
(2) 了解噻唑合成的一般方法和噻唑的性能及应用;
(3) 掌握萃取法分离与纯化有机物的方法.

【背景材料】

据统计在现今已知的有机化合物中,杂环化合物的数量占总数的65%以上.杂环化合物的应用不仅局限于药物上,在其他领域中也有广泛的应用,如生物模拟材料、有机导体和超导材料、储能材料和工程高分子材料等.本实验涉及的杂环化合物是含一个氮原子和一个硫原子的五元环化合物1,3-噻唑衍生物.

从米糠里提取出一种含噻唑的活性物质是硫胺素(维生素 B_1).硫胺素广泛存在于动植物体的组织中,如肝、乳、蛋、酵母、植物的绿叶、根、块茎以及花生、黄豆、瘦肉等食品中.脚气病就是因为人体缺少维生素 B_1 造成的.维生素 B_1 还可以用来治疗多发性神经炎.

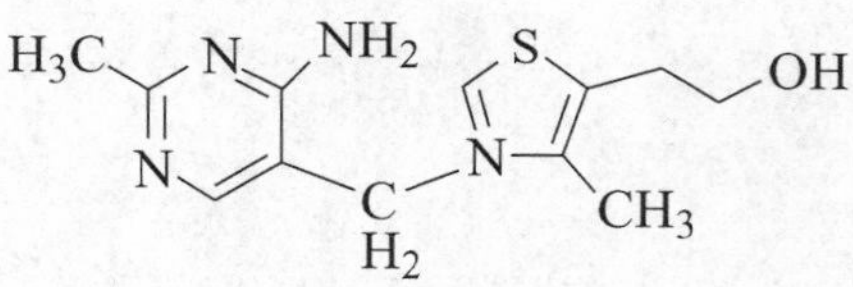

硫胺素　　　　蛍火虫的发光物质

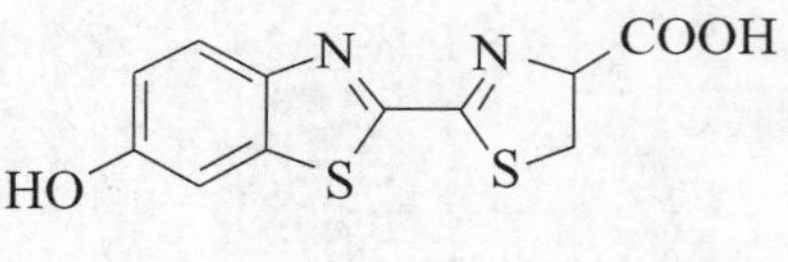

由萤火虫中分离得到的一种生物发光物质.生物发光本质上也是一种化学发光,即通过化学反应释放出能量并变成一定波长的光,因为它不伴随着有热量发生,所以又叫"冷光".科学家正研究生物发光机理,寻找实用的化学发光灯.

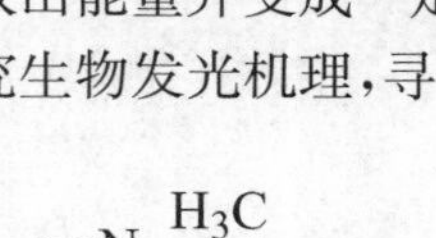

番茄香 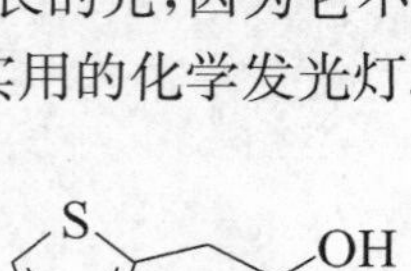　　　　豆香 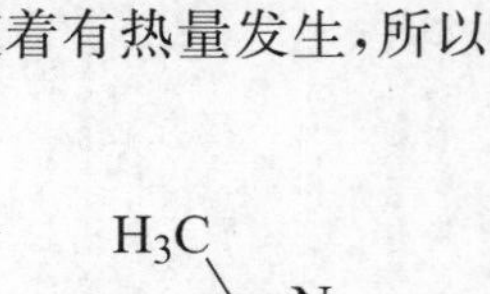　　　　巧克力香

近年来从某些蔬菜、干果、粮食和肉类食品中,发现几十种具有特殊香味的噻唑衍生物.有的已作为调味添加剂用于市售的一些罐头、食品中.例如,2-异丁基噻唑就是从番茄中发

现的，具有怡人的清香，在番茄酱中只要加入极少量（20 ppm），则食用时顿觉味道格外鲜美. 从牛肉中发现的2-乙酰基噻唑，具有爆米花的香味，而纯度高的4-甲基-5-羟乙基噻唑是豆香型的.

【实验方法】

合成噻唑的方法是闻名的Hantzsch合成法，可以通过硫代酰胺、硫脲和二硫代氨基甲酸铵等物质和α-卤代醛或酮化合物缩合而得到. 本实验中采用醛基氯乙酸乙酯和价格较便宜的硫脲缩合制备2-氨基-5-噻唑羧酸甲酯. 醛基氯乙酸甲酯在实验中采用甲酸乙酯和氯乙酸甲酯在甲醇钠的催化下缩合而成，由于甲醇钠极易水解，因此实验中的试剂、溶剂、仪器等均须干燥. 制备出的醛基氯乙酸甲酯不需要纯化可直接和硫脲反应制备2-氨基-5-噻唑羧酸甲酯，实验中的萃取溶剂甲苯干燥后可回收再用.

$$ClCH_2COOCH_3 + HCOOC_2H_5 \xrightarrow{NaOCH_3} OHC{-}CHCl{-}COOCH_3$$

$$OHC{-}CHCl{-}COOCH_3 + H_2NC(S)NH_2 \longrightarrow \text{H}_3\text{COOC-(2-氨基噻唑-5-基)}\ (H_3COOC{-}C_3HNS{-}NH_2)$$

【实验操作】

1. 反应

在装有恒压漏斗、$CaCl_2$干燥管和搅拌器的250 mL干燥的三口烧瓶[1]中，加入14.2 g 98%的甲醇钠和56 mL无水甲苯溶液[2]，将反应混合物冷却到0 ℃，并在此温度下通过恒压漏斗缓慢滴加15.8 g甲酸乙酯，滴完后再搅拌15 min，然后滴加27.2 g氯乙酸甲酯[3]，保持反应温度在0～5 ℃. 氯乙酸甲酯滴加完毕后，再在0～5 ℃下搅拌大约4 h，然后在室温下继续搅拌反应3 h. 若在滴加氯乙酸甲酯的过程中反应混合物不易搅拌，则应补加无水甲苯至搅拌能顺利进行为止. 在搅拌下向上述混合物中加入65 mL的水使钠盐溶解. 分出甲苯层，用15 mL的水洗涤甲苯层一次，用氯化钙干燥甲苯，回收后可重复使用. 合并水相，用14 mL浓盐酸中和到pH为4～5时，析出醛基氯乙酸甲酯的悬浮物，不需要纯化直接进行下面的实验. 向上述的醛基氯乙酸甲酯的悬浮物中加入19 g硫脲[4]水溶液升温回流2 h，停止加热.

2. 分离和纯化

向反应混合物中加入1 g活性炭，回流脱色10～20 min，此时溶液接近无色，冷却后过滤，滤液用氨水中和，得到大量乳白色2-氨基-5-噻唑羧酸甲酯固体，过滤、滤饼用水洗涤、干燥. 测其熔点，2-氨基-5-噻唑羧酸甲酯的熔点为189～199 ℃（分解）.

实验指导

[1] 由于甲醇钠极容易水解，因此，反应中所用的仪器和试剂皆需干燥.

[2] 市售的甲苯加入无水氯化钙干燥 4 h 以上,蒸馏后就可以使用.

[3] 氯乙酸甲酯也可以用价格便宜的氯乙酸乙酯替代,但反应的混合物很粘稠,不易搅拌,需要加入较多的甲苯.

[4] 硫脲可以用水溶解,配成硫脲水溶液,然后慢慢滴加,这样易于控制反应的速度.

【其他相关的制备方法】

2-氨基-1,3-噻唑-5-羧酸甲酯还可以通过硫代酰胺、二硫代氨基甲酸铵等和醛基氯乙酸甲酯缩合得到,或者通过α-卤代醛或酮类化合物与硫代酰胺、二硫代氨基甲酸铵、硫脲等缩合得到.

【思考题】

1. 写出制备反应中的副反应以及副产物.
2. 氯乙酸甲酯和甲酸乙酯缩合后,加水的目的是什么?
3. 如何提高反应的收率?

实验八 2-巯基吡啶-N-氧化物钠盐的制备

【主题词】

氧化 巯基化反应 重结晶

【主要操作】

水蒸气蒸馏 重结晶 过滤

【实验目的】

(1) 了解从2-氯吡啶制备吡硫霉净的方法;

(2) 了解过氧化氢在制备氮氧化物中的应用;

(3) 掌握减压水蒸气蒸馏的实验方法.

【背景材料】

2-巯基吡啶-N-氧化物钠盐是国内外公认的高效低毒防霉剂、杀菌剂.在农业上被称为"万亩定",是果树、棉花、麦类、蔬菜的有效杀菌剂,也可用于蚕座消毒及家蚕人工饲养的防腐添加剂.医药上称为吡硫霉净,是抗真菌药物,用于体癣、手足癣等疾病的治疗.纺织上用于织物的杀菌防霉处理.2-巯基吡啶-N-氧化物钠盐是合成相应锌盐的原料,是高效安全去屑止痒剂,还可以延缓头发衰老,推迟白发和脱发的产生[1].2-巯基吡啶-N-氧化物钠盐与锌盐可以和醇胺复配,广泛用于洗发香波的配方中.此外,它还可以作为切削油、压延油、涂料、冷却循环水的杀菌剂和植物生长调节剂.

【实验方法】

2-巯基吡啶-N-氧化物钠盐水溶液的合成方法较多,主要有:① 以2-氨基吡啶为原料,经六步合成的方法,该方法路线长,收率低;② 以吡啶为原料,经氧化后用巯基化的方法,该方法合成步骤虽少,但巯基化收率太低;③ 以吡啶-2-羧酸为原料,经过三步合成的方法,该法反应时间长,还要使用昂贵的碱金属氢化物,反应条件苛刻;④ 以2-卤代吡啶为原料,用尿素或硫氢化钠为巯基化剂,经两步合成的方法,该方法路线短,产率高.本实验就是以这条路线为基础.2-卤代吡啶选用价格便宜的2-氯吡啶,虽然2-溴吡啶的反应活性高,但2-溴吡啶价格太高.工业上巯基化剂常选用硫氢化钠,因为尿素价格较高.

在顺丁烯二酸酐催化下[2],用双氧水氧化2-氯吡啶,然后中和,利用氧化吡啶溶于水,而2-氯吡啶不溶于水且易随水蒸气挥发的性质,把未反应的2-氯吡啶用水蒸气蒸馏的方法分离出来.因为温度高于100 ℃时,反应混合物易发生冲料、炭化等危险的现象,故用减压水蒸气蒸馏.以硫氢化钠为巯基化剂,严格控制反应溶液的pH,2-氯氧化吡啶易于同硫氢化钠发生亲核取代反应,反应混合物中的乙酸钠、顺丁烯二酸钠等不影响巯基化反应.控制溶液的pH,减少硫化氢的逸出而消耗过多的硫氢化钠.生成的巯基氧化吡啶钠盐极易溶于水,而2-巯基吡啶氧化物微溶于水,过滤后用盐酸中和,过滤的固体为巯基氧化吡啶,根据固体巯基氧化吡啶的含量，加入相应的氢氧化钠中和，配成钠盐含量大于 43%的水溶液，加入活性炭脱色，用氢氧化钠水溶液和去离子水调成 40%～ 41%、pH 为 11～12 的淡黄色透明水溶液. 合成路线为：

N　Cl　$\xrightarrow[CH_3COOH]{H_2O_2}$　N(→O)　Cl　$\xrightarrow{NaHS}$　N(→O)　SNa

【实验操作】

1. 反应

在装有电动搅拌器、温度计、滴液漏斗和回流冷凝管的 250 mL 三颈烧瓶中加入 50 g 乙酸，15 g 顺丁烯二酸酐和 64.8 g 2-氯吡啶，滴加 50% 的过氧化氢 60 g[3]，在 70～80 ℃ 反应 1～3 h 后，冷却至室温，用 30%氢氧化钠水溶液中和至 pH=7，按图 2-16 安装水蒸气蒸馏装置，进行减压水蒸气蒸馏[4]，直到馏出物中无油珠为止. 拆除水蒸气蒸馏装置，在原反应装置上接硫化氢[5]吸收系统，于 70 ℃左右滴加 25%的硫氢化钠水溶液 100 g，加完后继续反应 1～2 h. 停止加热，自然冷却至室温.

2. 分离和纯化

向上面得到的混合物中加入 20% 的盐酸溶液进行中和，立即有固体析出，加完后放置冷却，过滤，滤液用氢氧化钠溶液和蒸馏水调配成 2-巯基吡啶-*N*-氧化物钠盐的质量分数为 40%～ 41%，溶液的 pH 为 11～12 的淡黄色透明水溶液[6].

实验指导

[1] 许多市售的洗发用品中都添加了 2-巯基吡啶-*N*-氧化物锌盐（简称 ZPT），是抗真菌药物，主要目的是去屑止痒.

[2] 也可用其他酸酐或顺丁烯二酸酐和蒽的加成物为催化剂，一些杂多酸也被用来催化这类反应.

[3] 过氧化氢有腐蚀性，使用时注意防护.

[4] 减压水蒸气蒸馏的作用除了防止 2-氯吡啶-*N*-氧化物在温度高时分解，还能除去残留在反应物中有刺激气味的少量 2-氯吡啶，因为 2-氯吡啶可随水蒸气挥发.

[5] 硫化氢气体有臭鸡蛋的味道，剧毒！巯基化反应要在通风橱中进行.

[6] 2-巯基吡啶-*N*-氧化物对光不稳定，所以配制成钠盐水溶液保存.

【其他相关的制备方法】

2-巯基吡啶-*N*-氧化物钠盐主要合成路线有以下几种：

(1) 以 2-氨基吡啶为原料，经乙酰化、氧化、水解、重氮化、氯化和巯基化等六步反应而制得，总收率为 54.7%.

(2) 以吡啶为原料，吡啶经氧化后得到的氧化吡啶与硫在氢氧化钠和二甲亚砜作用下发生巯基化，得到 2-巯基吡啶-*N*-氧化物钠盐产品，合成步骤虽较少，但巯基化的收率太低，总收率只有 17%.

(3) 以吡啶-2-羧酸为原料，经过碱融、脱羧和巯基化而制得，该方法的反应时间较长，实验中还要使用昂贵的碱金属氢化物如 $LiAlH_4$，并且反应需在无水无二氧化碳条件下操作，反应条件苛刻，操作很不方便.

(4) 以2-溴吡啶为原料，用尿素为巯基化剂，经两步合成2-巯基吡啶-N-氧化物钠盐，该方法路线短，产率高，但2-溴吡啶和尿素的价格都较高.

【思考题】

1. 画出整个制备过程的流程示意图.

2. 计算2-巯基吡啶-N-氧化物钠盐的理论收率，分析影响收率的因素，提出提高反应收率的方法.

3. pH 对巯基化反应有什么影响？

实验九　化学发光剂鲁米诺的制备

【主题词】

鲁米诺　合成　化学发光

【主要操作】

减压　冷却　振荡

【实验目的】

(1) 掌握鲁米诺的制备原理和实验方法；
(2) 了解鲁米诺化学发光的原理和应用；
(3) 掌握减压、加热等操作.

【背景材料】

化学发光(Chemiluminescence)是指某些化学反应中发出可见光的现象. 其发光机理是:反应体系中的某种物质分子(如反应物、中间体或荧光物质)吸收了反应所释放的能量而由基态跃迁至激发态,然后再从激发态返回基态,同时将能量以光辐射的形式释放出来,产生化学发光. 其过程有两种可能,可表示为:

$$A+B \rightarrow C^{*}+D,\quad C^{*} \rightarrow C+h\nu$$

$$\text{或}\ A+B \rightarrow C^{*}+D,\quad C^{*}+F \rightarrow F^{*}+C, F^{*} \rightarrow F+h\nu.$$

将化学发光反应应用于分析化学,根据某一时刻的发光强度或反应的发光总量来确定体系的相应组分含量的分析方法叫化学发光分析法. 产生化学发光的反应必须具备两个条件:一是该反应能释放出一定的能量,且释放出的能量可以被某种反应产物或中间体所吸收,使之处于激发态;二是这种激发态产物应具有一定的化学发光量子产率,或者可以将其能量有效地转移给某种荧光物质,产生光辐射. 基于此,并不是任何化学反应都能产生化学发光反应,因此,如果测量条件适当,化学发光分析有足够的选择性. 当前化学发光分析法已在生物体的组织成分、临床药物、环境污染物等微量分析中显示出极大的作用.

最早发现的化学发光现象发生在生物体内,如萤火虫,现在称之为生物发光(Bioluminescence),是由生物体发出的可见光而得名. 发光生物体广泛存在于自然界. 研究表明,在海洋环境中,位于 200～1 200 m 海洋中部的昏暗区域,95%的鱼类、86%的虾类和蜗牛有生物发光现象,而在地表水中不到 10%,在深海区域有发光现象的生物体不到 25%. 古代人们就已经知道了生物发光现象. 公元前 384～前 322 年亚里士多德在《De Anima》一书中描述了真菌类和死鱼的发光现象. 1668 年,罗伯特·波义尔证实生物发光需要氧气的参与. 19 世纪 80 年代末,Dubois 用萤光甲壳虫素的冷水和热水提取物进行实验,发现在氧气存在的条件下,冷水提取物和热水提取物混合时会发生发光现象. 他将这种热不稳定的冷水提取物和热稳定的热水提取物分别命名为荧光素酶和荧光素. 到19世纪后期,人们发现简单的非生物有机物也能发生化学发光现象. 1877年,Radziszewski发现洛汾碱(2, 4, 5-三苯基咪唑)在碱性介质中被过氧化氢等试剂氧化时发出绿色的光;1928年,Albrecht观察到鲁米诺(3-氨基苯二甲酰肼)在碱性介质中的化学发光行为;1935年,Gleu和Petsch第一个报告了光泽精(N, N-二甲基二吖啶硝酸盐)与过氧化氢反应产生化学发光.

鲁米诺(3-氨基-邻苯二甲酰肼,也称5-氨基-2,3-二氢-1,4-二杂氮萘二酮),又名发光氨,其英文名为Luminol,早在1902年由Schmitz合成得到. 鲁米诺常温下是一种黄色晶体或米黄色粉末,是一种比较稳定的化学试剂,分子式为$C_8H_7N_3O_2$. 鲁米诺本身是一种强酸,有强烈的刺激性气味,对人类的眼睛、皮肤、呼吸道都有一定的腐蚀和刺激作用,但在化学性质上却有非常独到的应用. 其在碱性条件下与氧气分子作用能够发生荧光反应. 鲁米诺(Luminol)化学发光反应机理研究得最久,其化学发光机理一般认为是:鲁米诺在碱性溶液中形成叠氮醌(a),叠氮醌在碱性溶液中与氧化剂如H_2O_2作用生成不稳定的桥式六元环过氧化物中间体(b),然后再转化为激发态的氨基邻苯二甲酸根离子(c),其价电子从第一电子激发态的最低振动能级层跃迁回基态中各个不同振动能级层时,产生最大发射波长为425 nm的光辐射. 整个反应历程可表示如下:

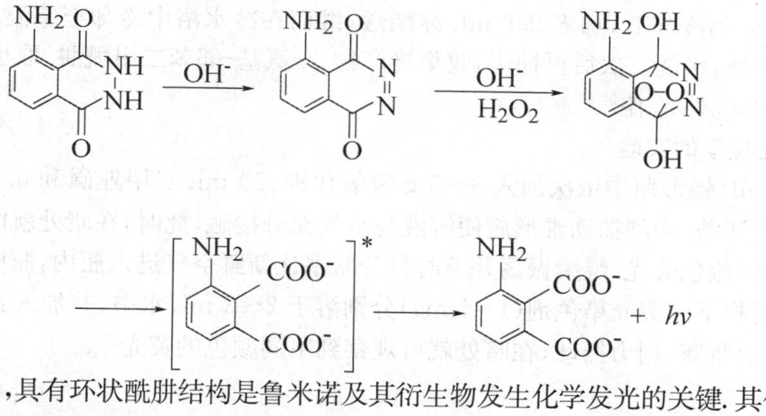

NH_2　O　NH　NH　O　$\xrightarrow{OH^-}$　NH_2　O　N　N　O　$\xrightarrow[H_2O_2]{OH^-}$　NH_2　OH　N　O　O　N　OH

$\longrightarrow$　$[NH_2 \; COO^- \; COO^-]^*$　$\longrightarrow$　$NH_2 \; COO^- \; COO^-$　$+ \; h\nu$

经研究表明,具有环状酰肼结构是鲁米诺及其衍生物发生化学发光的关键. 其化学发光体系已用于分析化学测量痕量的OH以及Cu、Mn、Co、V、Fe、Cr、Ce、Hg和Th等金属离子.

【实验方法】

本实验以3-硝基-邻苯二甲酸和肼作为原料,先通过胺解反应得到中间产物3-硝基-邻苯二甲酰肼,再用还原剂二水合连二亚硫酸钠还原制得目标产物鲁米诺即:3-氨基-邻苯二甲酰肼,然后研究自制的鲁米诺的化学发光特性. 合成鲁米诺的反应方程式为:

NO_2　COOH　COOH　$+ \; NH_2NH_2 \xrightarrow[\triangle]{-2H_2O}$　NH_2　O　NH　NH　O　$\xrightarrow{Na_2S_2O_4}$　NH_2　O　NH　NH　O

为了使反应原料充分接触以提高反应产率,要先将反应原料3-硝基-邻苯二甲酸加热溶解于水合肼中,并添加高沸点溶剂二缩三乙二醇. 反应需在回流条件下进行,但溶剂二缩三乙二醇的沸点很高,使其回流需很高的温度,为了降低回流反应温度,需减压加热. 根据鲁米诺的发光机理,鲁米诺必须在碱性条件下被氧化剂氧化才具有发光效应,所以在做化学发光实验时一定要振荡鲁米诺溶液使其与空气中的氧气充分接触从而被氧化而发光.

【实验操作】

1. 3-硝基-邻苯二甲酰肼的制备

将 1.3 g 3-硝基-邻苯二甲酸和 2 mL 10%水合肼[1]加入装有冷凝管的 25 mL 三口瓶中,用电热套加热至固体溶解,加入 4 mL 二缩三乙二醇,将三口瓶垂直固定在铁架台上,加入沸石并插入温度计,将三口瓶的一支口通过安全瓶与水泵相连.打开水泵减压,并加热三口瓶,反应液剧烈沸腾,蒸出的水蒸气由侧管抽出.大约 5 min 后,温度快速升至 200 ℃以上,继续加热,使反应温度维持在 210~220 ℃约 2 min,打开安全瓶上活塞使反应体系与大气相通,停止加热和抽气[2].让反应液冷却至 100 ℃,加入 20 mL 热水[3],进一步冷却至室温,过滤,收集浅黄色晶体即得 3-硝基-邻苯二甲酰肼[4].

2. 鲁米诺(3-氨基-邻苯二甲酰肼)的制备

将 3-硝基-邻苯二甲酰肼转移到 25 mL 小烧杯中,加入 6.5 mL 10 %氢氧化钠水溶液,用玻璃棒搅拌使固体溶解.加入 4 g 二水合连二亚硫酸钠,然后加热至沸腾并不断搅拌,保持沸腾 5 min.稍冷却后,加入 2.6 mL 冰醋酸,继而在冷水浴中冷却至室温,有大量浅黄色结晶析出,过滤,水洗三次后再抽干,收集终产物 3-氨基-邻苯二甲酰肼.取少许样品经干燥后测定熔点和红外光谱[5].

3. 荧光现象的实验

在 100 mL 锥形瓶中依次加入 3~5 g 氢氧化钾、20 mL 二甲亚砜和 0.2 g 未经干燥的鲁米诺,盖上瓶盖.剧烈摇动锥形瓶使溶液与空气充分接触,此时,在暗处就能观察到锥形瓶中发出的微弱蓝色荧光.继续振荡并不时打开瓶塞让新鲜空气进入瓶内,瓶中的荧光会变得越来越亮.若将不同荧光染色剂(1~5 mg)分别溶于 2~3 mL 水中,并加入到鲁米诺二甲亚砜溶液中盖上瓶塞,用力摇动,在暗处就可观察到不同颜色的荧光[6].

实验指导

[1] 水合肼极毒并具有强腐蚀性,应避免与皮肤接触.

[2] 一定要先打开安全瓶上的活塞,使反应体系与大气连通,否则容易发生倒吸.

[3] 加热后再冷却,所获粗产物容易过滤.

[4] 3-硝基-邻苯二甲酰肼不需干燥即可用于下一步反应.

[5] 所得鲁米诺 3-氨基-邻苯二甲酰肼为黄色结晶,产量约 0.5 g,熔点为 319~320 ℃.

[6] 不同荧光染色剂所对应的颜色如下:

所加荧光染料	/	荧光素	二氯荧光素	若丹明 B	9-氨基吖啶	曙红
呈现的颜色	蓝白	黄绿	黄橙	绿	蓝绿	橙红

【其他相关的制备方法】

3-氨基-邻苯二甲酰肼还可以以邻苯二甲酸酯为原料,经硝化、脱水、肼化、还原四步反应来合成.该方法路线较长,但反应操作简单,原料易得,价格便宜,较适宜实验室合成.

【思考题】

1. 鲁米诺化学发光的原理是什么？
2. 在做鲁米诺荧光演示实验时，为什么要不时打开瓶盖并剧烈摇动锥形瓶？
3. 试解析所得产品鲁米诺的红外光谱图.

实验十　多步合成——卡潘酮的合成

【主 题 词】

Willainson 醚合成　Claison 重排　多步合成

【主要操作】

分馏　重结晶　过滤

【实验目的】

(1) 了解通过多步反应合成卡潘酮的方法；
(2) 了解不对称碳原子的形成以及在有机合成中的应用；
(3) 掌握金属钠的使用方法.

【背景材料】

从南太平洋布干维尔(Bou gain-ville)岛生长的一种树木中得到的木聚糖为卡潘酮(Carpanone)，它可以用有机溶剂从木材中提取出来，其作用是能把纤维素粘在一起. 乍一看，卡潘酮的分子结构比较复杂，没有对称因素，而有五个相邻的不对称碳原子，合成它似乎是一件非常困难的工作. 这类化合物合理的全合成是对它的结构鉴定工作最后检验. 在合成过程中，为巧妙地解决特殊问题可能会发明新的有机反应，而这个合成可能会对生物合成途径提供线索. 在这种情况下，最后的反应一步就形成了五个不对称中心，而且它的立体化学都是正确的. 这种顺利的反应过程可以反映出该化合物在自然界形成的途径.

【实验方法】

第一个反应即将烯丙基氯加到芝麻酚中的反应是一个由酚钠和卤代烃发生威廉逊(Willainson)反应合成醚的例子. 生成的烯丙基醚进行热解，经过克莱森重排变为 2-烯丙基芝麻酚，而后被强碱异构化为共轭烯——2-丙烯基芝麻酚. 在二价酮离子的催化作用下，2-丙烯基芝麻酚进行氧化二聚并通过狄尔斯-阿德尔类型的反应环化为卡潘酮，这步反应形成五个不对称中心. 合成路线如下：

OH + Cl $\xrightarrow{C_2H_5ONa}$ → $\xrightarrow{\triangle}$ OH

$\xrightarrow{(CH_3)_3COK}$ OH $\xrightarrow{Cu(Ac)_2}$ [H_3C, CH_3] → H_3C, CH_3, H, H

【实验操作】

1. 芝麻酚烯丙基醚的合成

在一个装有冷凝管和氯化钙干燥管的 125 mL 圆底烧瓶[1]中，加入 25 mL 无水乙醇[2]，再向反应瓶中加入 0.84 g 金属钠[3]. 金属钠反应完全后，加入 5.0 g 芝麻酚在 6 mL 无水乙醇中，然后边搅拌边加入 3.4 g 烯丙基氯. 将反应混合液回流 2h 后冷却至室温，将 200 mL 水倒入反应瓶中，搅拌后用每份 35 mL 的乙醚萃取反应混合物三次，然后分别用 5%的氢氧化钠水溶液，5%的硫酸水溶液，水和饱和氯化钠溶液洗涤乙醚萃取液. 用于洗涤的每份溶液都是 100 mL. 分液后用无水硫酸镁干燥乙醚萃取液 30 min，通过过滤或小心倾析除去干燥剂，在蒸气浴上蒸去乙醚或者在旋转蒸发器上蒸掉乙醚，得到的棕褐色液体残留物即为芝麻酚烯丙基醚粗品.

2. 2-烯丙基芝麻酚的合成

在一个装有球形冷凝管的 50 mL 圆底烧瓶中加入上面得到的芝麻酚烯丙基醚粗品，把反应瓶放在 170 ℃油浴中加热 2 h. 在电热板上放一个盛有棉子油和安装有温度计的大培养皿[3]，在这个培养皿内很容易完成这项操作. 油浴是足够大的，它可以允许几个反应同时进行. 当冷却到室温时，产物会固化为黑色固体. 取少量样品进行升华. 升华是通过加热盛在倾斜的抽空试管中的几毫克化合物完成的. 产物的结晶出现在较冷的试管上部，然后用来进行下步反应. 粗品的纯度已经足够了.

3. 2-丙烯基芝麻酚的合成

在 150 mL 干燥的三颈瓶上[4]装上气体进入导管、温度计、包着聚四氟乙烯的磁性搅拌棒和一个与计泡装置相通的冷凝管. 向这个三颈瓶中加入 50 mL 二甲亚砜、5 g 叔丁醇钾和上面实验制备的 2-烯丙基芝麻酚，打开导气管，使氮气流缓慢地通过反应瓶，充气时间保持 5 min，然后减慢气流，使每分钟只冒几个气泡[5]. 开动搅拌并用水浴加热反应混合物，在 80 ℃搅拌反应 30 min. 把反应混合物冷却到室温，然后把它倒入装满冰块的 250 mL 烧杯中. 搅拌物料浆液并用浓盐酸(约 10 mL)酸化，用刚果红试纸检验溶液是否呈酸性. 用三份 35 mL乙醚萃取悬浮液，合并乙醚萃取液，用每份 100 mL 的水洗涤乙醚萃取液三次，分液后再用 100 mL 饱和食盐洗涤一次. 洗涤后的乙醚萃取液用无水硫酸镁干燥，通过过滤或小心倾析除去干燥剂，蒸掉溶剂乙醚得到 2-丙烯基芝麻酚液体. 该液体放置冷却后即固化成固体.

4. 卡潘酮的合成

在 150 mL 三颈瓶中加入 1.0 g 上面实验制备的 2-丙烯基芝麻酚和 5 mL 甲醇及 10 mL水，搅拌使 2-丙烯基芝麻酚溶解. 然后加入 3 g 乙酸钠，一边搅拌一边滴加溶于 5 mL 水中的 1 g 乙酸铜水溶液[6]，滴完后再搅拌 5 min. 过滤生成的悬浮液，用相当于滤液体积两倍的水稀释滤液，然后用三份 35 mL 乙醚萃取，合并乙醚萃取液并用两份 50 mL 饱和食盐水洗涤，而后用无水硫酸镁干燥. 过滤，除去干燥剂，蒸去溶剂乙醚. 把剩余物溶于 2 mL 温热的四氯化碳中，塞好瓶子，放置结晶. 如果过夜仍没有形成结晶，则需加入几粒晶种并让溶液静置几小时. 用微量移液管从结晶中吸出溶剂，干燥，测其熔点，称重. 因进行结晶时每分子卡潘酮带有一分子四氯化碳，计算产率时要把一分子四氯化碳计算在内. 卡潘酮的熔点为 185 ℃.

实验指导

[1] 可以用 250 mL 圆底烧瓶或三口烧瓶替代.

[2] 乙醇中的水一定要严格除去,否则金属钠和生成的乙醇钠就会和水发生剧烈反应.除去乙醇中水的方法可参考一般溶剂的处理方法,用金属镁处理即可.

[3] 金属钠易与水发生剧烈的反应,称量时一定要小心.

[4] 所用的试剂和仪器皆需严格干燥,因为反应中使用的叔丁醇钾也极容易水解从而影响反应的进行.

[5] 只要保持氮气呈正压即可.

[6] 用 $PdCl_2$ 催化效果也较好.

【其他相关的制备方法】

卡潘酮是一个天然产物.除了本实验介绍的合成方法外,还有许多合成方法,如固相合成方法、氯化钯催化偶合等方法.

【思考题】

1. 写出本实验制备中所涉及的反应类型(如人名反应等).
2. 计算卡潘酮的理论和实验收率是多少?
3. 还有什么方法能使烯烃的双键位次异构化?

实验十一　银杏叶中黄酮类化合物的提取

【主题词】

银杏叶　黄酮类　提取　精制

【主要操作】

水浴加热　减压蒸馏　萃取或吸附洗脱

【实验目的】

(1) 学习提取天然产物的原理和实验方法；

(2) 掌握索氏提取器萃取物质的方法；

(3) 掌握液-液萃取法或吸附洗脱法的操作.

【背景材料】

天然产物(Natural Substances)是指从天然植物或动物资源衍生出来的有机化合物.事实上有机化学本身就是源于对天然产物的研究.早在人类的史前时期,我们的先祖就已经掌握了用动植物制作箭毒的技术.长期以来,人们一直广泛关注和研究天然产物,这是因为许多天然产物显示了惊人的生理功能,可以作为药物.第一个被提取的药物是镇静剂吗啡碱,于1805年由德国药师塞图尔自鸦片中提取.此后,人们从金鸡纳数皮中提取出的金鸡纳碱奎宁,因具有杀灭疟虫裂殖体的功能曾从疟疾的肆虐中拯救了千百万人的生命;从萝芙藤中分离出的利血平是治疗高血压的良药;从茶叶中分离的咖啡因可用做中枢神经兴奋剂;从仙鹤草中提取的仙鹤草具有止血作用;从喜树中提取的喜树碱以及从红杉树中提取的红衫醇都具有抗癌作用,等等.天然产物种类繁多,根据结构特征一般可分为四大类,即碳水化合物、类脂化合物、萜类和甾族化合物及生物碱.分离提纯天然产物是一项颇为复杂的工作,其方法除了吸收法、结晶法、冷压榨法以外还有蒸馏法、萃取法、色谱法等.蒸馏法又分为常压蒸馏、真空蒸馏、分子蒸馏、水蒸气蒸馏等;萃取法又分为溶剂浸取法、超临界流体萃取法、微胶囊双水相萃取法、微波辐射萃取法等;色谱法又分为纸色谱法、薄层色谱法、柱色谱法、气相色谱法、高效液相色谱法等.

银杏树(又名白果树),在恐龙时代已经出现,约有两亿年的历史.一棵银杏树的寿命可达1 000年以上.它能在极恶劣的环境和气候生存,而不受害虫、病毒和污染的环境影响.现在它主要生长在全球的温带地区.它的叶子,即具有药用价值的部分分为两瓣,所以被称为双裂片叶.由于银杏叶的提取物对于治疗心脑血管疾病、神经系统障碍、消除人体自由基方面有显著疗效,自20世纪70年代以来,银杏叶的提取物及其制剂的研究一直是国内外学者的关注焦点.以银杏叶为主要提取物的药品、化妆品、保健品市场上已经很多.我国银杏资源十分丰富,约占世界银杏资源的四分之三以上,所以研究开发银杏叶为原料的产品很有前途.银杏叶的化学成分很复杂,到目前为止已知其化学成分的银杏叶提取物多达160余种,主要有黄酮类、萜类、酚类、生物碱、聚异戊烯、奎宁酸、亚油酸、蟒草酸、抗坏血酸、α-已烯醛、白果醇、白果酮等. 其中，黄酮类化合物是银杏叶的有效成分之一，是由黄酮及其苷、双黄酮、儿茶素三类组成. 现已分离出约 40 种黄酮类化合物，其中黄酮及其苷 28 种，双黄酮 6 种，儿茶素 4 种. 黄酮类化合物(Flavonoid compounds)是从自然界各种植物中提取到的不溶于水的黄色物质，其泛指两个芳环(A 与 B 环)通过中央三碳链相互连接而成的含有酮基的一系列多酚化合物(结构如图 5-5). 它们的种类很多，大多在各环都有酚羟基取代. 黄酮类化合物是人体必需营养素之一. 人体不能自己合成，只能从食物中摄取. 该类化合物具有降低心肌耗氧量、抗心律失常、软化血管、降血糖、降血脂、降低血液粘稠度、抗氧化、清除体内自由基、抗衰老等作用. 由于人工合成的黄酮类化合物存在副作用大及价格昂贵等多方面的缺陷，人们逐渐将注意力转向从植物中获取黄酮类化合物. 从天然物质中提取的黄酮类化合物具有相应的药理作用且毒副作用小，因而特别引人注目.

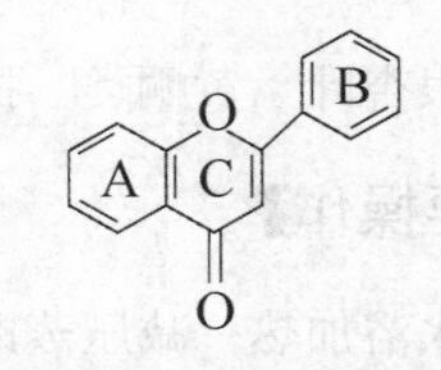

图 5-5　黄酮类化合物的结构

【实验方法】

本实验是用有机溶剂萃取法提取银杏叶中的黄酮类化合物. 干燥和粉碎过的银杏叶通过索氏提取器提取后，蒸去溶剂得到棕黑色的银杏浸膏粗提取物. 粗提取物经过萃取、沉淀和柱分离精制后，得到黄褐色粉末状的精提取物. 其中黄酮类化合物的质量分数约为 20%～26%.

【实验操作】

1. 粗提取物

称取干燥的粉碎后的银杏叶粉末 50 g，装入图 2-27 所示的索氏提取器的套袋中[1]，在 500 mL 圆底烧瓶内加入 250 mL 60 %的乙醇溶液，水浴加热，大约提取 3h 左右，银杏叶子颜色逐渐变浅后停止加热. 安装如图 2-12 所示的减压蒸馏装置，减压蒸去溶剂，得到棕黑色银杏浸膏的粗提取物. 称重，计算产率.

2. 精制

可用两种方法提纯.

(1) 萃取法

将银杏浸膏粗提取物转入 500 mL 烧杯中，加 250 mL 去离子水，搅拌均匀后转移至分液漏斗中，用 180 mL 二氯甲烷[2]分三次萃取[3]. 合并萃取液，用无水硫酸钠干燥. 用旋转蒸发器蒸去二氯甲烷，蒸馏后的剩余物则为黄酮提取物. 干燥后称重，计算产率.

(2) 吸附洗脱法

将银杏浸膏粗提取物转入 500 mL 烧杯中，加 300 mL 水稀释，再加入 5 mL 絮凝剂[4]，搅拌均匀，产生大量絮状沉淀，离心过滤. 用 0.5 mol·L^{-1} NaOH 溶液调节离心过滤得到的澄清液至 pH 为 8.5～9，又产生絮状沉淀，再次离心过滤. 滤液用0.5 mol·L^{-1} 盐酸调节 pH 为 6～7[5]. 以体积比 1∶1 的 D101 树脂和聚酰胺树脂100 mL混匀澄清液，将经絮凝、pH 处理的澄清液约 300 mL 进行柱色谱. 树脂的吸附量为 0.03 g·mL^{-1}，然后用 400 mL 的去离子水和 200 mL 的 20% 乙醇分别洗涤，最后以 70%乙醇解吸. 合并上述洗脱液，在旋转蒸发器上进行浓缩，干燥后可得到精制后的黄酮提取物. 称重，计算产率.

实验指导

[1] 滤纸套上沿应低于蒸气上升管上口，银杏叶应低于虹吸管最高处.

[2] 二氯甲烷 CH_2Cl_2 是无色透明易挥发液体，沸点 40～41 ℃，密度 1.335 g · mol^{-1}，微溶于水，溶于乙醇和乙醚，不易燃. 蒸气与空气混合后，可形成爆炸性混合物，爆炸极限是 6.2%～15.0%(体积分数)，空气中容许浓度为 350 mg · m^{-3}. 二氯甲烷有毒，要防止其蒸气吸入，避免与皮肤接触.

[3] 每次用 60 mL 二氯甲烷提取，共提取三次.

[4] 絮凝剂是合成的高分子化合物如聚丙酰胺等.

[5] 调节 pH 主要为了沉降银杏叶中的另一成分原花色素，原花色素与黄酮苷的紫外吸收波长相近，易干扰黄酮类物质含量的进一步测定.

【其他相关的提取方法】

黄酮类物质的提取也可用水蒸气蒸馏法和超临界流体(CO_2)萃取法提取，还可以从蜂胶等其他物质中提取.

【思考题】

1. 使用索氏提取器做萃取实验时，要注意哪些事项提高萃取效率？
2. 查阅相关书籍，说明如何用超临界流体萃取法萃取银杏叶中的黄酮类物质？
3. 银杏叶中含有较多的原花色素，本实验是如何将其分离的？

实验十二　固定化酵母发酵纤维素制酒精

【主题词】

纤维素　固定化酵母　发酵　酒精

【主要操作】

纤维素预处理　纤维素酶水解　菌种培养　接种　酵母细胞固定化　发酵　发酵液中乙醇含量的测定

【实验目的】

(1) 了解微生物发酵的一般原理与方法；
(2) 了解固定化细胞技术的原理与方法；
(3) 了解用固定化酵母进行纤维素的酒精发酵的方法；
(4) 掌握酒精的测定方法.

【背景材料】

以石油为支柱的能源体系随着原油、煤等化石能源的日益枯竭已经面临着严重的危机，人们已高度重视生物能源的研究和开发利用. 其中以甘薯或甜菜糖蜜、玉米或者薯类淀粉及纤维素等可再生资源为原料进行发酵生产酒精是一种取之不尽的能源，是当代世界生物技术产品中数量最大、对人类益处最大的产品，在21世纪将是人类可再生能源的主要组成部分. 如著名的巴西“绿色汽油”计划，就是用甘蔗作为原料，通过微生物的作用把糖转变成酒精；而美国则是以玉米为原料发酵生产酒精. 随着国民经济的发展，世界石油储量的锐减、环境保护工作的加强、车用汽油醇需求量的增加，酒精工业的前景将日趋灿烂.

以粮食进行酒精发酵，每生产1吨酒精，需耗粮3吨左右. 在世界粮食供应紧张的情况下，为了降低生产成本，减轻酒精发酵工业对粮食的依赖，节约有限的粮食资源，研究以纤维素作为新原料代替粮食进行酒精发酵，具有十分重要的现实意义. 纤维素是自然界中最丰富的有机化合物，而且世界上每年都要产生大量的纤维素废渣，如能利用现代生物技术将这些纤维素发酵酒精，不但能变废为宝，同时还能缓解环境污染问题. 目前，国内外专家学者对纤维素酒精发酵的研究已取得很好的成效.

纤维素酒精发酵主要分为两个阶段：第一阶段是纤维素在纤维素酶的作用下降解为葡萄糖；第二阶段将葡萄糖作为发酵碳源，进一步经发酵生成酒精. 纤维素在水解以前必须进行预处理，使纤维素含量增加，纤维素、半纤维素及木质素间的紧密结构被破坏，再进行酶水解，使之完全变为葡萄糖，然后将酶解液发酵制成酒精. 其中第一阶段尤为重要，如何实现第一步的高效降解，关键在于找到合适的纤维素酶. 通常用于酵母酒精发酵的菌种有：酿酒酵母、管囊酵母、卡尔酵母、清酒酵母和假丝酵母等. 酵母在无氧条件下，将葡萄糖经EMP途径生成丙酮酸，丙酮酸再经过脱羧形成乙醛，乙醛通过还原得到乙醇. 利用酵母发酵生产酒精具有酒精得率高、耐酒精能力强、受污染危险小的优点，该法是目前酒精工厂中普遍使用的方法；但缺点是对基质利用范围窄，菌体生成最多．美国的研究人员已经找到了性能比较好的纤维素酶和半纤维素酶；我国的科学家们也正在积极研究纤维素资源的开发利用，在短期内还很难以纤维素代替淀粉原料，这需要科学技术人员的不断努力．

在微生物发酵过程中，有机物既是电子的受体，又是被氧化的底物．通常这些底物的氧化都不彻底，因此发酵的结果是各种发酵产物的积累．用发酵法生产产品是微生物细胞内 ATP 再生和辅酶多级反应形成的．考虑到微生物细胞可将辅助因子再生，并且酶在细胞内比提取出来稳定性更高，日本科学家千佃一郎从酶的固定化研究进入了微生物细胞固定化研究．

【实验方法】

酶和微生物细胞的固定化是近代工业微生物技术的重要革新内容之一．固定化酶和固定微生物细胞的原理是将酶或微生物细胞利用物理或化学的方法，使酶或细胞与固体的不溶于水的支持物（或称载体）相结合，使其既不溶于水，又能保持酶和微生物的活性．它在固相状态作用于底物，具有离子交换树脂那样的特点，有一定的机械强度，可用搅拌或装柱形式与底物溶液接触．由于酶和微生物细胞被固定在载体上，使得它们在反应结束后，可反复使用，也可贮存较长时间使酶和微生物活性不变．

微生物细胞固定化的常用方法有三大类．第一类是吸附法，即将细胞直接吸附于惰性载体上，分物理吸附法与离子结合法．前者是利用硅藻土、多孔砖、木屑等作为载体，将微生物细胞吸附住．后者是利用微生物细胞表面的静电荷在适当条件下可以和离子交换树脂进行离子结合和吸附制成固定化细胞．第二类是包埋法，即将微生物细胞均匀的包埋在水不溶性载体的紧密结构中，使细胞不致漏出而底物和产物可以进入和渗出．细胞和载体不起任何化学反应，细胞处于最佳生理状态．因此，酶的稳定性高，活力持久，所以目前对于微生物细胞固定化大多采用此法．第三类共价交联法，即利用双功能或多功能交联剂，使载体和酶或微生物细胞相互交联起来，成为固定化酶或固定化细胞．对某一特定的微生物细胞来说，必须选择其合适的固定化方法和条件．

本实验以纤维素为原料，经预处理后，利用海藻酸钙凝胶包埋酵母生长细胞发酵生产酒精．由于固定化酵母细胞有凝胶作为屏障，可避免外界不利因素的影响，因此能迅速增殖，使得单位体积内的酵母数比通常液体培养的高，同时增殖酵母凝集在凝胶表面形成浓厚的菌体层，因此酵母能迅速与基质接触，所以能缩短周期，提高酒精的产量．

【实验操作】

1. 大豆秸秆的预处理

取经烘干后的秸秆，粉碎至 140 目，用 10％氨水浸泡 24 h 后，过滤，滤渣于 80 ℃下烘干至恒重，作为发酵底物．

2. 大豆秸秆粉的酶水解

预处理过的大豆秸秆粉 4 g，加入 16 g 水，再加入纤维素酶曲 20IU/g 底物，在温度 55 ℃，pH＝5.6 条件下进行反应 36 h，酶水解产物经过过滤分离后得到酶水解的糖液．

3. 菌体培养（注意无菌操作）

将培养 24 h 的新鲜斜面菌种接种于锥形瓶中的种子培养基中[1]，置于 28 ℃恒温培养箱静置培养 72 h，或于 28 ℃恒温摇床中，100 r/min 下培养 24 h．接种操作程序如下：① 点燃酒精灯；② 左手持新鲜酵母斜面试管，试管底放在手掌内，使斜面向上呈水平状态；③ 右手拿接种环通过火焰烧灼灭菌，在火焰边用右手的手掌边缘和小指将试管帽取出，并迅速烧灼管口；④ 将接种环深入试管中，先将环接触试管壁或未长菌的培养基，待接种环冷却后，挑取少许酵母菌，将接种环退出试管，并在火焰边盖上试管帽；⑤ 左手放下斜面试管，再持装有种子培养基的锥形瓶，在火焰边，右手以掌缘和小指取下瓶塞，将接种环伸入瓶内，在培养基中摆动数下后取出，在火焰边迅速盖上瓶盖；⑥ 接种完毕，重新烧灼接种环.

4. 酵母细胞的固定化

2.5%的海藻酸钠溶液 10 mL 加热助溶，无菌后冷却至 45 ℃左右，再加入 5 mL 预热至 35 ℃的酵母培养液，混合均匀. 用无菌滴管以缓慢而稳定的速度将其滴入 50 mL 无菌的 1.5% 的 $CaCl_2$ 溶液中，边滴边摇动三角瓶，即可制得直径为 3mm 左右的凝胶珠. 在 $CaCl_2$ 溶液中钙化 30 min 后即可使用.

5. 固定化酵母生长细胞发酵酒精[2]

把制得的固定化酵母细胞移入生理盐水中，洗一洗，将制得的固定化小球全部转移到酶水解糖液中，于 28 ℃静置培养 3～5 d 或室温静置培养一周后测量乙醇含量. 将发酵后的固定化酵母细胞用生理盐水洗一洗，就可以再接入新的发酵培养基，进行第二次发酵.

6. 发酵液中乙醇含量的测定

(1) 离心[3]

将发酵液分装于 50 mL 离心管中，对称放入离心机转头中，以 4 000 r/min 的转速离心 5 min，收集发酵液的上层清液.

(2) 蒸馏[4]

取 50 mL 发酵液上层清液于蒸馏烧瓶中，加水 100 mL 进行蒸馏. 收集前馏分 50 mL 于100 mL量筒中.

(3) 测定酒精含量

将酒精密度计放入馏分中，根据液面在酒精密度计刻度上所处位置读取酒精含量.（注意：由于酒精密度比水小，酒精含量越高，密度计上浮越多.）

实验指导

[1] 种子培养基：在麦芽汁中加入 0.3%的酵母膏，用硫酸或氢氧化钠调节 pH 至 5.0，每个 150 mL 小锥形瓶中装入 75 mL 液体培养基；培养基也可以统一采用马铃薯培养基，培养时间需适当调整.

[2] 由于酵母极易受环境条件影响而改变代谢途径，所以在不同的培养条件下，酵母生长繁殖和发酵产物均不同. 如在无氧条件及微酸性环境时，经过糖酵解途径产生乙醇；当在培养基中加入亚硫酸盐后，亚硫酸盐和乙醛形成加成物，则磷酸二羟丙酮还原形成甘油；在碱性(pH=7.6)条件下，乙醛分子之间发生歧化反应，形成甘油、乙酸、乙醇. 因此实验过程要控制好条件，尽量避免其他副反应的发生.

[3] 第一次使用离心机或蒸馏装置时应有教师现场辅导.

[4] 由于本次实验发酵液中的酒精含量较低，因此可用明火直接加热蒸馏，沸腾后要改用小火.

【思考题】

1. 测量你所酿制的酒精的酒精度是多少？风味如何？

2. 为什么在发酵过程中，采用费时的静置培养？如何改进以便既省时又不影响发酵效果？

3. 谈谈微生物细胞固定化在发酵工业上有何意义？

4. 查阅文献，总结大豆秸秆的预处理及酶的水解还有哪些方法？

实验十三　微波辅助碱催化合成阿司匹林

【主题词】

阿司匹林　缩合反应 微波辅助

【主要操作】

碱催化　微波辐射　重结晶

【实验目的】

(1) 了解并掌握微波合成新技术;
(2) 熟悉重结晶、熔点测定等操作.

【背景材料】

微波辐射催化有机合成反应原理

微波化学,是近些年来在化学领域广泛应用的一门新兴边缘学科,在天然产物有效成分的分离提取、化合物分解和化学合成等方面发挥越来越重要的作用. 微波辐射现在已经普遍应用于有机合成、药物合成、材料合成等相关领域. 智能可视化的、精确控制的新型微波化学合成仪器已全面进入了各个科研院所、高等院校、药厂、化工厂和其他有关企事业单位.

微波辐射化学反应,有别于传统的热效应化学反应. 传统的热效应反应,主要是通过热源传导使得体系中分子能量提高,当其达到反应活化能时产生了化学反应. 微波辐射反应则是体系中的偶极子在微波高频交变电场作用下产生转向极化和界面极化,交变电场变化频率约为 109 次,偶极分子转动定向难以跟上这一变化频率,引起分子"内摩擦",从而提高了分子能量,减小了反应活化能,极大地增大了反应速率. 因此,微波合成反应具有高效、快速等优点. 另一方面,微波作为一种高频震荡的电磁场,极性分子在微波电磁场的作用下发生转向极化,使得极性分子具有沿着电场力方向排列的倾向,从而分子的自由转动受到一定的束缚,偶极子产生取向作用. 但是偶极子的转向极化过程有一弛豫时间,可在更大范围内被另一分子进攻,从而使微波辐射化学反应具有一定的选择性,这对于近年来兴起的精准化学合成和绿色化学研究具有较重要的实际意义.

【实验方法】

乙酰水杨酸,即阿司匹林(Aspirin),是一种历史悠久的解热镇痛药. 乙酰水杨酸的常规合成方法为水杨酸与乙酸酐反应来合成,所用的催化剂为硫酸,但是由于硫酸对设备腐蚀性强以及存在废酸排放等缺点,人们对该反应的反应条件开展了许多研究. 微波辐射法作为一种新型合成方法,其速率是常规方法的许多倍,且采用 $NaHCO_3$ 作为催化剂,后处理较为简单,无污染,是一种具有优良前景的绿色合成手段.

$$\text{水杨酸 (COOH, OH)} + (CH_3CO)_2O \xrightarrow[\text{MW}]{NaHCO_3} \text{乙酰水杨酸} + CH_3COOH$$

现在市场上微波辐射合成仪器有 10 余种，包括北京祥鹄科技发展有限公司的 XH 系列、Biotage Initiator 型号以及美国 CEM 公司的 Discover 系列等产品. 图 5－6 为国产祥鹄科技公司的微波合成仪装置图.

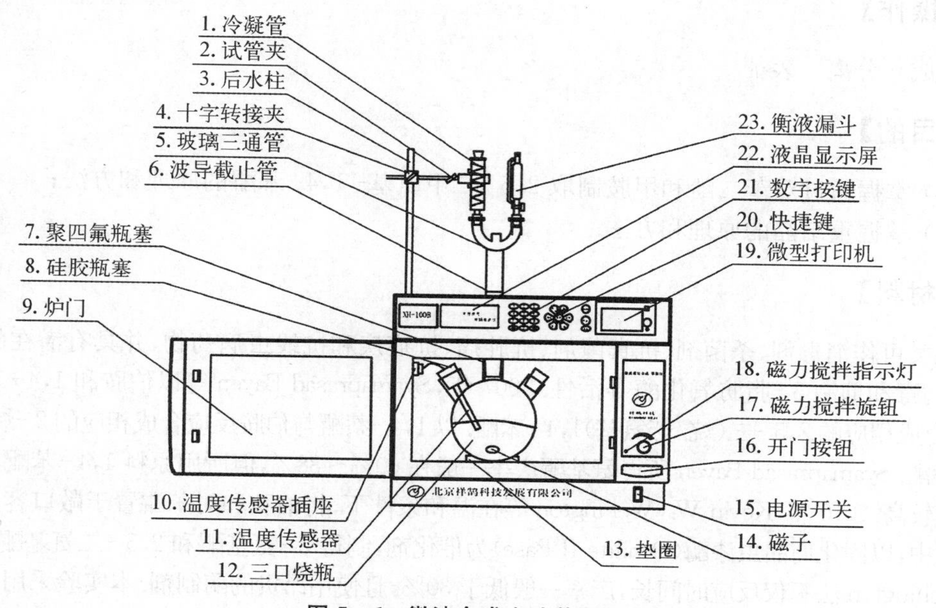

图 5－6　微波合成实验装置图

【实验操作】

1. 反应

取 500 mL 装有磁力搅拌子的三口瓶，加入 20 g 水杨酸和 70 mL 乙酸酐，搅拌下再加入 1 g $NaHCO_3$ 粉末. 将三口瓶置入上述微波反应器中，设定微波辐射功率 400 W，设定温度 85 ℃，设定时间 3 min，开始反应. 反应结束后，稍加冷却，缓慢加入 200 mL pH＝3～4 的稀盐酸，将混合物移至冰浴中冷却，开始析出晶体，放置冰箱冷藏 4 h 使结晶完全.

2. 分离和纯化

减压过滤，固体用少量蒸馏水洗涤，干燥，得阿司匹林固体粗产物. 粗产物用 200 mL 10% 乙醇溶液重结晶，过滤，干燥，得白色乙酰水杨酸晶体. 纯乙酰水杨酸的熔点为 135～136 ℃.

实验指导

[1] 严格按照微波合成仪的操作规程进行实验.

[2] 操作过程中要严防微波泄露.

【思考题】

比较微波促进反应与常规加热反应的优缺点.

实验十四　2,5-二甲氨基-1,4-苯醌的制备

【主题词】

1,4-苯醌　甲氨基　对苯二酚

【主要操作】

合成　分离　表征

【实验目的】

（1）掌握通过对苯二酚和甲胺制取2,5-二甲氨基-1,4-苯醌的原理和方法；

（2）掌握重结晶的原理和方法.

【背景材料】

醌类可作消毒剂、杀菌剂、抗真菌剂、抗肿瘤、抗疟疾和抗线虫病药物，并具有潜在的抗过敏、抗病毒和抑制5-脂肪氧化酶等活性. 2007年，Syamaprasad Bayen等以伯胺和1,4-苯醌为原料，合成相应的2,5-二(烷/芳氨基)1,4-苯醌. 以1,4-萘醌与伯胺反应合成相应的2-烷氨基-1,4-萘醌. Syamaprasad Bayen所得氨基醌产率一般在60%～88%，但所用原料1,4-苯醌目前市场价格较高. 2010年，Kevin W. Wellington等在温和条件下，将伯胺和对苯醌置于敞口容器和混合溶剂中，以固化商品虫漆酶(Denilite II Base)为催化剂，制得2-氨基醌和2,5-二氨基醌. Kevin W. Wellington法不仅反应时间长，产率一般低于30%，且使用昂贵的酶制剂. 本实验采用一种简便、绿色和环保的方法，以成本较低的对苯二酚为原料，直接反应合成2,5-二甲氨基-1,4-苯醌.

【实验方法】

对苯二酚与甲胺发生反应的过程中，首先被空气氧化成α,β-不饱和环酮的形式，即对苯醌. 甲胺作为亲核试剂与对苯醌发生迈克尔加成反应，合成反应式如下：

$$\text{(benzene ring)} + CH_3NH_2 \xrightarrow[\triangle]{\text{在空气中}} \text{2,5-(}NHCH_3\text{)}_2\text{-1,4-benzoquinone (}O, NHCH_3, H_3CHN, O\text{)}$$

【实验操作】

1. 反应

0.5 g(4.54 mmol)对苯二酚[1]加入10 mL乙醇中，搅拌使其溶解. 在30%甲胺乙醇溶液(甲胺1.88 g，18.2 mmol)中加入10 mL乙醇稀释. 室温下将甲胺稀释液通过恒压漏斗滴入上述对苯二酚溶液中，混合液由浅棕色变为棕色. 滴完后加热，温度控制在55 ℃，反应30 min后，溶液由浅红色变为深红色，继续搅拌反应时间3 h. 用TLC跟踪反应[2]，展开剂为

乙酸乙酯：石油醚=5：1. 停止加热，冷却后，反应液中有红色粉状物生成.

2. 分离纯化及红外光谱测定

反应液抽滤，得粗产物. 用乙醇重结晶. 所得2,5-二甲氨基-1,4-苯醌为红色粉末状，显微观察为红色晶体. 晾干后用毛细熔点管装样，在熔点仪上测定产物熔点. 取数毫克产物样品，与高纯溴化钾混合研细后，压片，在红外光谱仪上测定红外光谱. 测定熔点为142.2～145.0 ℃. ^{1}H NMR ($CDCl_3$, 500 MHz, ppm): 2.90 (d, J=0.011 0 Hz, 6H, CH_3), 5.28 (s, 2H, NH), 6.59 (s, 2H, =CH). IR (KBr, cm^{-1}): 3 298(s), 3 024(w), 1 550(brs), 1 490(brs), 1 405(m), 1 360(w), 1 289(m), 1 235(m), 1 143(w), 1 060(m), 808(w), 706(m). UV/vis_{max}(nm)336; m/z(碎片), 166.1(100%, M^+).

实验指导

[1] 对苯二酚又叫氢醌. 有毒，成人误服1 g，即可出现头痛、头晕、耳鸣、面色苍白等症状. 易溶于热水，能溶于冷水、乙醇及乙醚，微溶于苯. 相对密度1.328 15(20 ℃，4 ℃).

[2] 在薄层色谱法中，展开剂是否选择适当是薄层分离的重要条件之一. 需要根据被分离物质的极性，吸附剂的活性以及展开剂本身的极性决定. 本实验薄层色谱法中，展开剂为乙酸乙酯石油醚=5：1，比移值 R_f=0.667.

【其他相关的制备方法】

由酚或芳胺通过氧化剂重铬酸钠或二氧化锰的硫酸介质氧化可制得对苯醌.

【思考题】

1. 从对苯醌的构造来看，应该具有什么化学性质？
2. 对苯醌与脂肪族伯胺的反应属于何种类型的反应？